中国气象灾害年鉴

(2014)

中国气象局

气象出版社
China Meteorological Press

中国气象灾害年鉴

Yearbook of Meteorological Disasters in China

内 容 简 介

本年鉴是中国气象局主要业务产品之一。全书共分为六章,第1章重点描述和分析2013年重大气象灾害和异常气候事件及其成因;第2章按灾种分析年内对我国国民经济产生较大影响的干旱、暴雨洪涝、热带气旋、局地强对流、沙尘暴、低温冷冻害和雪灾、雾、霾、雷电、高温热浪、酸雨、农业气象灾害、森林草原火灾、病虫害等发生的特点、重大事例,并对其影响进行评估;第3、4章分别从月和省(区、市)的角度概述气象灾害的发生情况;第5章分析2013年全球气候特征、重大气象灾害及其成因;第6章介绍2013年中国气象局防灾减灾服务重大事例。本年鉴附录给出气象灾害灾情统计资料和月、季、年气候特征分布图以及港澳台地区的部分气象灾情。本书比较全面地总结分析了2013年我国气象灾害特点及其影响,可供从事气象、农业、水文、地质、地理、生态、环境、保险、人文、经济、社会其他行业以及灾害风险评估管理等方面的业务、科研、教学和管理决策人员参考。

图书在版编目(CIP)数据

中国气象灾害年鉴.2014/中国气象局编著.—北京:

气象出版社,2015.7

ISBN 978-7-5029-6065-0

Ⅰ.①中… Ⅱ.①中… Ⅲ.①气象灾害-中国-2014-年鉴

Ⅳ.①P429-54

中国版本图书馆CIP数据核字(2014)第285186号

出版发行:气象出版社

地　　址:北京市海淀区中关村南大街46号	邮政编码:100081
总 编 室:010-68407112	发 行 部:010-68409198
网　　址:http://www.qxcbs.com	E-mail: qxcbs@cma.gov.cn
责任编辑:张　斌	终　　审:章澄昌
封面设计:王　伟	责任技编:吴庭芳
印　　刷:北京地大天成印务有限公司	
开　　本:889 mm×1194 mm 1/16	印　　张:16
字　　数:458千字	
版　　次:2015年7月第1版	印　　次:2015年7月第1次印刷
定　　价:120.00元	

本书如存在文字不清、漏印以及缺页、倒页、脱页等,请与本社发行部联系调换

中国气象灾害年鉴(2014)

序　言

　　气象灾害是指由气象原因直接或间接引起的,给人类和社会经济造成损失的灾害现象。20世纪90年代以来,在全球气候变暖背景下,气象灾害呈明显上升趋势,对经济社会发展的影响日益加剧,给国家安全、经济社会、生态环境以及人类健康带来了严重威胁。随着我国社会经济发展进程的加快,气象灾害的风险越来越大,影响范围也越来越广。因此,必须把加强防灾减灾作为重要的战略任务,不断提高气象服务水平和服务手段,加强气象灾害的监测、分析、预警能力和水平,为我国经济社会可持续发展提供科技支撑。

　　气象灾害信息是气象服务的重要组成部分,也是气象灾害预测与评估的基础资料。中国气象局立足于经济社会发展,为适应提高防灾抗灾能力、保护人民生命财产安全和构建和谐社会的需求,发挥气象部门优势,从2005年开始组织国家气候中心、国家气象中心、中国气象科学研究院、国家气象卫星中心以及各省(市、区)气象局共同编撰出版《中国气象灾害年鉴》。《中国气象灾害年鉴》为研究自然灾害的演变规律、时空分布特征和致灾机理等提供了宝贵的基础信息,为开展灾害风险综合评估、科学预测和预防气象灾害提供了有价值的参考。

　　2013年,我国气象灾害种类多,局部地区灾情重。其中暴雨过程集中,局部洪涝或山洪地质灾害严重,前汛期,南方地区遭受暴雨洪涝灾害;7月,四川、甘肃等地多次出现强降水,局部地区洪涝灾害严重;7—8月东北降水偏多,部分地区出现严重洪涝灾害。热带气旋生成个数和登陆个数多,强度大,灾情重;阶段性气象干旱特征明显,但影响总体偏轻;区域性、阶段性低温阴雨天气多发,低温冷冻和雪灾影响总体偏轻。2013年全

国因气象灾害及其次生、衍生灾害导致受灾人口 3.8 亿多人次,因灾死亡 1963 人,农作物受灾面积 3123 万公顷,绝收面积 384 万公顷,直接经济损失 4766 亿元。总体来看,2013 年气象灾害直接经济损失超过 1990—2012 年的平均水平,因灾死亡人数和农作物受灾面积均明显少于 1990—2012 年平均。

《中国气象灾害年鉴(2014)》系统地收集、整理和分析了 2013 年我国所发生的干旱、暴雨洪涝、台风、冰雹和龙卷风、沙尘暴、低温冷冻害和雪灾等主要气象灾害及其对国民经济和社会发展的影响,还收录了港澳台地区的部分气象灾情及全球重大气象灾害;给出全年主要气象灾害灾情图表、主要气象要素和天气现象特征分布图。希望通过本年鉴对 2013 年气象灾害的总结分析,能为有关部门加强防灾减灾工作和减少气象灾害损失提供帮助。

中国气象局副局长

许小峰

编写说明

一、资料来源

本年鉴气象资料来自我国各级气象部门的气象观测整编资料和相关分析报告和产品。灾情资料来自民政部、国家减灾委办公室会同工业和信息化部、国土资源部、交通运输部、水利部、农业部、卫生计生委、统计局、林业局、地震局、气象局、保监会、海洋局、总参谋部、总政治部、中国红十字会总会、中国铁路总公司等部门会商核定的数据以及地方各级民政部门上报的数据。

二、气象灾害收录标准

1. 干旱

指因一段时间内少雨或无雨,降水量较常年同期明显偏少而致灾的一种气象灾害。干旱影响到自然环境和人类社会经济活动的各个方面。干旱导致土壤缺水,影响农作物正常生长发育并造成减产;干旱造成水资源不足,人畜饮水困难,城市供水紧张,制约工农业生产发展;长期干旱还会导致生态环境恶化,甚者还会导致社会不稳定进而引发国家安全等方面的问题。

本年鉴收录整理的干旱标准为一个省(自治区、直辖市)或约 5 万平方千米以上的某一区域,发生持续时间 20 天以上,并造成农业受灾面积 10 万公顷以上,或造成 10 万以上人口生活、生产用水困难的干旱事件。

2. 暴雨洪涝

指长时间降水过多或区域性持续的大雨(日降水量 25.0~49.9 毫米)、暴雨以上强度降水(日降水量大于等于 50.0 毫米)以及局地短时强降水引起江河洪水泛滥,冲毁堤坝、房屋、道路、桥梁,淹没农田、城镇等,引发地质灾害,造成农业或其他财产损失和人员伤亡的一种灾害。

本年鉴收录整理的暴雨洪涝标准为某一地区发生局地或区域暴雨过程,并造成洪水或引发泥石流、滑坡等地质灾害,使农业受灾面积达 5 万公顷以上,或造成死亡人数 10 人以上,或造成直接经济损失 1 亿元以上。

3. 热带气旋

指生成于热带或副热带海洋上伴有狂风暴雨的大气涡旋,在北半球作逆时针方向旋转,在南半球作顺时针方向旋转。它在围绕自己中心旋转的同时,不断向前移动,其形状像旋转的陀螺边行边转。热带气旋主要是依靠水汽凝结时释放的潜热而形成和发展起来的。其强度以中心附近最大平均风力划分为热带低压(中心附近最大平均风力 6~7 级)、热带风暴(中心附近最大平均风力 8~9 级)、强热带风暴(中心附近最大平均风力 10~11 级)、台风(中心附近最大平均风力 12~13 级)、强台风(中心附近最大平均风力 14~15 级)、超强台风(中心附近最大平均风力 16 级或 16 级以上)。热带气旋尤其是达到台风强度的热带气旋具有很强的

破坏力,狂风会掀翻船只、摧毁房屋和其他设施,巨浪能冲破海堤,暴雨能引发山洪。

本年鉴收录整理的热带气旋标准为中心附近最大平均风力大于等于8级,在我国登陆或虽未登陆但对我国有影响,并造成10人以上死亡,或造成直接经济损失1亿元以上的热带气旋。

4. 冰雹和龙卷风

冰雹是指从发展强盛的积雨云中降落到地面的冰球或冰块,其下降时巨大的动量常给农作物和人身安全带来严重危害。冰雹出现的范围虽较小,时间短,但来势猛,强度大,常伴有狂风骤雨,因此往往给局部地区的农牧业、工矿企业、电讯、交通运输以及人民生命财产造成较大损失。龙卷风是一种范围小、生消迅速,一般伴随降雨、雷电或冰雹的猛烈涡旋,是一种破坏力极强的小尺度风暴。

本年鉴收录整理的冰雹和龙卷风标准为在某一地区出现的风雹过程,使农业受灾面积1000公顷以上,或造成3人及以上死亡的灾害过程。

5. 沙尘暴

指由于强风将地面大量尘沙吹起,使空气浑浊,水平能见度小于1000米的天气现象。水平能见度小于500米为强沙尘暴,水平能见度小于50米为特强沙尘暴。沙尘暴是干旱地区特有的一种灾害性天气。强风摧毁建筑物、树木等,甚至造成人畜伤亡;流沙埋没农田、渠道、村舍、草场等,使北方脆弱的生态环境进一步恶化;沙尘中的有害物及沙尘颗粒造成环境污染,危害人们的身体健康;恶劣的能见度影响交通运输,并间接引发交通事故。

本年鉴收录整理的标准是沙尘暴以上等级,并且造成3人及以上死亡的灾害过程。

6. 低温冷(冻)害及雪(白)灾

低温冷(冻)害包括低温冷害、霜冻害和冻害。低温冷害是指农作物生长发育期间,因气温低于作物生理下限温度,影响作物正常生长发育,引起农作物生育期延迟,或使生殖器官的生理活动受阻,最终导致减产的一种农业气象灾害。霜冻害指在农作物、果树等生长季节内,地面最低温度降至0℃以下,使作物受到伤害甚至死亡的农业气象灾害。冻害一般指冬作物和果树、林木等在越冬期间遇到0℃以下(甚至−20℃以下)或剧烈变温天气引起植株体冰冻或丧失一切生理活力,造成植株死亡或部分死亡的现象。雪灾指由于降雪量过多,使蔬菜大棚、房屋被压垮,植株、果树被压断,或对交通运输及人们出行造成影响,造成人员伤亡或经济损失的现象。白灾是草原牧区冬春季由于降雪量过多或积雪过厚,加上持续低温,雪层维持时间长,积雪掩埋牧场,影响牲畜放牧采食或不能采食,造成牲畜饿冻或因而染病、甚至发生大量死亡的一种灾害。

本年鉴收录整理的灾害标准为影响范围1万平方千米以上并造成农业受灾面积1000公顷以上,或造成2人以上死亡,或死亡牲畜1万头(只)以上,或造成经济损失100万元以上。

7. 雾和霾

雾是指近地层空气中悬浮的大量水滴或冰晶微粒的乳白色的集合体,使水平能见度降到1千米以下的天气现象。雾使能见度降低会造成水、陆、空交通灾难,也会对输电、人们日常生活等造成影响。

霾是一种对视程造成障碍的天气现象,大量极细微的干尘粒等均匀地浮游在空中,使水平能见度小于10千米,造成空气普遍浑浊。由于霾发生时,气团稳定,污染物不易扩散,严重威胁人们健康。

本年鉴收录整理的雾霾标准为影响范围 1 万平方千米以上,持续时间 2 小时以上;并因雾霾造成 2 人以上死亡,或造成经济损失 100 万元以上。

8. 雷电

雷电是在雷暴天气条件下发生于大气中的一种长距离放电现象,具有大电流、高电压、强电磁辐射等特征。雷电多伴随强对流天气产生,常见的积雨云内能够形成正负的荷电中心,当聚集的电量足够大时,形成足够强的空间电场,异性荷电中心之间或云中电荷区与大地之间就会发生击穿放电,这就是雷电。雷电导致人员伤亡,建筑物、供配电系统、通信设备、民用电器的损坏,引起森林火灾,造成计算机信息系统中断,致使仓储、炼油厂、油田等燃烧甚至爆炸,危害人民财产和人身安全,同时也严重威胁航空航天等运载工具的安全。

本年鉴所收集整理的雷电灾害事件标准为雷击死亡 3 人及以上的灾害过程。

9. 高温热浪

本年鉴将日最高气温大于或等于 35℃ 定义为高温日;连续 5 天以上的高温过程称为持续高温或"热浪"天气。高温热浪对人们日常生活和健康影响极大,使与热有关的疾病发病率和死亡率增加;加剧土壤水分蒸发和作物蒸腾作用,加速旱情发展;导致水电需求量猛增,造成能源供应紧张。

本年鉴收录整理的高温热浪标准为对人体健康、社会经济等产生较大影响的高温热浪过程。

10. 酸雨

pH 值小于 5.6 的雨水、冻雨、雪、雹、露等大气降水称为酸雨。酸雨的形成是大气中发生的错综复杂的物理和化学过程,但其最主要因素是二氧化硫和氮氧化物在大气或水滴中转化为硫酸和硝酸所致。酸雨的危害包括森林退化,湖泊酸化导致鱼类死亡、水生生物种群减少,农田土壤酸化、贫瘠,有毒重金属污染增强,粮食、蔬菜、瓜果大面积减产,使建筑物和桥梁损坏,文物遭受侵蚀等。

本年鉴按照大气降水 pH 值≥5.6 为非酸性降水、4.5≤pH 值<5.59 为弱酸性降水、pH 值<4.5 为强酸性降水的标准对酸雨基本情况进行分析和整理。

11. 农业气象灾害

农业气象灾害是指不利的气象条件给农业生产造成的危害。农业气象灾害按气象要素可分为单因子和综合因子两类。由温度要素引起的农业气象灾害,包括低温造成的霜冻害、冬作物越冬冻害、冷害、热带和亚热带作物寒害以及高温造成的热害;由水分因子引起的有旱害、涝害、雪害和雹害等;由风力异常造成的农业气象灾害,如大风害、台风害、风蚀等;由综合气象要素引起的农业气象灾害,如干热风、冷雨害、冻涝害等。此外,广义的农业气象灾害还包括畜牧气象灾害(如白灾、黑灾、暴风雪等)和渔业气象灾害等。

本年鉴所收集整理的农业气象灾害为对农作物生长发育、产量形成造成不利影响,导致作物减产、品质降低、农田或农业设施损毁等影响较大的灾害过程或事件。

12. 森林草原火灾

指失去人为控制,并在森林内或草原上自由蔓延和扩展,对森林草原生态系统和人类带来一定危害和损失的森林草原火灾。

本年鉴收录整理的标准为造成森林草原受灾面积 100 公顷以上或造成人员伤亡或造成经济损失 100 万元以上的森林草原火灾。

13. 病虫害

病虫害是农业生产中的重大灾害之一，指虫害和病害的总称，它直接影响作物产量和品质。虫害指农作物生长发育过程中，遭到有害昆虫的侵害，使作物生长和发育受到阻碍，甚至造成枯萎死亡；病害指植物在生长过程中，遇到不利的环境条件，或者某种寄生物侵害，而不能正常生长发育，或是器官组织遭到破坏，表现为植物器官上出现斑点、植株畸形或颜色不正常，甚至整个器官或全株死亡与腐烂等。

本年鉴收录整理的标准为与气象条件相关的病虫害，造成受灾面积 100 万公顷以上。

三、港澳台地区灾情

全国气象灾情统计数据未包含香港、澳门和台湾地区，港澳台地区的部分灾情见附录 6。

四、主要灾情指标解释

受灾人口

本行政区域内因自然灾害遭受损失的人员数量（含非常住人口）。

因灾死亡人口

以自然灾害为直接原因导致死亡的人员数量（含非常住人口）。

因灾失踪人口

以自然灾害为直接原因导致下落不明，暂时无法确认死亡的人员数量（含非常住人口）。

紧急转移安置人口

指因自然灾害造成不能在现有住房中居住，需由政府进行安置并给予临时生活救助的人员数量（包括非常住人口）。包括受自然灾害袭击导致房屋倒塌、严重损坏（含应急期间未经安全鉴定的其他损房）造成无房可住的人员；或受自然灾害风险影响，由危险区域转移至安全区域，不能返回家中居住的人员。安置类型包含集中安置和分散安置。对于台风灾害，其紧急转移安置人口不含受台风灾害影响从海上回港但无需安置的避险人员。

因旱饮水困难需救助人口

指因旱灾造成饮用水获取困难，需政府给予救助的人员数量（含非常住人口），具体包括以下情形：①日常饮水水源中断，且无其他替代水源，需通过政府集中送水或出资新增水源的；②日常饮水水源中断，有替代水源，但因取水距离远、取水成本增加，现有能力无法承担需政府救助的；③日常饮水水源未中断，但因旱造成供水受限，人均用水量连续 15 天低于 35 升，需政府予以救助的。因气候或其他原因导致的常年饮水困难的人口不统计在内。

农作物受灾面积

因灾减产 1 成以上的农作物播种面积，如果同一地块的当季农作物多次受灾，只计算一次。农作物包括粮食作物、经济作物和其他作物，其中粮食作物是稻谷、小麦、薯类、玉米、高粱、谷子、其他杂粮和大豆等粮食作物的总称，经济作物是棉花、油料、麻类、糖料、烟叶、蚕茧、茶叶、水果等经济作物的总称，其他作物是蔬菜、青饲料、绿肥等作物的总称（下同）。

农作物成灾面积

农作物受灾面积中，因灾减产 3 成以上的农作物播种面积。

农作物绝收面积

农作物受灾面积中,因灾减产 8 成以上的农作物播种面积。

倒塌房屋

指因灾导致房屋整体结构塌落,或承重构件多数倾倒或严重损坏,必须进行重建的房屋数量。以具有完整、独立承重结构的一户房屋整体为基本判定单元(一般含多间房屋),以自然间为计算单位;因灾遭受严重损坏,无法修复的牧区帐篷,每顶按 3 间计算。

损坏房屋

包括严重损坏和一般损坏房屋两类。其中,严重损坏房屋指因灾导致房屋多数承重构件严重破坏或部分倒塌,需采取排险措施、大修或局部拆除的房屋数量。一般损坏房屋指因灾导致房屋多数承重构件轻微裂缝,部分明显裂缝;个别非承重构件严重破坏;需一般修理,采取安全措施后可继续使用的房屋间数。以自然间为计算单位,不统计独立的厨房、牲畜棚等辅助用房、活动房、工棚、简易房和临时房屋;因灾遭受严重损坏,需进行较大规模修复的牧区帐篷,每顶按 3 间计算。

直接经济损失

受灾体遭受自然灾害后,自身价值降低或丧失所造成的损失。直接经济损失的基本计算方法是:受灾体损毁前的实际价值与损毁率的乘积。

目　录

中国气象灾害年鉴

Yearbook of Meteorological Disasters in China

中国气象灾害年鉴

Yearbook of Meteorological Disasters in China

概　述

　　2013 年，中国年平均气温 10.2℃，比常年（9.6℃）偏高 0.6℃，比 2012 年偏高 0.8℃（图 1）；冬季气温偏低，春、夏、秋季气温偏高。中国平均年降水量 653.5 毫米，比常年（629.9 毫米）偏多 4%，比 2012 年略偏少（图 2）；冬季降水偏少，春、夏、秋季三季均偏多。

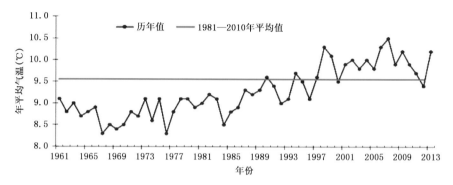

图 1　1961—2013 年全国年平均气温历年变化图（℃）

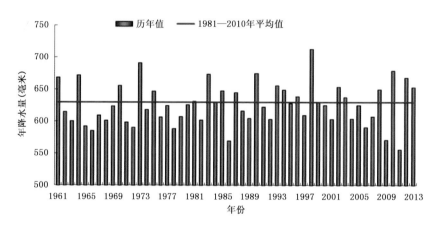

图 2　1961—2013 年全国平均年降水量历年变化图（毫米）

　　2013 年，我国暴雨、台风和高温热浪、干旱等气象灾害比较突出，局部地区灾情重。区域性暴雨过程集中，四川及西北、东北等地先后出现严重暴雨洪涝；台风偏多偏强，东南沿海经济损失重；南方出现 1951 年以来最强高温热浪，引发严重伏旱；中东部雾、霾天气多，社会影响大；东北春季低温多雨，春耕备播受影响；云南及西北遭遇春旱，河南、江西等地发生秋旱。

　　据统计，2013 年全国因气象灾害及其次生、衍生灾害导致受灾人口 3.8 亿多人次，因灾死亡失踪 1963 人，农作物受灾面积 3123.5 万公顷，绝收面积 383.8 万公顷，直接经济损失 4766 亿元（表 1、图 3）。总体来看，2013 年气象灾害直接经济损失超过 1990—2012 年的平均水平，但因灾死亡人数和农作物受灾面积均明显少于 1990—2012 年平均。综合来看，2013 年为气象灾害正常年份。

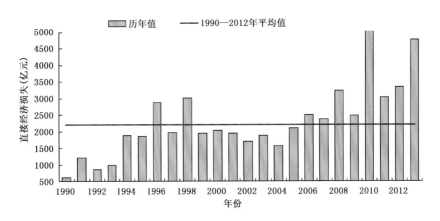

图 3 1990—2013 年全国气象灾害直接经济损失直方图(亿元)

表 1 2013 年全国分灾种损失情况统计表

单位:万人次、千公顷、万间、亿元

灾种	受灾人次	死亡失踪人口(人)	农作物受灾面积	农作物绝收面积	倒塌房屋	直接经济损失
合 计	38288.3	1963	31234.7	3838.1	65.1	4766
干旱灾害	16115.8	0	14100.4	1416.1	0	905.3
洪涝和地质灾害	10588.5	1411	8756.8	1539.4	49.8	1883.8
风雹灾害	4336.6	252	3387.3	412.4	5.9	456.2
台风灾害 *	4922.2	242	2670.1	289.5	9.1	1260.3
低温冷冻和雪灾	2324.9	20	2320.1	180.7	0.3	260.4
森林火灾 *	0.3	38	0	0	0	—

注:森林火灾数据截至 2013 年 11 月底。

图 4 给出 2013 年全国主要气象灾害在各项损失指标中所占比例。其中暴雨洪涝在"死亡人口"、"绝收面积"、"倒塌房屋"和"直接经济损失"上所占比例最高,分别为 71.9%、40.1%、76.5%和 39.5%,干旱在"受灾面积"及"受灾人口"上所占比例最高,分别为 45.1%和 42.1%。

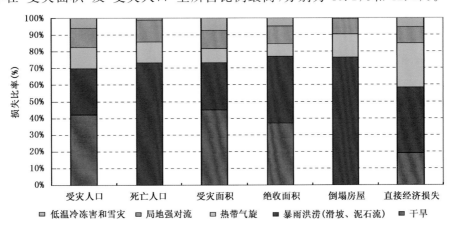

图 4 2013 年全国主要气象灾害各项损失指标比例图

与 2012 年相比,2013 年全国气象灾害造成的受灾人口、农作物受灾面积和绝收面积、死亡人数、直接经济损失各项指标均超过去年。分灾种比较,2013年各灾害直接经济损失均较2012年偏重,其中干旱显著偏重(图5左);死亡人数,各灾害也均较去年偏多,其中暴雨洪涝(含滑坡、泥石流)和热带气旋造成的死亡人数偏多明显(图5右)。

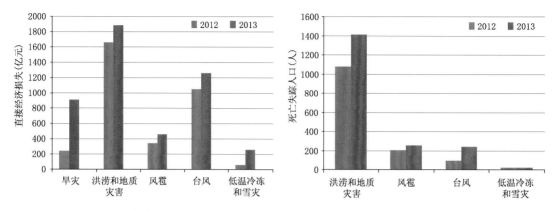

图5 2013年全国主要气象灾害直接经济损失(左)和死亡人数(右)与2012年比较

2013年主要气象灾害概述:

干旱灾害 2013年,中国干旱受灾面积1410万公顷,较1990—2012年平均值明显偏小,属干旱灾害偏轻年份(图6)。但2013年区域性和阶段性干旱明显,西南出现冬春连旱,西北东部、华北北部出现春旱,江南及贵州等地遭受伏旱。

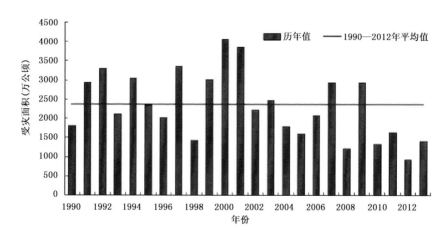

图6 1990—2013年全国干旱受灾面积直方图(万公顷)

暴雨洪涝(及其引发的滑坡和泥石流) 2013年,中国区域性暴雨过程集中,东北、西北及四川盆地等地出现严重暴雨洪涝灾害。汛期(5—9月)全国共出现33次暴雨天气过程,其中6—8月出现27次。前汛期,南方地区遭受暴雨洪涝灾害;7月,四川、甘肃等地多次出现强降水,局部地区洪涝灾害严重;7—8月东北降水偏多,部分地区出现严重洪涝灾害。全国暴雨洪涝灾害农作物受灾面积875.7万公顷,因灾死亡或失踪1411人,直接经济损失1883.8亿元,与1990—2012年平均值相比,受灾面积(图7)、死亡人数明显偏少,经济损失偏重。总体来看,2013年属暴雨洪涝灾害偏轻年份。

热带气旋(台风) 2013年,西北太平洋和南海上共有31个台风(中心附近最大风力≥8级)生成,生成个数较常年同期(25.5)偏多5.5个;9个台风在我国登陆,较常年(7.2个)偏多1.8个。初台和终台登陆时间均接近常年;有5个台风登陆时风力在12级或以上,强度明显偏强;台风登陆地

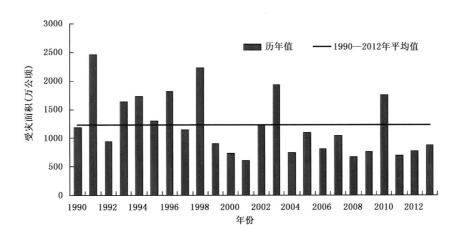

图 7   1990—2013 年全国暴雨洪涝受灾面积直方图（万公顷）

点均在华南沿海,位置总体偏南。全年热带气旋造成 242 人死亡或失踪,直接经济损失 1260.3 亿元,与 1990—2012 年平均值相比,死亡人数明显偏少,但直接经济损失为 1990 年以来最多。总体而言,2013 年热带气旋灾情偏重(图 8)。

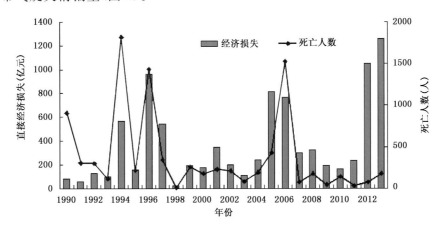

图 8   1990—2013 年全国热带气旋直接经济损失(亿元)和死亡人数(人)直方图

风雹灾害   2013 年,中国平均强对流日数 32 天,比常年偏少,为 1961 年以来历史第二少。全年因风雹灾害共造成 338.7 万公顷农作物受灾,252 人死亡,直接经济损失 456.2 亿元。总体上,风雹灾害影响偏轻。

低温冷冻和雪灾   2013 年,中国因低温冷冻灾害和雪灾共造成农作物受灾面积 232 万公顷,直接经济损失 260.4 亿元,为低温冷冻灾害及雪灾偏轻年份。年内,阶段性低温冷冻害对农业生产和交通运输造成不利影响。年初南方部分地区遭受低温雨雪冰冻灾害,春季东北地区出现阶段性低温春涝。我国雪灾多发。1 月北方部分地区遭受雪灾;年初西藏普兰降雪量突破历史纪录;2 月江苏、安徽等省雪灾损失超亿元;4 月河北、山西春雪创下纪录。

沙尘暴   2013 年春季,我国北方共出现 6 次沙尘天气过程,比常年同期(17 次)偏少 11 次,仅出现 1 次沙尘暴过程和 1 次强沙尘暴过程。北方地区平均沙尘日数为 2.1 天,比常年同期偏少 3.0 天,为 1961 年以来同期第二少。2013 年首次沙尘天气过程发生时间为 2 月 24 日,比 2000—2012 年平均(2 月 10 日)偏晚将近半个月,但较 2012 年(3 月 20 日)偏早将近 1 个月。3 月 8—11 日的沙尘暴天气过程是年内影响范围最广、损失最重的一次。2013 年沙尘天气影响总体偏轻。

第1章 重大气象灾害和气候事件及气候异常成因分析

1.1 重大气象灾害和异常气候事件

1.1.1 西南地区出现冬春连旱

2012年10月上旬至2013年3月上旬,西南地区(云南、贵州、重庆、四川)降水明显偏少,区域平均降水量112.1毫米,较常年同期偏少36.2%。其中云南省平均降水量87.4毫米,较常年同期偏少53.5%,为1961年以来仅次于2009/2010年同期(68.3毫米)的第二低值。气温较常年同期偏高1℃以上,部分地区偏高2~4℃。加之,2009—2012年云南、四川南部连续4年降水量偏少,受降水持续偏少和气温偏高的影响,云南中西部和四川东部等地出现冬春连旱,云南、四川南部库塘蓄水下降,农业和人畜饮水受到严重影响。

1.1.2 年初,南方部分地区遭受低温雨雪冰冻灾害

1月上半月,我国南方出现持续低温雨雪天气,大部地区气温较常年同期偏低2~4℃,部分地区偏低4℃以上;江南大部、华南西部降水量普遍有10~20毫米,浙江、福建北部、广西中部等地超过20毫米;贵州、湖南、江西大部地区出现1~6天、局部7~9天的冻雨天气,普遍比常年同期偏多1~4天,其中贵州西部和湖南中部部分地区偏多4天以上。低温雨雪冰冻天气导致的道路结冰、电线覆冰、积雪冰冻等给南方大多省份农业生产、交通出行和通讯带来较大影响。

1.1.3 1月,雾霾天气影响中东部地区

1月,全国出现4次较大范围雾霾天气过程,涉及30个省(区、市)。其中中东部地区雾霾天气多,江苏、北京、浙江、安徽、山东月平均雾霾日数分别为23.9天、14.5天、13.8天、10.4天、7.8天,均为1961年以来同期最多。7—13日,中东部大部地区出现持续时间最长、影响范围最广、强度最强的雾霾天气过程,部分地区能见度不足100米。

1.1.4 西北东部、华北北部出现春旱

3月至5月上旬,西北地区东部降水量较常年同期偏少3~8成,局地偏少8成以上,气温偏高2~4℃,温高雨少导致部分地区出现中到重度气象干旱。5月中下旬,西北地区出现两次明显降水过程,降水量有25~100毫米,气象干旱缓解。3月至6月上旬,华北北部大部降水量为10~50毫米,较常年同期偏少,其中山西北部、河北北部、北京、天津、内蒙古中部偏少5~8成,部分地区出现气象干旱。干旱导致旱区冬小麦正常生长受到影响,且对春播作物生长不利。

1.1.5 前汛期,南方部分地区多次遭受暴雨洪涝灾害

4月底至5月,南方出现5次大范围强降雨天气,部分地区遭受严重的暴雨洪涝灾害。4月29—30日,广东西部、广西东部、湖南西北部、江西北部、湖北东部、安徽南部、浙江中西部、重庆南部

等地降水量有 50～100 毫米,局部超过 100 毫米。5 月,南方地区出现 4 次大范围强降水天气过程,区域平均月降水量为 188.1 毫米,较常年同期偏多 32.2 毫米,为 1976 年以来历史同期第二高值;暴雨日数为 1976 年以来历史同期第五高值。广东全省平均降水量达 377.5 毫米,较常年同期(271.7 毫米)偏多 38.9%,为 1976 年以来同期第三高值。多次暴雨天气过程造成安徽、福建、江西、湖北、湖南、广东、广西、重庆、四川、贵州等 10 省(区、市)发生洪涝灾害,部分地区重复受灾,人员伤亡和经济损失严重。

1.1.6　7月上中旬,四川盆地、西北华北地区遭受洪涝灾害

7 月 8—15 日,四川盆地、西北地区东部、华北南部及黄淮北部出现强降雨过程,并伴有雷电、大风、冰雹等强对流天气,累计雨量普遍有 100～250 毫米,100 毫米以上面积有 35.3 万平方千米。7 月,四川省共出现 4 次强降雨过程,平均降水量 283.7 毫米,较常年同期偏多 27%,为 1961 年以来历史同期第三高值;4 个观测站最大日降水量、3 个观测站暴雨过程雨量打破了本站的历史极值。7 月 7—11 日,都江堰幸福镇累计降雨量达 1151 毫米,相当于当地年均降雨量(1240 毫米),降水强度为百年一遇。持续强降雨造成四川多地发生山洪、滑坡、泥石流灾害,岷江、沱江、涪江、青衣江等出现超警以上洪水。7 月,陕西省延安市平均降水量 427.5 毫米,为常年同期降水量(109.4 毫米)的 4 倍,暴雨有 32 站次,为历年同期的 8 倍;多个观测站日降水量或连续降水量超过历史极值。暴雨滑塌造成延安凤凰山、宝塔山、中共中央西北局旧址、延安新闻纪念馆、新华社旧址等百余处文物严重受损,还引发 7000 多处山坡滑塌。7 月 24—25 日,甘肃天水、庆阳、陇南 3 市受暴雨袭击,引发暴洪及山体崩塌、泥石流等地质灾害。

7 月上中旬,洪涝灾害共造成河北、山西、内蒙古、吉林、山东、河南、四川、陕西、甘肃、青海、宁夏 11 省(区)1590.7 万人受灾,319 人死亡失踪,101.3 万紧急转移安置;倒塌房屋 14.5 万间,严重损坏房屋 22.6 万间,一般损坏房屋 53.1 万间;农作物受灾面积 107.9 万公顷,其中绝收 14.9 万公顷;直接经济损失 527.6 亿元。其中,四川、山西、陕西、甘肃灾情较为严重。

1.1.7　8月,东北降水偏多,部分地区遭受洪涝灾害

8 月,东北地区多次出现强降水天气过程,松花江流域平均降水量 398 毫米,较常年同期偏多 37%,为 1951 年以来历史同期第三高值;嫩江流域平均降水量 326 毫米,较常年同期偏多 36%,为 1999 年以来历史同期最高值。其中 8 月 15 日 20 时至 17 日 08 时,辽宁省出现区域性暴雨到大暴雨、局部特大暴雨天气,有 34 个气象观测站降雨量超过 200 毫米,14 个观测站超过 250 毫米;黑山县(262 毫米)和清原县(245 毫米)日降水量为当地有气象记录以来最大值;黑山县 1 小时(16 日 00—01 时)降雨量达 108 毫米。受降水偏多及强降水影响,松花江干流发生 1998 年以来最大洪水,嫩江上游发生超 50 年一遇特大洪水;黑龙江发生 1984 年以来的最大洪水;辽河流域浑河上游发生超 50 年一遇特大洪水。洪涝灾害共造成内蒙古、辽宁、吉林、黑龙江 4 省(区)687.9 万人受灾,130 人死亡、89 人失踪(其中辽宁因灾死亡或失踪 164 人),73.1 万人紧急转移安置;倒塌房屋 7.7 万间,严重损坏房屋 13.4 万间,一般损坏房屋 20.3 万间;农作物受灾面积 244.9 万公顷,其中绝收 82.5 万公顷;直接经济损失 447.1 亿元。

1.1.8　南方遭遇 1951 年以来最强高温热浪

7—8 月,南方地区遭受 1951 年以来最强高温热浪袭击,上海、江苏、浙江、安徽、江西、湖北、湖南、重庆、贵州 9 省(市)平均高温日数达 31 天,较常年同期(14 天)偏多 1 倍以上,为 1951 年以来同期最高值;平均最高气温 34.4℃,为 1951 年以来同期最高值。有 344 个气象观测站日最高气温达到或超过 40℃,浙江新昌达 44.1℃;477 站次日最高气温突破历史极值,为历史同期最多。10 个观测站最长连续高温日数超过 40 天,湖南衡山、长沙达 48 天;144 个观测站连续高温日数达到或超过历史极值。长时

间高强度高温天气加剧了南方部分地区的伏旱,使水稻、玉米、棉花等农作物的生长受到影响;用电量屡创新高,电力设备故障增多;森林火险气象等级偏高,湖南等地森林火灾多发。

1.1.9　7月初至8月中旬,南方地区遭受高温干旱灾害

7月初至8月中旬,江南、西南地区东部、江淮、江汉等地先后出现大范围、持续性高温少雨天气,湖南、贵州、江西、湖北、重庆、安徽、浙江、福建、广西、江苏等省(区、市)旱情较为严重,其中,江西、湖北、湖南、贵州灾情突出。浙赣皖鄂湘黔渝区域平均降水量135.2毫米,较常年同期偏少52%,为1951年以来同期最少。其中,湖南和江西平均降水量分别为91.9毫米和111.8毫米,均为1951年以来最低值;贵州和浙江平均降水量分别为114.8和89.6毫米,同为1951年以来第三低值。南方地区平均无降水日数有39天,较常年同期偏多8.7天,为1951年来历史同期最高值;最长连续无降水日数达15.6天,为1951年来历史同期最长。与此同时,上述地区出现了持续高温天气,导致江南及贵州等地出现严重伏旱,对早稻、棉花、玉米等作物生长产生不利影响,造成茶叶、蔬菜减产。

旱灾共造成上述10省(区、市)8260.5万人受灾,农作物受灾面积795.8万公顷,其中绝收108.9万公顷,直接经济损失590.4亿元。

1.1.10　台风"天兔"、"尤特"、"菲特"影响大

2013年,影响我国台风的登陆或影响时间集中,部分地区降水强度大、风力强,造成了一定的人员伤亡和经济损失。影响较大的台风是"天兔"(Usagi)、"尤特"(Utor)及"菲特"(Fitow);受灾较重的地区是浙江和广东。

"天兔"登陆时中心最大风力14级(45米/秒),是2013年登陆我国大陆地区强度最强的台风,也是近40年来登陆粤东沿海的最强台风。"天兔"登陆时恰逢天文高潮,风暴潮与天文潮叠加,汕头沿海海门站出现超50年一遇最高潮位,风雨潮给广东造成严重经济损失。

2013年第11号强台风"尤特"8月14日15时50分左右在广东省阳江市阳西县沿海登陆,登陆时中心附近最大风力有14级。受"尤特"和西南季风的共同影响,8月14—20日,广东大部、广西中东部、湖南局地、海南大部出现暴雨或大暴雨、局地特大暴雨,导致广东、广西、湖南、海南4省(区)遭受台风、洪涝灾害。此次灾害过程共造成上述4省(区)1176万人受灾,86人死亡,9人失踪,152.4万人紧急转移;5.3万间房屋倒塌,7.3万间房屋不同程度损坏;农作物受灾面积57.2万公顷,其中绝收6.8万公顷;直接经济损失215亿元。其中,广东、广西灾情较为严重。

2013年第23号台风"菲特"10月7日凌晨1时15分左右在福建省福鼎市沙埕镇沿海登陆,登陆时中心最大风力有14级。"菲特"登陆后于7日9时在福建建瓯境内迅速减弱为热带低压。受"菲特"和冷空气共同影响,江南东部、江淮东部普降大到暴雨。浙江沿海出现50~100厘米的风暴增水,多地超过警戒潮位。其中浙江余姚陆埠水库过程最大点雨量达682毫米,引发严重洪涝灾害。此次灾害过程共造成浙江、福建、江苏、上海4省(市)1216万人受灾,11人死亡,1人失踪,140.8万人紧急转移;6000余间房屋倒塌,6000余间严重损坏,11.6万间一般损坏;农作物受灾面积64.7万公顷,其中绝收8.17万公顷;直接经济损失631.4亿元。

1.1.11　11月东北地区出现强降雪

11月下半月,东北地区出现两次暴雪、大暴雪天气过程。11月16—30日,黑龙江、吉林两省平均降水量31.5毫米,为1961年以来历史同期最高值;两省共有16个观测站最大积雪深度为1961年以来历史同期第一位,有49个观测站最大积雪深度在30厘米以上,其中黑龙江双鸭山(67.7厘米)、桦南(65厘米)、尚志(64.5厘米)、集贤(62.6厘米),吉林汪清(65厘米)、北大壶(60.4厘米)等6个观测站超过60厘米。11月24—26日,东北地区又出现明显降雪过程,过程最大降水量出现在

黑龙江双鸭山(60.4毫米);黑龙江和吉林局地日降水量突破11月历史纪录。暴雪导致东北部分地区高速公路封闭,民航停飞,列车晚点;中小学停课;设施农业和畜牧业生产受影响。其中黑龙江、吉林两省受灾较重。

1.2 主要异常气候事件成因分析

1.2.1 夏季 1951年来最强高温热浪袭击南方,伏旱严重

7—8月,江南、江淮、江汉及重庆等8省(市)平均高温日数较常年同期多出一倍以上,为1951年以来最多。有477站次日最高气温突破历史极值,为历史同期最多。

海温变化是极端高温的气候主因。据观测资料显示,2013年春季以来赤道太平洋东部和中部海表温度持续异常偏冷,厄尔尼诺年衰减并向拉尼娜年过渡。由于偏东信风偏冷且比较干燥,这样就会使海洋表层海水被大量蒸发,进而使海温下降。当海温降低后,海洋表层空气难以受热膨胀上升,空气对流受到抑制,这样大气的密度会持续增加,高气压则因此不断增强并在原地维持,不会远离中国大陆向东撤退。另外,由于前期春季和夏初印度洋一直维持暖水,这致使高层的高气压加强,并由该区盛行的西风向东输送,也有利于副热带高压的加强西伸。这样西太平洋副热带高压的东侧不断补充加强,西侧又有印度洋高气压的不断并入,于是副热带高压就被锁定在我国南方地区,并且强度不断增强。再加上"海洋大陆(印度尼西亚)—南海"的暖海温使对流活动明显发展,也促使副热带高压进一步加强北抬,因而呈现了稳定、持续且偏西、偏北的特点。所以海温的变化才是副热带高压持续稳定的主因。

但仅考虑海洋的影响是不够的,还必须考虑北半球异常大气环流的作用,副热带高压的偏强也和北极涛动呈正相位有关。由于北极地区通常受低气压系统支配,当北极涛动处于正位相时,冷空气被周围的高气压"困在"极地,难以向南扩展。由于在副热带中纬度地区冷空气活动较弱,因而不容易促使副热带高压减弱和东退。北极涛动处于正相位和赤道太平洋"西暖东冷"叠加,都有利于副热带高压稳定发展,这是导致2013年夏季南方大范围高温热浪天气的主要原因。

1.2.2 南海和西北太平洋台风频繁影响华南

2013年,西北太平洋和南海共生成31个台风,是继1994年之后台风数量最多的一年。

造成2013年台风生成与登陆均偏多且影响偏南的主要原因有以下几方面。首先是台风活跃季节内,赤道西太平洋暖池海温较常年同期偏暖,对流活动异常偏强,有利于台风生成,且在近海风切变偏小,有利于台风加强,使台风登陆强度偏强。其次,活跃季节内东亚夏季风明显偏强,有利于西北太平洋和南海生成的台风北上或西进影响我国。与此同时,季风槽强度偏强,也有利于台风的生成。另外,由于热带西太平洋地区对流活动偏强以及西太平洋副热带高压的位置偏北,导致季风槽的位置明显偏北,使得活动在西北太平洋和我国南海的台风多偏西或西北行路径,而且由于登陆和影响我国的台风生成位置明显偏西(多数在130°E以西),这导致台风更容易登陆或影响我国,从而造成台风影响偏南,总共有11个台风影响华南。

1.2.3 台风"菲特"致浙江余姚城市内涝

2013年第23号台风"菲特"于9月30日20时在菲律宾以东洋面生成,10月4日加强为强台风,7日凌晨1时在福建省福鼎市登陆,登陆时为强台风强度。"菲特"是自1949年以来在10月登陆我国陆地(除台湾和海南两大岛屿以外)的最强台风。"菲特"生成强度强、影响大主要有以下几个方面原因:

1)热力和动力条件好。2013年入秋以来,西太平洋暖池海温增温明显,海温较常年同期异常偏

暖,且在"菲特"生成期间,西太平洋暖池地区热容量出现阶段性增强,这为"菲特"发展成为强台风提供有利的大尺度热力和动力条件。

2)高低层环流配置有利台风的发展。"菲特"生成期间,菲律宾以东洋面高低层风场垂直切变小。此外,对流层低层(850百帕)偏西风偏强并向东延伸,在菲律宾偏东偏北地区形成气旋型环流,低层辐合异常偏强;而对流层高层(100百帕)为异常辐散区,这种高低层环流配置有利于台风"菲特"发展成为强台风。

3)与天文大潮叠加潮高浪大。"菲特"登陆时间恰逢天文大潮期,使得上海、浙江、福建沿海出现60~220厘米的风暴增水,浙江部分验潮站的潮位均超过红色警戒。"菲特"登陆后给浙江、福建等省带来了持续强降水和大风,加之正逢天文大潮,使得部分城市出现了海水倒灌的现象。

4)双台风效应。今年的第24号台风"丹娜丝"紧随"菲特"之后影响东海,而"丹娜丝"的移速快于"菲特",随着两者距离越来越近,双台风效应显现,使得浙北沿海海面大风持续时间长。

5)气候变化导致的海平面上升。中国沿海海平面平均上升速率为2.5毫米/年,略高于全球平均水平;近30年来,中国沿海海平面总体上升了90毫米,风暴潮致灾程度增强,海水入侵距离和面积加大,海平面上升使潮差和波高增大,加重了海岸侵蚀的强度。

1.2.4 暴雨致松花江、黑龙江干流出现 1999 年以来最大洪涝

西高东低环流型,副热带高压位置偏北。7月以来,500百帕高度及距平场上,受欧亚中高纬度切断性低压的影响,欧洲东南部至东亚北部为宽广的低槽区,此外鄂霍次克海地区阻塞异常发展,这种环流型有利于高纬冷空气南下影响中国东北地区,且鄂霍次克海地区阻塞的存在有利于"西低东高"环流型的持续稳定维持(图1.2.1)。与高度场相匹配,850百帕距平风场上,在俄罗斯西北部上空异常反气旋环流的影响下,贝加尔湖至中国东北地区存在异常的偏北风,同时受西太平洋异常反气旋环流的影响,中国东部地区盛行异常的偏南风,从而使来自极地的冷空气与来自西北太平洋的暖湿气流在东北亚地区交汇(图1.2.2)。此外,西太平洋副热带高压持续控制中国东南部地区,且副热带高压脊线位置异常偏北,副热带高压西侧偏西南气流将低纬度地区的水汽持续向中高纬度地区输送。

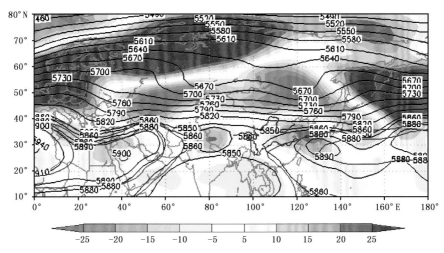

图 1.2.1　7月1日—8月31日 500 百帕位势高度(等值线)及距平场(阴影区)分布
(单位:位势米),红色等值线为气候平均态下 5860 和 5880 位势米线

Fig.1.2.1　500 hPa mean geopotential height (conture,the red line represents climatological subtropical high distribution) and anomalies (shaded areas) during 1 July—31 August,2013(unit:gpm)

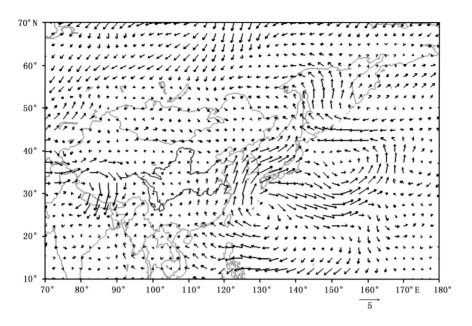

图 1.2.2　7月1日—8月31日 850 百帕风场距平(单位:米/秒)

Fig. 1.2.2　Anomalous 850 hPa mean wind field during 1 July—31 August,2013(unit:m · s⁻¹)

东亚夏季风偏强,水汽输送偏强。东亚夏季风的持续偏强有利于低纬度水汽向北方地区输送。同时,受西太平洋和鄂霍次克海附近的异常反气旋的影响,来自西北太平洋的水汽与来自低纬度地区的水汽在中国东北地区汇合,有利于降水产生。

因此,在低纬度系统和中高纬度系统的共同调制作用下,7—8月中国东北地区降水持续异常偏多,从而导致历史罕见的洪涝。

1.2.5　1月4次雾霾过程影响中东部地区

1月,全国出现4次较大范围雾霾过程,涉及30个省(区、市)。7—13日,中东部大部地区出现持续时间最长、影响范围最广、强度最强的雾霾过程,部分地区能见度不足100米。造成雾霾偏多的成因如下:

1)近十多年来,我国1月的雾霾日数处在逐年增多的趋势背景下。

2)今冬前半段冷空气活动频繁,持续性雾霾天气较少。进入1月以后,随着冷空气活动减弱,大风天气减少,不利于空气的流通和污染物的扩散。2013年1月,我国一共出现3次明显的冷空气过程(1—4日、17—18日、20—22日),与常年同期(3次)持平,并且上旬以后冷空气强度偏弱。

3)进入1月,我国中东部近地面层气温偏低而高层温度偏高,大气层结稳定,不利于空气的流通和污染物的扩散。加之,地面空气相对湿度大,有利于雾霾的出现。

1.2.6　延安百余处革命遗址在7月连续暴雨袭击中遭破坏

7月,陕西省延安市平均降水量 427.5 毫米,是常年同期降水量(109.4 毫米)的近4倍;暴雨32站次,为历年同期的8倍。暴雨滑塌造成延安凤凰山、宝塔山、中共中央西北局旧址、延安新闻纪念馆以及新华社、解放日报等新闻机构旧址和名人故居等百余处革命遗址严重受损。此外,暴雨还引发 7819 处山坡滑塌,导致 50 多人死亡,直接经济损失超过 60 亿元。

7月,西太平洋副热带高压的脊线位置明显偏北,西伸脊点明显偏西,这使得来自西北太平洋的水汽向北一直输送到我国西北地区东部至华北和东北南部。加上对流层中层欧亚中高纬度的异常环流型有利于冷空气影响我国北方大部地区,导致来自高纬地区的冷空气和来自热带的暖湿空气交汇于我国北方地区,尤其是西北地区东部,从而使得西北地区东部的降水异常偏多,延安也因此发生了多次强降水过程。另一方面,7月东亚副热带西风急流强度偏强、脊线位置明显偏东偏北,这使得西北地区东部处于急流出口区的右侧,异常上升运动偏强,也为强降水的发生提供了动力条件。

1.2.7 5次强降雨过程接连袭击四川,都江堰出现百年一遇大暴雨

两条水汽输送带均偏强与北方弱冷空气南下频繁交汇是四川强降水过程的主要原因。6月至7月上旬,东亚夏季风持续偏强,西北太平洋副热带高压脊线明显偏北,使其西北侧水汽输送带向四川的暖湿水汽输送偏强。同时,由于印缅槽显著偏强,使孟加拉湾至四川地区的暖湿水汽输送也大幅偏强。受中高纬欧洲东部至亚洲北部异常低槽的影响,弱冷空气频繁南下,在四川地区与两条强水汽输送带交汇,从而形成持续强降水。

1.2.8 10月我国中东部出现严重雾霾天气

10月,北京、天津、河北、山西、山东、河南、安徽、江苏、浙江、湖北、湖南、广西、广东及四川东部雾霾日数在5天以上,其中河南北部及江苏中北部局部地区达15天以上。并且相比于春夏出现的雾霾天气范围加大,由东北至西南的我国中东部广大地区均出现雾霾天气。

我国东北、华北出现大范围严重雾霾天气与特定的大气环流系统密切相关,也与北方冷空气活动较常年次数偏少、强度偏弱有关。大风有利于驱散雾霾,但1961—2013年,我国平均风速出现了显著减小,2013年的平均风速也较常年同期偏小。这是近年来我国雾霾天气增多的一个重要背景。10月,我国共发生3次冷空气过程,较常年同期略少;冷空气偏弱,淮河以北地区偏北风弱;全国平均风速较常年同期偏小,造成我国雾霾在10月频频出现。

降雨(雪)对空气污染物能起到清除和冲刷作用,而计算显示,10月全国大部地区降水偏少,其中西北地区西部、黄淮东部、江淮、江南中部及华南东部等地偏少8成以上,导致气溶胶的湿沉降减弱,污染物悬浮空中造成雾霾增多。

1.2.9 西南地区连续5年出现冬春干旱

影响西南地区干旱的主要原因是:

1)西南地区降水处在年代际偏少的背景下。在全球气候变化的背景下,西南地区年降水减少趋势比较明显,近10年(2003—2012年)中有7年降水较常年同期偏少(图1.2.3)。而1998年以来线性递减更加明显,2003年后进入持续偏少时期。

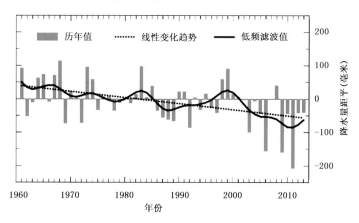

图 1.2.3 1961—2013 年西南地区年降水量距平变化图(毫米)

Fig.1.2.3 Time series of anomalous annual precipitation averaged over southwestern

China during 1961—2013（unit：mm）

2)印度洋海温持续偏暖是影响降水偏少的重要外强迫因子。冷空气和来自印度洋的西南暖湿气流交汇是西南地区形成大范围降水的主要条件。2006年以来,秋冬季来自印度洋的水汽输送明显减弱(图1.2.4),同时冷空气影响路径偏东,北方冷空气很难影响到西南地区,无法形成有效的冷暖气流交汇,致使降水偏少。另外,赤道东印度洋地区秋冬季多处于偏暖状态,海洋偏暖诱导大气环流形成了强大的下沉气流盘踞在西南地区上空,导致对流活动偏弱,也使降水受到抑制。

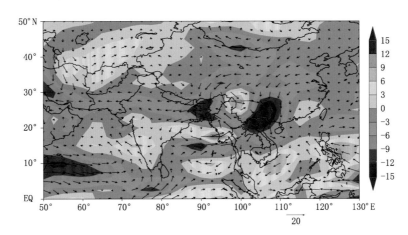

图 1.2.4 西南地区干季850百帕水汽输送(矢量单位:kg·s^{-1}·m^{-1})及水汽通量

(阴影区,单位:10^{-5}kg·s^{-1}·m^{-2})的年代际差异

(2006—2011年阶段减去1969—1976年阶段)

Fig. 1.2.4 Change (2006—2011 mean minus 1969—1976 mean) in 850 hPa moisture flux (unit: kg·s^{-1}·m^{-1}) and its divergence (unit: 10^{-5}kg·s^{-1}·m^{-2})

1.2.10 江西持续少雨,鄱阳湖水域面积缩小至近 10 年最小

监测显示,鄱阳湖水域面积缩小明显,11月4日鄱阳湖水域面积仅为1375平方千米,比去年同期偏小272平方千米,与历史同期相比偏小32%,是近10年同期最小。11月13日湖口水位仅有7.8米,也是近10年来同期最低水位。

2013年鄱阳湖流域降水总体较常年明显偏少,1—11月流域平均降水量偏少262.3毫米(图1.2.5)。再者,2013年鄱阳湖流域上游降水明显偏少,导致鄱阳湖流域来水偏少。最后,2013年鄱阳湖流域气温异常偏高,流域平均气温创有连续气象观测记录以来的新高,水面蒸发增强,增大流域水量损耗;其中3月流域平均气温较常年同期偏高2.9℃(图1.2.6),且7—8月鄱阳湖流域遭受

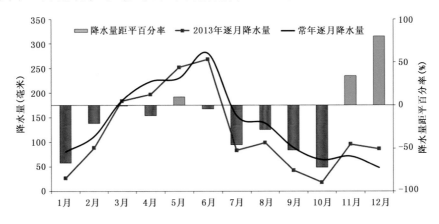

图 1.2.5 2013 年 1—12 月鄱阳湖流域逐月降水量及距平百分率

Fig. 1.2.5 Monthly variation of precipitation and it's anomaly percentage averaged over Poyang Lake valley in 2013

极端高温热浪袭击,均大幅增加生产、生活用水和生态用水量。上述多方面因素综合作用下,致使鄱阳湖水域面积较常年同期明显偏小。

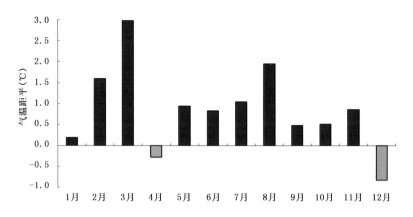

图 1.2.6   2013 年 1—12 月鄱阳湖流域逐月气温距平演变(℃)

Fig. 1.2.6   Monthly variation of temperature anomalies averaged over Poyang Lake valley in 2013(unit:℃)

第2章　气象灾害分述

2.1　干旱

2.1.1　基本概况

2013 年,全国平均降水量 653.5 毫米,较常年(629.9 毫米)偏多 4%,比 2012 年(669.3 毫米)偏少 15.8 毫米;1 月至 4 月持续偏少,其中 1 月偏少 51%;5 月至 7 月连续偏多,其中 5 月偏多 23%;8 月至 10 月少—多—少交替;11、12 月连续偏多,其中 12 月偏多 46%。

2013 年,全国有 15 个省(区、市)降水量偏少(图 2.1.1),其中河南、天津分别偏少 24% 和 21%;16 个省(区、市)降水量偏多,其中黑龙江、山西、吉林和甘肃 4 省偏多 20% 以上。黑龙江年降水量 672.8 毫米,偏多 28%,为 1951 年以来最多。

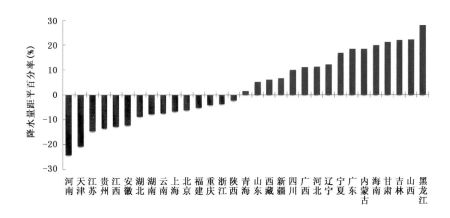

图 2.1.1　2013 年各省(区、市)平均年降水量距平百分率(单位:%)

Fig. 2.1.1　Percentage of annual precipitation anomalies(unit:%) in different provinces of China in 2013

2013 年我国干旱范围较常年偏小,但区域性和阶段性干旱明显,西南地区再次出现冬春连旱,江南及贵州等地夏季出现严重高温干旱。由于粮食主产区和粮食生产关键期未受到严重旱灾影响,全国粮食产量仍获得丰收,农作物因旱受灾面积较 1990—2010 年平均值明显偏小,2013 年属干旱灾害偏轻年份。

2013 年全国农作物因旱受灾面积 1410.0 万公顷,绝收面积 141.6 万公顷;受旱面积较常年偏少 1032.4 万公顷(图 2.1.2)。湖南、贵州、安徽和湖北 4 省受旱灾影响最严重,因旱绝收面积占全国因旱绝收面积的 65.2%。2013 年全国因旱造成 16115.8 万人次受灾,其中因旱饮水困难需救助人口 3046.8 万人次,直接经济损失 905.3 亿元。

2013 年受旱面积较大或旱情较重的省(区、市)有湖南、贵州、安徽、湖北、云南、河南、江西、浙

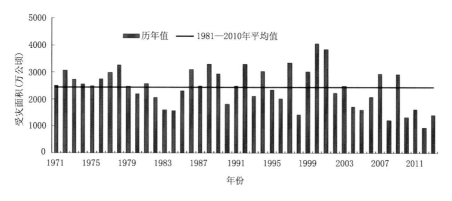

图 2.1.2　1971—2013 年全国干旱受灾面积变化图（万公顷）

Fig. 2.1.2　Drought areas in China during 1971—2013（unit：10^4 hm²）

江、山西、四川等。2013 年不同季节主要旱区分布如图 2.1.3 所示，冬季干旱主要出现在云南和四川南部，春季干旱出现在西北地区东部和华北北部，夏季干旱出现在江南地区，秋季干旱出现在河南及陕西东南部。干旱日数达 90 天以上的地区有云南大部、四川西南部、贵州中西部、河南中北部以及甘肃中部、陕西东部、重庆中北部、江西东南部、福建西部的局部地区（图 2.1.4）。不同时期的干旱程度及其影响如表 2.1.1 所示。

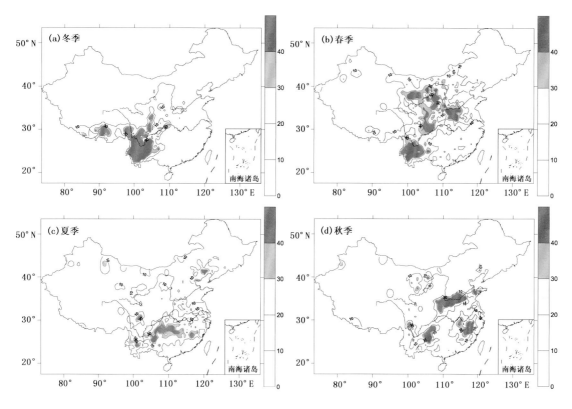

图 2.1.3　2013 年不同季节主要干旱区分布图（天）

Fig. 2.1.3　Droughts in different seasons over China in 2013（unit：d）

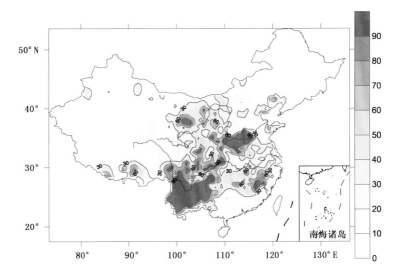

图 2.1.4　2013 年全国中旱以上干旱日数分布图（天）

Fig. 2.1.4　Distribution of drought days of China in 2013（unit：d）

表 2.1.1　2013 年我国主要干旱事件简表

Table 2.1.1　List of major drought events over China in 2013

时间	地区	程度	旱情概况
2012 年 10 月上旬至 2013 年 3 月上旬	西南地区（云南、贵州、重庆、四川）	区域平均降水量 112.1 毫米，较常年同期偏少 36.2%。云南省平均降水量 87.4 毫米，较常年同期偏少 53.5%，自 1961 年以来仅次于 2009/2010 年同期（68.3 毫米）。	受干旱影响，云南、四川南部的部分地区土壤出现缺墒、库塘蓄水下降，一季稻移栽受到不利影响，出现人畜饮水困难森林，同时，西南林区火险等级居高不下，云南丽江、大理一度发生森林火灾。
3 月至 6 月上旬	西北东部、华北北部	2013 年 3 月至 5 月上旬，西北地区东部降水量比常年同期偏少 3～8 成，局地偏少 8 成以上，气温偏高 2～4℃。2013 年 3 月至 6 月上旬，华北北部大部降水量为 10～50 毫米，较常年同期偏少，其中山西北部、河北北部、北京、天津、内蒙古中部偏东地区偏少 5～8 成。	干旱导致旱区冬小麦正常生长受到影响，且对春播作物生长不利。宁夏中部干旱带和南部山区 105.8 万人受灾，36.9 万人不同程度出现饮水困难；农作物受灾面积 19.4 万公顷，绝收面积 1.0 万公顷；直接经济损失 3.4 亿元。河南 405.8 万人受灾，9.9 万人因旱饮水困难需救助；饮水困难大牲畜 2.2 万头（只），农作物受灾面积 29.8 万公顷，其中绝收 7.2 万公顷，直接经济损失 10.4 亿元。
7 月 1 日至 8 月 21 日	湖南、贵州、江西、湖北、重庆、安徽、浙江、福建、广西、江苏	南方地区（浙赣皖鄂湘黔渝）区域平均降水量为 1951 年以来同期最少。湖南和江西平均降水量均为 1951 年以来最少；贵州和浙江平均降水量同为 1951 年以来第三。南方地区区域平均无降水日数为 1951 年来历史同期最多；最长连续无降水日数为 1951 年来历史同期最长。	湖南、贵州、江西、湖北、重庆、安徽、浙江、福建、广西、江苏等省（区、市）旱情较为严重，干旱对早稻、棉花、玉米等作物生长不利，造成茶叶、蔬菜减产。旱灾共造成上述 10 省（区、市）8260.5 万人受灾，1752.5 万人因旱饮水困难需救助，农作物受灾面积 795.8 万公顷，其中绝收 108.9 万公顷，直接经济损失 590.4 亿元。

2.1.2 主要旱灾事例

1. 西南地区出现冬春连旱

2012年10月上旬至2013年3月上旬,西南地区(云南、贵州、重庆、四川)降水明显偏少,区域平均降水量112.1毫米,较常年同期偏少36.2%。云南省平均降水量87.4毫米,较常年同期偏少53.5%,为1961年以来第二少,仅次于2009/2010年同期(68.3毫米)(图2.1.5)。受降水持续偏少影响,云南中西部及四川东部等地出现冬春连旱(图2.1.6)。

受干旱影响,云南、四川南部的部分地区土壤出现缺墒、库塘蓄水下降,一季稻移栽受到不利影响,出现人畜饮水困难,同时,西南林区火险等级居高不下,云南丽江、大理一度发生森林火灾。其中,云南因旱造成1184.9万人受灾,346.8万人饮水困难;农作物受灾面积80.7万公顷,绝收面积9.8万公顷;直接经济损失66.8亿元。

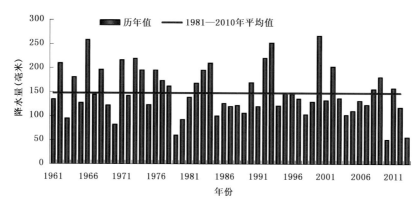

图2.1.5　10月11日至3月11日云南历年降水量变化(1961—2013年)(毫米)

Fig.2.1.5　Precipitation from October 11 to March 11 in Yunnan during 1961—2013 (unit:mm)

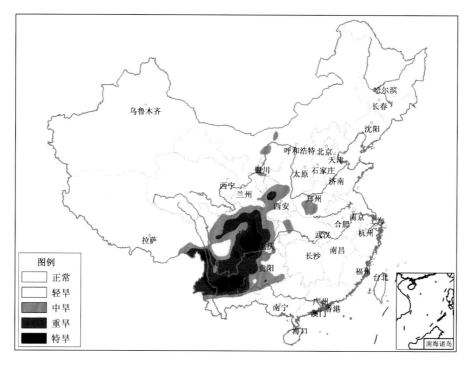

图2.1.6　2013年3月11日全国气象干旱监测图

图2.1.6　Drought Monitoring in China on March 11,2013

2. 西北东部、华北北部出现春旱

2013 年 3 月至 5 月上旬,西北地区东部降水量比常年同期偏少 3～8 成,局地偏少 8 成以上,气温偏高 2～4℃,温高雨少导致部分地区出现中到重度气象干旱(图 2.1.7)。5 月中下旬,西北地区出现两次明显降水过程,降水量一般有 25～100 毫米,气象干旱缓解。2013 年 3 月至 6 月上旬,华北北部大部降水量为 10～50 毫米,较常年同期偏少,其中山西北部、河北北部、北京、天津、内蒙古中部偏东地区偏少 5～8 成,部分地区出现气象干旱(图 2.1.8)。

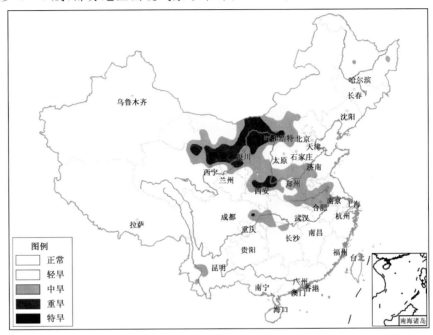

图 2.1.7　2013 年 5 月 6 日全国气象干旱监测

图 2.1.7　Drought Monitoring in China on May 6，2013

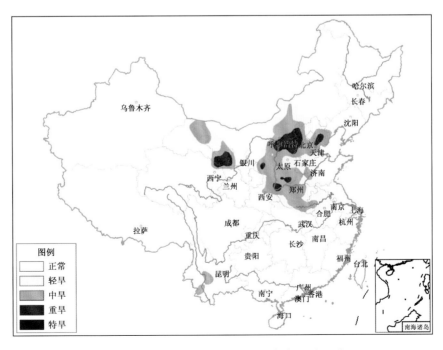

图 2.1.8　2013 年 5 月 22 日全国气象干旱监测

图 2.1.8　Drought Monitoring in China on May 22，2013

干旱导致旱区冬小麦正常生长受到影响,且对春播作物生长不利。受干旱影响,宁夏中部和南部山区 105.8 万人受灾,36.9 万人不同程度出现饮水困难;农作物受灾面积 19.4 万公顷,绝收面积 1.0 万公顷;直接经济损失 3.4 亿元。河南 405.8 万人受灾,9.9 万人因旱饮水困难需救助;饮水困难大牲畜 2.2 万头(只),农作物受灾面积 29.8 万公顷,其中绝收 7.2 万公顷,直接经济损失 10.4 亿元。

3. 江南及贵州等地出现伏旱

2013 年 7 月 1 日至 8 月 21 日,南方地区(浙赣皖鄂湘黔渝)区域平均降水量 135.2 毫米,较常年同期偏少 52%,为 1951 年以来同期最少(图 2.1.9)。其中,湖南和江西平均降水量分别为 91.9 毫米和 111.8 毫米,均为 1951 年以来最少;贵州和浙江平均降水量分别为 114.8 和 89.6 毫米,同为 1951 年以来第三少。南方地区区域平均无降水日数有 39 天,较常年同期偏多 8.7 天,为 1951 年来历史同期最多;最长连续无降水日数达 15.6 天,为 1951 年来历史同期最长。

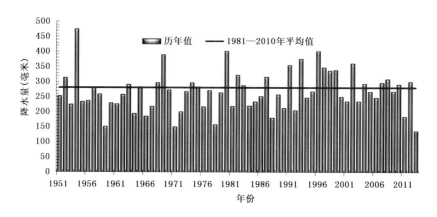

图 2.1.9 7 月 1 日至 8 月 21 日浙赣皖鄂湘黔渝历年降水量变化(1951—2013 年)(毫米)

Fig. 2.1.9 Precipitation from July 1 to August 21 in Zhejiang, Jiangxi, Anhui, Hubei, Hunan, Guizhou and Chongqing during 1951—2013 (unit: mm)

与此同时,江南、江淮、江汉和西南地区东部遭遇历史罕见高温干旱,湖南、浙江部分地区连续 30 天日最高气温超过 35℃,局地日最高气温超过 40℃,导致江南及贵州等地伏旱迅速发展(图 2.1.10),对旱区早稻、棉花、玉米等作物生长不利,造成茶叶、蔬菜减产。湖南、贵州、江西、湖北、重庆、安徽、浙江、福建、广西、江苏等省(区、市)旱情较为严重,其中,江西、湖北、湖南、贵州受灾严重。据统计,旱灾共造成上述 10 省(自治区、直辖市)8260.5 万人受灾,1752.5 万人因旱饮水困难需救助,农作物受灾面积 795.8 万公顷,其中绝收 108.9 万公顷,直接经济损失 590.4 亿元。另据气象卫星水体监测显示,2013 年 8 月上旬鄱阳湖和洞庭湖水体面积分别比 2012 年同期偏小约 25% 和 29%。

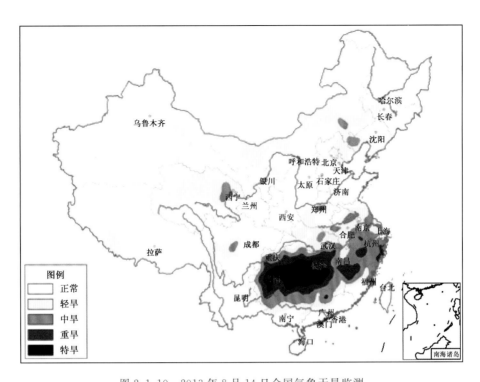

图 2.1.10　2013 年 8 月 14 日全国气象干旱监测

图 2.1.10　Drought Monitoring in China on August 14，2013

2.2　暴雨洪涝

2.2.1　基本概况

2013 年，除冬季降水偏少外，全国平均年降水量及春、夏、秋季降水量均比常年偏多。2013 年，我国区域性暴雨过程集中，东北、西北及四川盆地等地出现严重暴雨洪涝灾害。汛期（5—9 月）全国共出现 33 次暴雨天气过程，其中 6—8 月出现 27 次。前汛期，南方地区遭受暴雨洪涝灾害；7 月，四川、甘肃等地多次出现强降水，局部地区洪涝灾害严重；7—8 月东北降水偏多，部分地区出现洪涝灾害。据统计，2013 年全国因暴雨洪涝及其引发的滑坡、泥石流灾害共造成 1.1 亿人次受灾，因灾死亡失踪 1411 人；农作物受灾面积 875.7 万公顷，其中绝收 153.9 万公顷；倒塌房屋 49.8 万间，直接经济损失 1883.8 亿元。

总体上看，2013 年全国暴雨洪涝造成的损失与 2000—2012 年平均值相比，死亡或失踪人数、农作物受灾面积、倒塌房屋均明显偏少，直接经济损失略偏重。2013 年暴雨洪涝灾害较 2012 年偏重。2013 年受灾较重的有四川、黑龙江、甘肃、陕西、辽宁、吉林等省。

2.2.2 主要暴雨洪涝灾害事例

1. 前汛期，南方地区遭受暴雨洪涝灾害

4 月底至 5 月，南方出现 5 次大范围强降雨天气。部分地区遭受严重的暴雨洪涝灾害。

其中，4 月 29—30 日，江汉、江南、华南及重庆、贵州等地出现一次大到暴雨，局地大暴雨天气过程，广东西部、广西东部、湖南西北部、江西北部、湖北东部、安徽南部、浙江中西部、重庆南部等地两天降水量有 50～100 毫米，局部超过 100 毫米。受此次暴雨天气影响，湖北、湖南、江西、广西、重庆、贵州等省（市、区）共计 140 多万人受灾，因灾死亡 9 人，农作物受灾面积 9.6 万公顷，直接经济损失

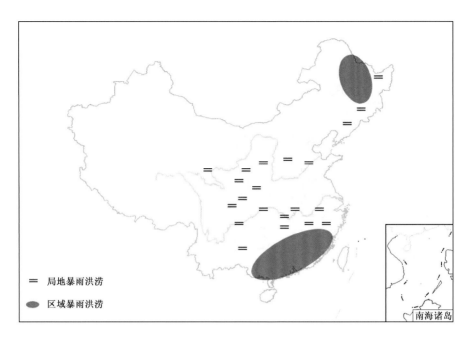

图 2.2.1　2013 年全国主要暴雨洪涝示意图

Fig. 2.2.1　Sketch map of major rainstorm induced floods over China in 2013

6.5 亿元。

　　5 月,我国南方暴雨过程更加频繁,出现 4 次大范围强降水天气过程。据统计,5 月南方地区平均降水量为 188.1 毫米,较常年同期偏多 32.2 毫米,为 1976 年以来历史同期第二多(图 2.2.2);平均暴雨日数为 0.6 天,为 1976 年以来历史同期第五多。广东全省平均降水量达 377.5 毫米,较常年同期(271.7 毫米)偏多 38.9%,为 1976 年以来同期第三多。

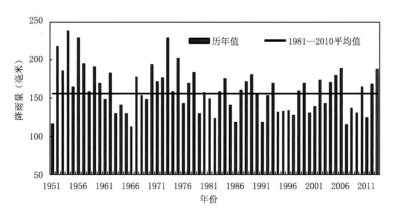

图 2.2.2　5 月南方地区平均降水量历年变化(1951—2013 年)(毫米)

Fig. 2.2.2　Regional average precipitation in May over South China during 1951—2013(unit:mm)

　　其中,5 月 6—10 日,南方出现大范围强降雨过程,重庆中部、湖北中南部、安徽中南部、湖南、江西、贵州中东部、广西北部和中东部、广东中西部等地的部分地区累计降雨量有 100~200 毫米,局地超过 200 毫米。8 日 08 时至 11 日 08 时,广西桂林、玉林、贺州 3 市有 5 县 8 个乡镇雨量 200~300 毫米,其中玉林市北流县大伦镇最大雨量达 330 毫米;10 日,广东阳江日降雨量达 304.0 毫米,阳江江城区最大 1 小时雨强达 117.1 毫米。据统计,此次强降水过程造成安徽、江西、湖北、湖南、广东、广西、重庆、四川、贵州、云南等 10 省(区、市)共有 258.9 万人受灾,10 人死亡,农作物受灾面积 15.5

万公顷,直接经济损失 15.3 亿元。

5月14—17日,南方地区再次出现大范围强降雨天气,其中湖南东部和南部、江西部分地区、广西东北部、广东北部和东部沿海、福建南部沿海、江苏南部等地累计降水量有 120～220 毫米,广东清远、韶关和汕尾及湖南株洲、永州等局地达 250～409 毫米。此次过程局地降雨强度强,共有 204 个县级以上国家气象观测站出现暴雨,37 个站出现大暴雨。14 日,湖南湘潭、韶山、马坡岭、湘乡日雨量分别为 145.6 毫米、141.7 毫米、127.7 毫米、128.9 毫米,刷新当地最大日雨量历史记录;15—16日,湖南永州市江永县 1 小时、2 小时最大降雨量分别为 128.3 毫米、216.3 毫米,降雨强度创永州市气象记录;15 日,广东有 11 个乡镇出现特大暴雨,其中佛冈县水头镇降雨量达 333.2 毫米,创 1957年以来日降雨量新高。据统计,这次强降水过程造成安徽、福建、江西、湖南、广东、广西、重庆、四川、贵州等 9 省(区、市)共有 603.3 万人受灾,因灾死亡 70 人,失踪 8 人,农作物受灾面积 34.6 万公顷,直接经济损失 88.3 亿元。

5月19—22 日,华南、江南南部及云南等地出现大到暴雨,福建、广东等省局部出现大暴雨或特大暴雨。其中,18 日 20 时至 19 日 17 时福建永定降雨量为 120.6 毫米,打破该站 1961 年以来 5 月日雨量历史纪录;22 日,广东珠海日降雨量达 331 毫米,1 小时降雨量达 118.7 毫米。据统计,此次强降水过程造成广东、福建、江西、云南 4 省共有 145.1 万人受灾,死亡 10 人,农作物受灾面积 7.5万公顷,直接经济损失 28.8 亿元。

2. 初夏,南方部分地区洪涝灾害较重

6月5—7日,长江中下游地区、华南中东部、贵州西部等地出现强降水过程,过程降水量 50 毫米以上的地区达到 37.7 万平方千米,安徽黄山过程降水量最大,达 274.6 毫米

6月23—25 日,长江中下游地区、华南地区及陕西南部、四川东北部、重庆东部出现强降雨过程,过程降水量 50 毫米以上地区达到 35.8 万平方千米,广东斗门过程降水量最大,为 350.0 毫米。据统计,此次过程造成云南、安徽、浙江、广东、重庆 89.8 万人受灾,3 人死亡,直接经济损失 4.7亿元。

6月26—28 日,广西北部至长江中下游地区出现强降水过程,50 毫米以上地区达 46.7 万平方千米;湖南娄底新化和江西鹰潭余江累计降水量分别达到 368 毫米和 387 毫米。此次过程造成云南、江西、湖南 316.5 万人受灾,12 人死亡,农作物受灾 21.4 万公顷,直接经济损失 23.8 亿元。

3. 7月,四川、陕西、甘肃等西部地区局地出现严重洪涝灾害

7月,四川盆地、西北地区东部、华北南部及黄淮北部遭遇强降雨,多地降雨量超历史极值。月内,暴雨过程主要出现在我国北方、西南和华南地区,其中北方地区日降水量≥50.0 毫米的站日有282 个,比常年同期(160.3 个)偏多 75.9%,为 1961 年以来历史同期最多。强降水给四川、陕西、甘肃、山西等省部分地区带来较为严重的洪涝或滑坡、泥石流等地质灾害。其中,7 月 8—13 日,四川盆地、西北地区东部部分地区、华北南部及黄淮北部出现强降水过程,累计雨量普遍有 100～250 毫米。本次强降水过程中,100 毫米以上地区有 35.3 万平方千米,是 7 月影响范围最大的一次暴雨天气过程(图 2.2.3)。

四川:7月出现 4 次区域性暴雨过程,共有 42 站次出现大暴雨或特大暴雨,都江堰市幸福镇7—11 日累计降雨量达 1151 毫米,相当于当地年降雨量。持续强降雨造成四川多地发生山洪、滑坡、泥石流、大桥垮塌等灾害,较大规模的山洪地质灾害超过 350 多处;有 10 多条河流出现超警戒水位,岷江、沱江、涪江、青衣江等爆发大洪水并造成洪峰叠加。全省因灾死亡失踪 315 人,经济损失482.4 亿元。

陕西:出现 6 次大范围强降雨天气过程,暴雨主要集中在延安市。延安 7 月降水量 427.5 毫米,为常年同期降水量(109.4 毫米)的 4 倍,多个观测站日降水量或连续降水量超过历史极值;强降水

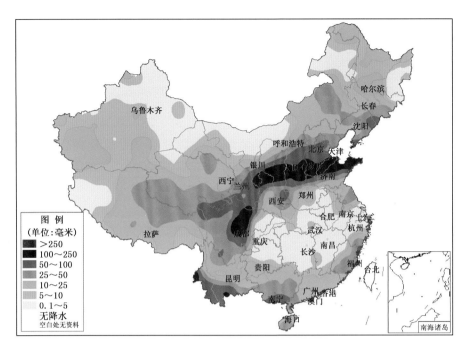

图 2.2.3　2013 年 7 月 8—13 日过程降水量分布图（毫米）

Fig. 2.2.3　Precipitation over China during July 8—13，2013（unit：mm）

造成陕西 50 多人死亡失踪，经济损失超过 73.4 亿元。

　　甘肃：7 月 25—28 日，甘肃天水、庆阳、陇南 3 市受暴雨袭击，局部出现暴雨或大暴雨，造成 64.7 万人受灾，20 人死亡，2 人失踪，农作物受灾面积 6.5 万公顷，直接经济损失 56.5 亿元。

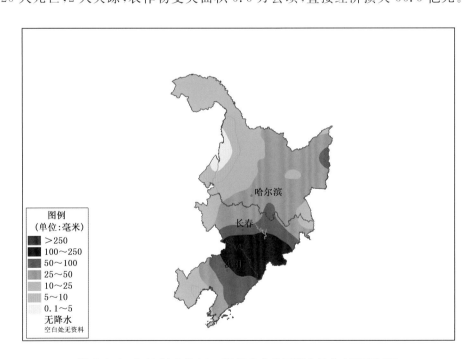

图 2.2.4　2013 年 8 月 14—17 日东北地区降水量分布图（毫米）

Fig. 2.2.4　Precipitation over Northeast China during August 14—17，2013（unit：mm）

4.盛夏,东北地区发生严重暴雨洪涝及滑坡泥石流灾害

进入盛夏,东北地区降水增多。7月,东北大部地区降水量超过100毫米,其中黑龙江西部和东部、吉林中东部、辽宁中东部降水量普遍有200~400毫米,上述地区降水量较常年同期偏多5成至1倍。7月上旬黑龙江降水量为历史同期最大值。尤其进入8月,东北地区降水较常年偏多,先后出现5次明显的降水过程,其中8月14—17日的暴雨过程强度最大(图2.2.4)。7—8月,松花江流域平均降水量398毫米,较常年同期偏多37%,为1951年以来历史同期第三多;嫩江流域平均降水量326毫米,较常年同期偏多36%,为1999年以来历史同期最多。受强降水影响,松花江干流发生1998年以来最大洪水,嫩江上游发生超50年一遇特大洪水,第二松花江上游发生超20年一遇大洪水,嫩江中下游及松花江干流发生10~20年一遇的较大洪水;黑龙江发生1984年以来的最大洪水,中游发生超30年一遇大洪水,下游同江至抚远江段发生超100年一遇特大洪水;辽河流域浑河上游发生超50年一遇特大洪水。暴雨造成房屋倒塌、农作物受灾、交通受阻、电力通讯中断,并造成重大人员伤亡。据统计,8月的暴雨洪涝共造成黑龙江、吉林、辽宁、内蒙古687.9万人受灾,219人死亡或失踪,73.1万人紧急转移安置;农作物受灾面积244.9万公顷;倒塌房屋7.7万间,直接经济损失447.1亿元。

黑龙江:夏季,黑龙江省降水过程频繁,降雨集中,强度大,范围广,导致暴雨洪涝灾害频发,河水上涨,多地村庄、农田被淹,经济损失严重,给人们的生产生活带来一定影响。强降雨主要集中在7月和8月,其中7月降水量比常年同期偏多57%,为1961年以来历史第3多,8月降水量比常年同期偏多27%,为2004年以来同期最多。全省共有54个站次降暴雨,3个站次降大暴雨,其中7月14日,饶河降水量为126.9毫米;7月29日,杜尔伯特降水量为106.5毫米;8月12日海伦降水量分别为101毫米。受强降雨影响,8月6日8时,黑河段水位达到96.66米,超出警戒水位0.66米,超过1998年最高水位0.6米,为1985年以来最高水位。8月12日18时至13日凌晨,伊春铁力市朗乡镇周边突降有水文记录以来的最大暴雨,暴雨导致半圆河、朗乡河水位陡涨,出现了朗乡林业局建局以来最大一次山洪和泥石流灾害,大面积停电,通讯中断,损失极其严重。据统计,8月份黑龙江省因暴雨洪涝共造成310.1万人受灾,15人死亡,直接经济损失250.2亿元。

吉林:入夏后降水持续偏多,前期(6—7月)降水偏多28%,8月偏多27%。全省夏季共出现80站次暴雨,10站次大暴雨,主要出现在7—8月。降水偏多,导致江河水位上涨明显,至8月底,松花江和嫩江分别超警戒水位0.57米和0.33米,其他主要江河均接近警戒水位。大型水库海龙、星星哨、新立城、太平池、月亮湖和二龙山水库水位和库容均超汛限,其中月亮湖超汛限最多,达2.39米。8月14—18日是入汛以来最强的区域性暴雨天气过程,降水过程强度之大、范围之广、受灾之重为历史罕见。此次过程全省平均降水量为87.2毫米,较常年多394%,居历史同期第1位。暴雨落区主要集中在中南部的四平市、辽源市、吉林市南部、通化市和白山市,共出现24站次暴雨和9站次大暴雨。8月份吉林省113.8万人受灾,20人死亡失踪,直接经济损失72.6亿元。

辽宁:8月15日20时至17日08时,辽宁省出现区域性暴雨到大暴雨、局部特大暴雨天气,辽宁省有34个气象观测站降雨量超过200毫米,14个站超过250毫米,抚顺市清原县大苏河乡降雨量最大达345毫米;黑山县(262毫米)和清原县(245毫米)日降水量为有气象记录以来最大值;黑山县1小时(16日00—01时)降雨量达108毫米。8月份辽宁省164人死亡失踪,直接经济损失99亿元。

8月,山东、甘肃、青海等省也遭受暴雨洪涝和山洪灾害。

山东:8月12—13日,济南、聊城、德州等7市29个县(市、区)遭受暴雨洪涝灾害,其中莘县13日降雨量达104毫米。全省180万人受灾,农作物受灾面积17.1万公顷,直接经济损失13.1亿元。

甘肃:8月6—11日,甘肃天水、庆阳、平凉等7市(州)26个县(市、区)受暴雨洪涝袭击,32.6万

人受灾,1人死亡,农作物受灾面积1.5万公顷,直接经济损失22.5亿元。

青海:8月20日,青海海西州乌兰县茶卡镇强降水引发山洪,造成24人死亡。

5. 华西部分地区秋雨明显,甘肃、四川等省局地发生暴雨洪涝灾害

9月,华西部分地区秋雨天气明显。西北地区东部、西南地区大部降水量普遍在50毫米以上,其中四川、重庆、贵州东部、云南西部和东北部、甘肃东北部、陕南西南部等地降水量普遍有100~200毫米;与常年同期相比,上述大部地区降水量接近常年或偏多,其中重庆南部、贵州东部、四川中部和东南部等地一般偏多5成至2倍,湖南西北部偏多2倍以上。西北地区东部、西南地区大部降水日数普遍在10天以上,其中四川大部、云南西部、重庆西南部、甘肃甘南等地达15~20天,局部超过20天;四川中部、甘肃河东大部、宁夏等地降水日数偏多3~5天,局部偏多5天以上。秋雨多,增加了水库、池塘及冬水田蓄水,对抑制来年的春旱有利,但对秋收和冬作物播种有不利影响。同时,阴雨时间长,降水强度大,导致局地发生暴雨洪涝及滑坡泥石流灾害。

甘肃:9月16—17日,兰州、定西、甘南3市(州)4个县遭受暴雨洪涝灾害,9人死亡,农作物受灾面积7300公顷,直接经济损失23.4亿元。

四川:9月17—21日,广元、绵阳、德阳等9市12个县(市、区)遭受暴雨洪涝灾害,9人死亡,2人失踪,农作物受灾面积6400公顷,直接经济损失2.7亿元。

2.3 热带气旋

2.3.1 基本概况

2013年,在西北太平洋和南海共有31个热带气旋(中心附近最大风力≥8级)生成,生成个数较常年(25.5个)偏多5.5个。其中1305号"贝碧嘉"(Bebinca)、1306号"温比亚"(Rumbia)、1307号"苏力"(Soulik)、1308号"西马仑"(Cimaron)、1309号"飞燕"(Jebi)、1311号"尤特"(Utor)、1312号"潭美"(Trami)、1319号"天兔"(Usagi)、1323号"菲特"(Fitow)先后在我国登陆(图2.3.1)。2013年热带气旋登陆或影响位置总体偏南,9个登陆我国的热带气旋其登陆地点均在华南沿海;登陆强度偏强,除1305号"贝碧嘉"、1306号"温比亚"、1308号"西马仑"、1309号"飞燕"以外,其余5个登陆时强度均在12级或以上(其中有4个登陆时达强台风级别)。总体来看,2013年热带气旋生成、登陆个数较常年偏多,登陆比例与常年(29%)持平;起编、停编时间均较常年偏早;初、末台登陆时间均接近常年。

2013年,影响我国的热带气旋带来了大量降水,对缓解南方部分地区的夏伏旱和高温天气以及增加水库蓄水等十分有利,但由于登陆或影响时间集中,部分地区降水强度大、风力强,造成了一定的人员伤亡和经济损失。据不完全统计,热带气旋造成全国4922.2万人受灾,242人死亡失踪,转移安置555.2万人;267.0万公顷农作物受灾;9.1万间房屋倒塌;直接经济损失1260.3亿元(表2.3.1)。2013年,热带气旋造成的死亡人数少于1990—2012年平均水平,但较去年明显偏多;直接经济损失超过1990—2012年平均水平,且为1990年以来最多。其中,造成损失较重的有"尤特"(Utor)、"天兔"(Usagi)及"菲特"(Fitow)。总体而言,2013年台风灾害损失较常年偏重。

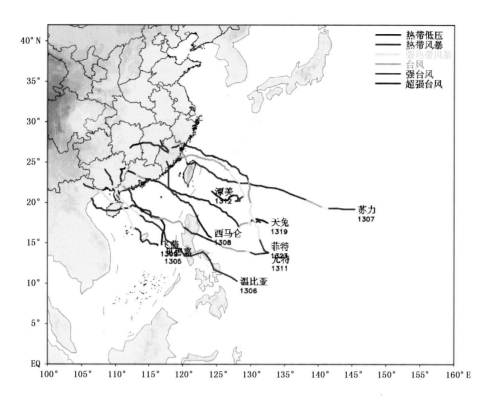

图 2.3.1　2013 年登陆中国热带气旋路径图(中央气象台提供)

Fig. 2.3.1　The tracks of tropical cyclones landed on China during 2013

(Provided by Central Meteorological Observatory of CMA)

表 2.3.1　2013 年热带气旋主要灾情表

Table 2.3.1　List of tropical cyclones and associated disasters over China in 2013

国内编号及 中英文名称	登陆 时间 (月.日)	登陆地点	最大 风力 (风速)	受灾 地区	受灾 人口 (万人)	死亡 人口 (人)	失踪 人口 (人)	转移 安置 (万人)	倒塌 房屋 (万间)	受灾 面积 (万公顷)	直接经 济损失 (亿元)
1305 贝碧嘉 (Bebinca)	06.22	海南琼海	9(23)	海南	21.7			0.1			0.1
1306 温比亚 (Rumbia)	07.02	广东湛江	10(28)	广东	166.0			8.6	0.2	17.1	10.6
				广西	47.3			0.5	0.1	1.4	1.0
1307 苏力 (Soulik)	07.13	福建连江	12(33)	福建	102.8			32.0		4.1	17.6
				浙江	54.5			20.5		2.7	3.5
				广东	46.0	5		5.5	0.2	1.2	5.8
				江西	34.2	2		1.6	0.1	2.2	4.9
				安徽	5.3			5.1			0.1
1308 西马仑 (Cimaron)	07.18	福建漳浦	8(20)	福建	30.6	4		12.0	0.2	2.2	19.8
1309 飞燕 (Jebi)	08.02	海南文昌	11(30)	海南	75.2			12.4	0.0	2.0	3.1
				广东	17.6			2.3		0.1	0.4
				广西	8.8			0.3	0.1	1.7	1.3

续表

国内编号及 中英文名称	登陆 时间 （月.日）	登陆地点	最大 风力 （风速）	受灾 地区	受灾 人口 （万人）	死亡 人口 （人）	失踪 人口 （人）	转移 安置 （万人）	倒塌 房屋 （万间）	受灾 面积 （万公顷）	直接经 济损失 （亿元）
1311 尤特 （Utor）	08.14	广东阳江	14(42)	广东	917.5	55	4	119.8	3.1	47.0	168.6
				广西	161.1	22	4	13.1	1.7	6.1	21.7
				湖南	81.1	9	1	8.9	0.5	3.8	24.3
				海南	16.3			10.6	0.0	0.3	0.4
1312 潭美 （Trami）	08.22	福建福清	12(35)	福建	90.1		1	24.4	0.1	3.0	19.2
				浙江	91.2			14.9	0.1	3.9	6.1
				湖南	89.9			6.6	0.1	3.7	7.7
				广西	28.2	2		0.7	0.2	1.7	0.9
				江西	2.0					0.2	0.3
1315 康妮 （Kong—Rey）				福建	1.9	1		1.8		0.1	1.0
1319 天兔 （Usagi）	09.22	广东汕尾	14(45)	广东	981.0	30	1	65.2	1.1	25.0	235.5
				湖南	150.6	4		4.0	0.1	10.1	6.7
				福建	31.9			12.7	0.1	6.7	20.7
				广西	4.5			0.3		0.4	0.9
				江西	1.3			0.1			
1321 蝴蝶 （Wutip）				海南	0.1	14	48				0.2
1323 菲特 （Fitow）	10.07	福建福鼎	14(42)	浙江	1089.0	9	1	125.5	0.5	54.7	599.4
				福建	55.9			14.1	0.1	4.0	25.3
				江苏	59.0			0.2		3.2	3.0
				上海	12.1	2		1.0		2.8	3.7
1325 百合 （Nari）				海南	24.9			1.9		0.3	0.5
1330 海燕 （Haiyan）				海南	207.0	13	2	20.6	0.1	13.4	30.5
				广西	196.0	7	1	4.9	0.4	34.0	14.4
				广东	19.6			3.0		8.1	0.9
合　计					4922.2	179	63	555.2	9.1	267.0	1260.3

2.3.2　主要热带气旋灾害事例

1.1305 号"贝碧嘉"（Bebinca）

　　1305 号"贝碧嘉"（Bebinca）于 6 月 22 日 11 时 10 分前后在海南省琼海市潭门镇沿海登陆，登陆时中心附近最大风力有 9 级（23 米/秒），中心最低气压为 984 百帕，21 时前后从海南省西部沿海的东方市进入北部湾海面；23 日 22 时 30 分前后在越南北部的太平省沿海登陆，登陆时中心附近最大风力有 8 级（18 米/秒），中心最低气压为 991 百帕。登陆后，"贝碧嘉"以每小时 10 千米左右的速度向偏北方向移动，并减弱为热带低压；24 日 02 时，中央气象台停止对其编号。"贝碧嘉"造成海南省受灾人口 21.7 万人，转移安置 0.1 万人；直接经济损失 0.1 亿元。

海南 "贝碧嘉"是2013年第一个登陆我国的热带气旋。受其影响,海南岛南部地区普降暴雨到大暴雨,局地特大暴雨,北部地区出现中到大雨,局地暴雨。6月21—23日,全岛共有52个乡镇雨量超过100毫米,4个乡镇雨量超过200毫米,最大为乐东千家镇268.7毫米。海南岛四周海面和沿海陆地普遍出现了8～10级的阵风,其中万宁万城镇白鞍岛出现平均风速29.1米/秒、阵风32.5米/秒的大风。大风降水对交通有不利影响,海南海陆空交通受阻,三亚凤凰机场一度滞留8000多名旅客,粤海铁路停运,琼州海峡停航。但"贝碧嘉"带来的丰沛的降雨,使海南南部气象干旱解除,土壤墒情转好,对果树、农作物等生长发育有利。

2.1306号"温比亚"(Rumbia)

1306号"温比亚"(Rumbia)于6月28日20时在菲律宾马尼拉东南方大约890千米的西北太平洋洋面上生成;7月1日上午加强为强热带风暴;7月2日05时30分在广东湛江市麻章区湖光镇沿海登陆,登陆时中心附近最大风力有10级(28米/秒),中心最低气压976百帕。登陆后,"温比亚"向西北方向移动,7月2日12时在广西东南部减弱为热带风暴,20时在广西河池市减弱为热带低压;2日23时中央气象台停止对其编号。强热带风暴"温比亚"具有"移动速度快,结构不对称和瞬间阵风大"的特点。据统计,"温比亚"造成广东、广西两省(区)共213.3万人受灾;直接经济损失11.6亿元;其中广东损失较为严重。

广东 中西部沿海和海面出现9～10级阵风、11～13级的大风。湛江东海岛7月2日5时前后录得平均风10级(27.6米/秒),6时前后录得最大阵风14级(44.7米/秒)。粤西、珠江三角洲、粤东出现了大雨到暴雨,其中雷州半岛普降大暴雨,徐闻7月2日降水量195.2毫米最大。

受强热带风暴"温比亚"影响,南航取消7个航班,同时广州、深圳地区多个航班备降或延误。7月1日,广州至三亚、海口至广州等多次列车停运。湛江、茂名出现停电现象。据统计,广东省肇庆、茂名、湛江3市19个县(区、市)共166.0万人受灾,8.6万人紧急转移;2000余间房屋倒塌;农作物受灾面积17.1万公顷;直接经济损失10.6亿元。

广西 玉林、北海、钦州、防城港、南宁、贵港、来宾、河池、柳州、梧州、贺州等市及北部湾海面出现了7级以上的大风,其中20个县(市)出现八级以上大风,最大的为北海市涠洲岛竹蔗寮,风速为26米/秒(10级)。据自动站降水观测资料统计,7月2日08时至3日08时,全区共有107个乡镇出现了大暴雨以上的降雨,其中钦州灵山那隆镇出现了特大暴雨(285毫米),降水量在100～200毫米的有106个乡镇,50～100毫米的有157个乡镇。另据国家气象观测站降水资料统计,7月1日20时至3日20时,百色、南宁、钦州、防城港、北海、崇左等6个市出现13站次暴雨,3站降大暴雨。

"温比亚"使广西前期持续近两周的大范围高温天气得以缓解;另一方面,"温比亚"带来的大风和强降雨致使桂南大部和桂北部分市(县)受灾。据统计,玉林、钦州、北海等4市11个县共47.3万人受灾,5100人紧急转移;500余间房屋倒塌;农作物受灾面积1.4万公顷;直接经济损失1亿元。"温比亚"也给旅游和交通运输带来了诸多不利影响。7月1日下午,近2000名正在涠洲岛的游客被劝返疏散;7月2—3日,海上旅游航线全线停航,800多名游客滞留涠洲岛。7月2日,合浦县沙田、山口等乡镇部分路段出现内涝,给出行带来不便。

3.1307号"苏力"(Soulik)

1307号"苏力"于7月13日03时前后在台湾省新北市与宜兰县交界处登陆,登陆时中心附近最大风力有14级(45米/秒),中心最低气压为945百帕,08时前后从台湾省新竹县移入台湾海峡东部海面,10时减弱为台风,16时在福建省连江县黄岐半岛沿海登陆,登陆时中心附近最大风力有12级(33米/秒),中心最低气压为975百帕;17时减弱为强热带风暴,23时在福建沙县减弱为热带风暴;14日05时在江西南城县境内减弱为热带低压,中央气象台08时对其停止编号。"苏力"导致浙江、安徽、福建、江西、广东共242.8万人受灾,死亡7人,紧急转移64.7万人;农作物受灾面积10.1

万公顷;倒塌房屋0.3万间;直接经济损失31.9亿元。

福建 "苏力"台风具有登陆连江时间早;路径稳定,强度强,移速较快;风狂浪高,暴雨范围广等特点。狂风集中在福建省中北部沿海,暴雨集中在福建省中南部地区和"苏力"登陆地区。7月12日20时至14日20时,福建省中北部沿海最大风速8～12级,以连江目屿岛33.3米/秒为最大;阵风10～14级,以霞浦北礵岛41.5米/秒为最大。福建省有51个县(市)535站过程降水量超过100毫米。

受"苏力"影响,福建省汀江、九龙江北溪、尤溪和大樟溪的部分站点发生超警戒水位洪水。沿海交通全面受阻。对台海上直航航线全部实行停航,福州、厦门、湄洲湾港停止港口作业,平潭海峡大桥禁止客运车辆通行;列车停运多达31对。但"苏力"同时缓解了前期大范围持续高温天气和局部气象干旱,一定程度补偿了雨季降水偏少水库蓄水的不足。据统计,福州、南平、三明等9市81个县(区、市)共有102.8万人受灾,32万人紧急转移;农作物受灾面积4.1万公顷;直接经济损失17.6亿元。

浙江 7月13日,浙江沿海海面出现10级以上大风,温州、台州、舟山、丽水东部、宁波东南部、金华和衢州的部分地区出现8级以上大风,其中浙东南沿海海面和地区有10～12级,局地13～14级。风力较大的有苍南石砰45米/秒(14级)、苍南霞关42米/秒(14级)、苍南望洲山38米/秒(13级)、平阳平屿35米/秒(12级)。温州、台州、丽水以及宁波东南部等地出现大雨、暴雨,温州局部大暴雨。12日20时至14日08时,有18个县(市、区)面雨量超过30毫米,最大文成88毫米;136个乡镇超过50毫米,34个乡镇超过100毫米,最大苍南五凤182毫米。

"苏力"导致农作物倒伏受淹、设施农业因大风受损等,养殖业也有一定损失;因大风或强降雨共引发117条10千伏线路停止运行,停电用户5.9万户。据统计,台州、温州、丽水3市27个县(市、区)共有54.5万人受灾,20.5万人紧急转移;农作物受灾面积2.7万公顷,直接经济损失3.5亿元。与此同时,"苏力"增加了水资源,缓解了高温热浪,减轻供电压力,改善了环境空气质量。

广东 受"苏力"外围环流影响,广东省东北部、中部花都—博罗、西南部的茂名—阳江和海陆丰一带降暴雨到大暴雨,局部特大暴雨,其中13日19时至14日11时,梅州市兴宁市黄陂镇降水量达268.5毫米。强降水造成江河水位急速上涨。韩江干流上游三河坝站于14日10时出现43.68米的超警戒水位;龙虎水文站于14日12时30分出现8.8米的洪峰水位,超过历史实测最高水位0.93米。据统计,梅州、河源、潮州3市9县(区)共有46万人受灾,5人死亡,5.5万人紧急转移;0.2万间房屋倒塌;农作物受灾面积1.2万公顷;直接经济损失5.8亿元。

江西 受"苏力"影响,江西省32个县市出现6～7级风,庐山21.1米/秒(9级)为最大。部分地区出现暴雨,局部出现大暴雨—特大暴雨。7月13日16时至15日20时,江西省平均降水量52.5毫米,强降雨主要出现在赣州、南昌、新余、萍乡、宜春五市和吉安市中东部及抚州市西部,以吉安县永和361.8毫米为最大。此次降水带来的水资源对缓解高温及部分地区水资源不足有利。但局地降雨强度大,造成城乡局部内涝和山体滑坡等灾害。据统计,"苏力"共造成吉安、赣州、宜春、新余、抚州等6市20县(市、区)34.2万人受灾,死亡2人,紧急转移安置1.6万人;600余间房屋倒塌;农作物受灾面积2.2万公顷;直接经济损失4.9亿元。

安徽 受"苏力"及其残留云系影响,7月14日08时至15日08时,江北东部、大别山区和江南有81个乡镇降雨量超过10毫米,最大石台山溪村52.8毫米。同时江北东部和江南有11个乡镇阵风超过7级,最大黄山光明顶28.8米/秒(11级)。据统计,安徽池州等5市36个县(区)共有5.3万人受灾,紧急转移安置5.1万人;直接经济损失0.1亿元。

4.1308号"西马仑"(Cimaron)

1308号"西马仑"(Cimaron)于2013年7月17日08时在我国台湾省鹅銮鼻偏南方大约400千

米的巴士海峡内生成;18 日 20 时 30 分在福建省漳浦县沿海登陆,登陆时中心附近最大风力有 8 级(20 米/秒),中心最低气压为 995 百帕;19 日 02 时在福建华安县减弱为热带低压,05 时中央气象台对其停止编号。据统计,"西马仑"造成福建省 30.6 万人受灾,4 人死亡;直接经济损失 19.8 亿元。

福建　7 月 18 日 08 时至 20 日 08 时,福建省中南部沿海最大风速 6～7 级,以东山冬古 16.0 米/秒为最大。福建省 15 个县(市)104 站过程降水量超过 100 毫米,自动站 98 站(14 站超过 250 毫米),以龙海斗美 539.6 毫米为最大。日雨量 100 毫米以上有 58 站次,其中基本站 3 站次,以龙海 192.3 毫米为最大;区域站 55 站次,以龙海斗美 505.3 毫米为最大。

受"西马仑"的影响,福建省南部地区部分城镇和村庄出现严重内涝,房屋倒塌,农田受淹严重,公路塌方、中断,交通受阻,电力供电中断,厦门至金门航线停航;厦门多条隧道被迫封闭,地下车库、地势低洼的地区被淹;漳州和厦门地区有 56 座中小型水库溢洪。

5.1309 号"飞燕"(Jebi)

1309 号"飞燕"(Jebi)于 8 月 2 日 19 时 30 分在海南省文昌龙楼镇沿海登陆,登陆时中心附近最大风力有 11 级(30 米/秒),中心最低气压为 980 百帕;3 日 10 时前后在中越边界越南一侧沿海登陆,登陆时中心附近最大风力 11 级(30 米/秒),中心最低气压为 980 百帕;14 时在越南北部的谅山省境内减弱为热带风暴;20 时在越南北部宣光市境内减弱为热带低压;23 时中央气象台对其停止编号。"飞燕"造成广东、广西、海南 101.6 万人受灾,紧急转移安置 15 万人;农作物受灾面积 3.9 万公顷;直接经济损失 4.8 亿元。

海南　8 月 1 日 08 时至 3 日 10 时,海南共有 98 个乡镇降水量超过 100 毫米,其中 15 个乡镇降水量超过 200 毫米,东方市的板桥镇和抱板镇雨量超过 300 毫米(分别为 368 毫米和 328.6 毫米)。海南东部的七洲列岛测得阵风 12 级(34.2 米/秒);海南东北部沿海陆地普遍测得 8～10 级阵风,其中海口灵山镇测得最大阵风 12 级(32.7 米/秒),其余沿海陆地普遍测得 6～8 级阵风。据统计,海口市 2 个区和文昌、琼海、东方等 10 个县(市)有 75.2 万人受灾,12.4 万人紧急转移;农作物受灾面积 2 万公顷;直接经济损失 3.1 亿元。

广东　8 月 2—3 日,广东省中西部沿海和海面出现了 7～9 级大风,阵风 11～12 级,徐闻南华农场自动气象站录得最大风速 34.1 米/秒(12 级);南部沿海市县普降大雨到暴雨,大雨以上降水主要出现在粤东、珠三角,粤西沿海地区。广东省有 3 个县(市)出现大暴雨以上降雨,17 个县(市)出现暴雨以上降水,28 个县(市)出现大雨以上降水,日最大雨量为 105.8 毫米,出现在惠阳。据统计,茂名、湛江等 3 市 12 个县(市)共有 17.6 万人受灾,2.3 万人紧急转移安置;农作物受灾面积 0.1 万公顷;直接经济损失 0.4 亿元。

广西　受"飞燕"影响,北部湾海面出现了 8～10 级,阵风 11～12 级的大风。沿海及桂南部分地区出现了 7～9 级,阵风 10～12 级的大风,最大为防城港市的白须公礁 37.9 米/秒(13 级)。8 月 2 日 20 时至 4 日 08 时,3 个乡镇出现 200 毫米以上降水,分别为防城港市的上思县叫安乡 249 毫米、上思县十万山公园 240 毫米、防城区江山乡 226 毫米;100～200 毫米有 30 个乡镇,50～100 毫米有 186 个乡镇,25～50 毫米有 400 个乡镇。据统计,广西共有 8.8 万人受灾,紧急转移安置 0.3 万人;直接经济损失 1.3 亿元。

6.1311 号"尤特"(Utor)

1311 号"尤特"(Utor)于 8 月 10 日 02 时在菲律宾以东的西北太平洋洋面上生成;10 日白天快速加强为台风;11 日 11 时加强为强台风;17 时加强为超强台风;12 日凌晨 3 时前后在菲律宾吕宋岛东部沿海登陆,登陆时中心附近最大风力有 16 级(55 米/秒),中心最低气压为 930 百帕。12 日 05 时在菲律宾吕宋岛北部陆地上减弱为强台风,10 时"尤特"减弱为台风,1 时 30 分前后进入南海海面;13 日 08 时,"尤特"再度加强为强台风;14 日 15 时 50 分前后在广东省阳西县附近沿海登陆,登陆时中心附近最大风力有 14 级(42 米/秒),中心最低气压为 955 百帕。14 日 17 时"尤特"在阳西县境内减弱为台风,23 时前后在广东省高州市境内减弱为强热带风暴;15 日 04 时进入广西东南部地区,并减弱为热带风暴;14 时在广西苍梧县境内减弱为热带低压;16 日 05 时中央气象台对其停止编号。受其影响,共造成广东、广西、湖南、海南 1176 万人受灾,直接经济损失 215 亿元。

广东　8 月 14 日 08 时至 15 日 08 时,粤西、粤东和珠三角市县普遍出现暴雨到大暴雨,局地特大暴雨。广东省共有 36 个气象站出现 250 毫米以上的特大暴雨,主要出现在茂名市,其中高州新垌镇录得最大雨量 523.1 毫米;大暴雨以上落区主要分布在湛江、茂名、阳江、江门和珠江口西侧,以及揭阳、梅州、潮州等地。广东省中西部沿海市县和海面出现了 9～12 级的大风,"尤特"中心经过的附近区域风力达 13～15 级,其中阳江市阳东县东平镇最大平均风速 47.8 米/秒(15 级),最大阵风 60.5 米/秒(17 级),最大浪高 10.8 米。

受"尤特"影响,海南海陆空交通全面受阻,海南东环高铁动车组全线停运,琼州海峡客滚船全线停航。京广铁路广东乐昌张滩至土岭区间连续发生多起泥石流冲毁铁路路基、隧道积水等事故,造成交通中断,京广铁路广东境内所有列车被迫停运。10 余万旅客被滞留在广州、韶关、乐昌等火车站和运行在半道的列车上。"尤特"造成阳江电网倾斜倒杆(塔)3950 根,损毁线路 509 千米;茂名电网线路倒杆 3181 基,损坏中低压线路 362 千米;湛江电网 10 千伏线路跳闸停电 44 条次,全市台区停电 423 个。据统计,广州、清远、韶关等 19 市 118 个县(区、市)共有 917.5 万人受灾,55 人死亡,4 人失踪,119.8 万人紧急转移;3.1 万间房屋倒塌;农作物受灾面积 47 万公顷;直接经济损失 168.6 亿元。

广西　由于"尤特"及其减弱后的环流在广西长时间滞留,造成广西降雨范围广、强度大、持续时间长。据自动气象观测站的观测,玉林、梧州、贵港、北海、钦州、防城港、桂林、河池、百色等市先后出现了 8 级以上大风,最大为玉林市陆川县乌石镇 42.8 米/秒(14 级);北部湾海面出现了 7～8 级,阵风 10 级大风。8 月 14 日 08 时至 20 日 08 时,过程降雨量超过 500 毫米的有 15 个乡镇,400～500 毫米的有 36 个乡镇,300～400 毫米的有 125 个乡镇,200～300 毫米的有 196 个乡镇,100～200 毫米有 425 个乡镇,广西有 50% 的乡镇过程累计雨量超过 100 毫米;日降雨量最大为桂平花蕾村 464.3 毫米(19 日)。

"尤特"使广西前期的高温天气得以结束,有利于缓解或抑制局部地区的前期干旱,但"尤特"带来的强风和持续强降水,给部分地区的农业、交通运输、电力、旅游等行业造成灾害或不利影响,并导致部分中、小河流出现超警戒水位,局地发生洪涝和地质灾害。据统计,南宁、桂林、柳州等 13 市 56 个县(区、市)共有 161.1 万人受灾,死亡 22 人,失踪 4 人,紧急转移 13.1 万人;房屋倒塌 1.7 万间;农作物受灾面积 6.1 万公顷;直接经济损失 21.7 亿元。

湖南　部分地区出现暴雨到特大暴雨,其中 8 月 15 日 08 时至 16 日 17 时永州市蓝山县汇源和大麻降水量分别达 426.5 毫米和 367 毫米。强降水导致湘江水位暴涨,8 月 18 日 8 时湘江老埠头水位达 103.24 米,超警戒水位 1.24 米。据统计,郴州、永州 2 市蓝山、宁远、江华、临武等 18 个县(区)共有 81.1 万人受灾,9 人死亡,1 人失踪,8.9 万人紧急转移;近 5000 间房屋倒塌;农作物受灾面积 3.8 万公顷;直接经济损失 24.3 亿元。

海南　海南北部地区普降暴雨,局地大暴雨,有 43 个乡镇雨量超过 100 毫米。海南东北部近海测得最大阵风 10 级(25.8 米/秒),北半部沿海陆地普遍出现 6～8 级阵风。全省铁路、海运、航空等交通全部停运。据统计,海口、三亚 2 市 2 个区和文昌、琼海等 13 县(市)共有 16.3 万人受灾,10.6 万人紧急转移;农作物受灾面积 3000 公顷;直接经济损失近 4000 万元。

7.1312 号"潭美"(Trami)

1312 号"潭美"(Trami)于 8 月 18 日 11 时台湾东南洋面生成,20 日凌晨加强为强热带风暴;20

日22时加强为台风;22日02时40分前后在福建省福清市沿海登陆,登陆时中心附近最大风力有12级(35米/秒),中心最低气压为958百帕。登陆后"潭美"向西偏北方向移动,强度逐渐减弱;22日05时在该省永泰县境内减弱为强热带风暴,11时在沙县境内又减弱为热带风暴,16时前后进入江西;23日05时在江西省安福县境内减弱为热带低压,17时中央气象台对其停止编号。受其影响,共造成福建、浙江、湖南、广西、江西301.4万人受灾,直接经济损失34.2亿元。

福建 8月21—22日,中北部沿海出现10～14级的大风,以平潭牛山岛45.4米/秒(14级)为最大;宁德、福州、莆田部分县市出现8～11级阵风,福州市的局部风力达11～12级。8月21日08时至23日09时累积雨量,50个县(市、区)达100～300毫米,平潭、德化、罗源、福清和宁德蕉城5个县(区)超过300毫米,以平潭北厝417.2毫米为最大;8月22日(08时—08时)平潭日雨量221.5毫米,居历史第5位,8月22日(20时—20时)周宁日雨量200毫米,居历史第二位。福清建新站、永泰大洋站3小时和6小时雨量均达到了50年一遇。闽江、赛江、汀江、九龙江等流域的部分支流出现略超警戒水位的洪水。全省沿海潮位普遍超警,局部超过橙色警戒潮位,闽江口白岩潭验潮站出现历史第二大潮位。

台风降雨有效地缓解高温和部分地区出现的旱情。但福建沿海农业、水上养殖业受损严重,台风带来的巨浪摧毁沿海多处海堤,毁坏渔船300多艘;大风致使多地城区上万棵行道树受损,并致使汽车等交通工具毁坏。据统计,福州、南平、三明等9市52个县(市、区)共有90.1万人受灾,1人失踪,24.4万人紧急转移;近500间房屋倒塌;农作物受灾面积3万公顷;直接经济损失19.2亿元。

浙江 8月21日早晨至22日中午,浙江省中南部沿海海面持续出现10～12级、局部13级的大风,北部沿海海面及东部沿海地区最大风力8～10级、局部11级,内陆地区6～8级;最大风速平阳平峙38.3米/秒(13级)、瑞安北龙37.1米/秒(13级)。8月21—23日,浙江省面雨量84毫米,其中台州市170毫米、温州市168毫米、丽水市103毫米、宁波市和金华市62毫米、绍兴市59毫米、杭州市46毫米;43个县(市、区)面雨量超过50毫米,其中26个超过100毫米,较大的有台州黄岩区223毫米、文成207毫米、临海196毫米、永嘉194毫米、仙居184毫米。

"潭美"带来了丰沛降水,有效缓解了浙江此前出现的罕见高温热浪及严重干旱。"潭美"带来的狂风暴雨和风暴潮,造成温州、台州、丽水等地受灾。"潭美"来袭恰逢天文大潮,温州沿海及鳌江均出现历史高潮位。据统计,"潭美"共造成台州、温州、丽水3市29个县(市、区)91.2万人受灾,14.9万人紧急转移;近500间房屋倒塌;农作物受灾面积3.9万公顷;直接经济损失6.1亿元。

湖南 受"潭美"影响,湖南省大部地区出现较强降雨。据自动站资料统计,8月22—24日,湖南省共1069个乡镇累计降雨量为50～99.9毫米,716个乡镇为100～199.9毫米,59个乡镇大于200毫米,3个乡镇大于300毫米(桂阳县白水乡340.9毫米,祁阳金洞白果乡317.1毫米,资兴市龙溪乡303.6毫米)。累计100毫米以上降雨主要出现在常德、长沙东部、株洲南部、永州、郴州等地。

由于此次降雨范围广,强度大,湖南省干旱明显缓解,但部分地区暴雨强度大,也造成灾害。据统计,"潭美"共造成郴州、永州2市21个县(市、区)89.9万人受灾,6.6万人紧急转移;1100余间房屋倒塌;农作物受灾面积3.7万公顷;直接经济损失7.7亿元。

广西 受减弱后的"潭美"环流和西南季风共同影响,大部分市县出现了强降水。据自动站降水观测资料统计,8月22日20时到25日14时,广西有2个乡镇出现300毫米以上的降水;2个乡镇雨量为200～300毫米;238个乡镇雨量为100～200毫米,789个乡镇雨量为50～100毫米;日最大降雨量为防城港黄江村280.6毫米。桂林、百色、河池、南宁、崇左、防城港、钦州、北海、玉林等9个市局部出现8级以上大风,风速最大为天等进结站29.6米/秒(11级)。

"潭美"共造成南宁、玉林、河池等9市32个县(区、市)28.2万人受灾,2人死亡,7100余人紧急转移;2100余间房屋倒塌;农作物受灾面积1.7万公顷;直接经济损失近9000万元。

江西 受"潭美"过境影响,8月21日08时至23日08时,江西省平均降水42.4毫米,64个县(市、区)的619个站点雨量超过50毫米,其中35个县(市、区)的184个站点雨量超100毫米,7个县(市、区)的9个站点雨量超200毫米,以袁州区明月山309.3毫米为最大,铅山县武夷山保护区303.2毫米次之。

"潭美"带来的降水使江西省大部分地方旱情得到有效缓解或解除,但强降水也造成一定损失。据统计,"潭美"共造成吉安、宜春2市4县(市、区)2万人受灾;农作物受灾面积2000余公顷;直接经济损失3200余万元。

8.1315号"康妮"(Kong-Rey)

1315号"康妮"(Kong-Rey)于8月26日14时在菲律宾以东洋面上生成,尔后向北偏西方向移动;28日凌晨加强为强热带风暴;29日08时位于台北市偏东约95千米的洋面上,14时减弱为热带风暴;30日05时位于浙江温岭东南方约130千米的东海南部海面上,17时位于浙江省舟山市东偏北方约300千米的东海北部海面上,随后减弱变性为温带气旋,20时中央气象台停止对其编号。据统计,"康妮"造成福建省南平、三明、泉州3市5个县1.9万人受灾,1人死亡,紧急转移安置1.8万人;农作物受灾面积900余公顷;直接经济损失1亿元。

福建 福建省中北部沿海29日出现8~9级大风,以福鼎台山22.4米/秒(9级)为最大。福建省中南部沿海地区出现强降雨天气。8月29日08时至31日08时,累计降水量超过50毫米的有33个县市,超过100毫米的有6个县市,最大为德化135.6毫米。强降水有利缓解前期高温和部分地区旱情,但局地暴雨导致多地出现山洪暴发、河水暴涨、公路塌方等灾情。

9.1319号"天兔"(Usagi)

1319号"天兔"(Usagi)于9月17日02时在菲律宾以东的西北太平洋洋面上生成;9月18日早晨加强为强热带风暴,20时加强为台风;19日17时加强为超强台风;21日20时减弱成为强台风;22日19时40分在广东省汕尾市沿海登陆,登陆时中心附近最大风力有14级(45米/秒),中心最低气压为935百帕。登陆后强度迅速减弱,9月23日06时在广东省清远市境内减弱为热带风暴,08时在广东省肇庆市境内减弱为热带低压,12时前后热带低压的中心进入广西贺州市境内,14时中央气象台对其停止编号。天兔"是2013年登陆我国大陆地区强度最强的台风,也是近40年来登陆粤东沿海的最强台风。具有降雨强、风力大、风雨潮三碰头、致灾重等特点。据统计,"天兔"共造成广东、福建、湖南、江西、广西5省(区)1169.3万人受灾,34人死亡,1人失踪,82.3万人紧急转移;1.3万间房屋倒塌;农作物受灾面积42.2万公顷;直接经济损失264亿元。

广东 强台风"天兔"具有"大风威力极强、影响范围极广、持续时间极长"的特点。粤东和珠江三角洲市县普降暴雨到大暴雨,局部降特大暴雨。9月22日08时至23日16时,广东省共有19个气象站出现250毫米以上的降雨,其中丰顺县八乡镇最大雨量达353.7毫米;有302个气象站雨量为100~250毫米,有695个气象站雨量为50~100毫米。广东省平均雨量53毫米,粤东4市(潮州、揭阳、汕头、汕尾)的平均雨量达117毫米。广东省近50%的市县出现8级以上大风,其中粤东沿海市县普遍出现11~13级大风,陆丰市湖东镇17时最大阵风达60.7米/秒(17级);大风引发了狂浪和明显增水,其中汕头气象浮标站录得14.9米的最大浪高。

广东省16个地市电网受损,其中汕尾、揭阳、汕头、惠州等市低压线路大面积受损。9月22日18时起,广珠和广深城际动车组全部停运;22—23日京广和广深港高铁部分动车组停运;22—24日途经广梅汕、三茂铁路部分普速列车停运。9月22—23日,广州市所有小学、幼儿园、托儿所停课;深圳、东莞、惠州、珠海、佛山等地中小学、幼儿园、托儿所及培训机构等也做出了停课安排。受其影响,共造成981万人受灾,直接经济损失235.5亿元。

湖南 9月22日08时至25日08时,全省平均降雨量83.9毫米,强降水主要出现在湘西、湘北和湘西南地区,共有 17 个县(市)累计降雨量为 50~99.9 毫米,28 个县(市)为 100~199.9 毫米,常德、怀化、益阳地区共 7 县(市)超过 200 毫米,澧县最大为 231.8 毫米;据 3448 个乡镇级区域自动站统计,共有 589 个乡镇累计降雨量为 50~99.9 毫米,775 个乡镇为 100~199.9 毫米,230 个乡镇超过 200 毫米,蓝山县汇源最大为 449.3 毫米。

永州市蓝山县通往山区的 6 条通乡公路出现不同程度的塌方、滑坡;永州市宁远县境内的九嶷河、泠江河沿河村庄 20% 以上被水淹,5 个村庄被洪水围困,冲毁桥梁 3 座、河堤 21 千米、公路 8 千米;湘西土家族苗族自治州吉首市道路中断 8 条次,供电中断 16 条次,通讯中断 23 条次,损坏堤防 12 处约 600 米,护岸 5 处,损毁灌溉设施 28 处;郴州市桂东县省道中断 1 条次(S322 线),县乡道中断 5 条次,通讯中断 4 处。损毁公路 12 处约 900 米,损坏堤防 6 处 210 米,损坏简易人工护岸 23 处 1220 米,损坏灌溉设施 25 处 2400 米;益阳市安化县毁坏桥梁 6 座,冲毁公路 48 处;怀化市新晃侗族自治县村级公路中断 25 条次;供电中断 2 条次;损坏灌溉设施 12 处,堤防决口 3 处。

福建 受"天兔"影响,9 月 20 日 08 时至 23 日 08 时,沿海最大风力 8~11 级,以惠安大坠岛 30.8 米/秒为最大,阵风 10~11 级,以惠安大坠岛 40.3 米/秒为最大。9 月 20 日 20 时至 23 日 20 时过程雨量,全省 9 个县(市)205 站超过 100 毫米,其中本站 9 站(以诏安 290.4 毫米为最大)、自动站 196 站(以平和邦寮 454.6 毫米为最大);日雨量有 143 站次超过 100 毫米,其中以漳浦梁山水库日雨量 286.9 毫米为最大;1 小时雨量以平和坂仔 76.3 毫米为最大;3 小时雨量漳浦沙西 158.6 毫米为最大。9 月 22 日 08 时至 23 日 08 时,诏安降水量分别为 276.2 毫米,位居 9 月历史同期第 1 位。"天兔"登陆时,恰逢年度天文高潮,风暴潮与天文潮叠加,南部海域出现最大实测浪高达 9.8 米的狂涛,引发了最大达 123 厘米的风暴增水,全省沿海潮位普遍超警,其中东山站、旧镇站分别超过历史最高潮位 25 厘米和 9 厘米。

"天兔"共损坏堤防 11.0 千米;对台三通航线停航 91 班次;4 条高速公路局部路段管制通行;福厦、峰福铁路线部分路段限速通行;机场航班取消 214 架次;35 千伏以上的电力线路跳闸 18 条 21 次、10 千伏的电力线路停运 112 次,停运配变 3855 台;漳州、厦门、泉州、莆田、平潭等地学校分别停课 1~2 天。

广西 受"天兔"和南下冷空气共同影响,出现较大范围的强降水和明显的大风。大部地区普降暴雨,局部累计雨量大、短时雨强大、瞬时风力大。据自动气象观测站资料统计,9 月 23 日 08 时至 26 日 08 时,全区降雨量大于 300 毫米的有 5 个乡镇,其中最大为防城港东兴市马路镇 561 毫米。

"天兔"带来的强降水对增加各地山塘水库蓄水和土壤墒情以及缓解旱情、抑制秋旱的发生发展十分有利,但也造成了一定的经济损失。贺州市、恭城县、来宾市、崇左市、东兴市等县(市)城市内涝严重,居民交通出行受到影响;广西电网 7 条次线路跳闸,累计停电用户 6746 户;防城港市东兴市公路中断 15 条;损坏堤防 15 处,长度 0.88 千米;损坏护岸 2 处;冲毁塘坝 13 座;损坏灌溉设施 8 处。

江西 9 月 22—23 日,江西省南部出现不同程度降水,平均降水量为 13.8 毫米,4 个县(市)出现暴雨(井冈山、崇义、全南、安远),其中以井冈山 124.1 毫米为最大,崇义 99.3 毫米次之。据统计,"天兔"共造成吉安市遂川县、安福县 1.3 万人受灾,500 余人紧急转移;直接经济损失 2400 余万元。

10.1321 号"蝴蝶"(Wutip)

1321 号"蝴蝶"(Wutip)于 9 月 27 日 14 时在南海中部海面上生成;28 日凌晨加强为强热带风暴,28 日下午加强为台风;29 日 11 时在海南省三沙市海域加强为强台风,20 时在南海中部海面上减弱为台风;30 日 17 时 45 分前后在越南中部广平省北部沿海登陆,登陆时中心附近最大风力有 12 级(35 米/秒),中心最低气压为 970 百帕,登陆后强度迅速减弱;10 月 1 日凌晨移入泰国境内后减弱为热带低压。中央气象台 10 月 1 日 05 时停止对其编号。"蝴蝶"造成海南 0.1 万人受灾;直接经济损失 1600 余万元。

海南　9 月 29 日 08 时至 30 日 20 时,海南省东部、中部和南部地区普降大到暴雨,局部大暴雨,其中有 6 个乡镇雨量超过 100 毫米,最大降雨量出现在琼中黎母山镇,为 152.0 毫米。海南南部沿海陆地普遍出现 9～11 级大风,其余沿海陆地普遍出现 7～9 级大风。29 日,三沙永兴岛和珊瑚岛出现 12 级以上大风。三亚、乐东、陵水等地所有船舶于 29 日中午 12 点以后全部回港避风;琼州海峡 29 日 14 时全线停航,26916 艘渔船回港避风。9 月 29 日晚,广东和香港 5 艘渔船在西沙珊瑚岛附近海域遭"蝴蝶"袭击,2 艘沉没、1 艘失去联系。据统计"9·29"西沙沉船事故中,有 14 人死亡,48 人下落不明。

11.1323 号"菲特"(Fitow)

1323 号"菲特"(Fitow)于 9 月 30 日 20 时在菲律宾以东洋面生成,10 月 1 日 17 时在西北太平洋洋面上加强为强热带风暴;3 日凌晨加强为台风;4 日下午加强为强台风;7 日 1 时 15 分在福建省福鼎市沙埕镇沿海登陆,登陆时中心附近最大风力有 14 级(42 米/秒),中心最低气压为 955 百帕。登陆后继续向西偏北方向移动,强度迅速减弱,10 月 7 日 5 时在福建省周宁县境内减弱为热带风暴,9 时在福建省建瓯市境内迅速减弱为热带低压。中央气象台 10 月 7 日 11 时对其停止编号。受其影响,共造成 1216 万人受灾,直接经济损失 631.4 亿元。

浙江　受"菲特"影响,浙江东部沿海 10 月 6 日上午开始出现 8 级以上大风,下午起沿海风力增强到 10 级以上,并维持 15 个小时;东南沿海风力更强,普遍有 12～14 级,持续 11 小时左右,10～12 级大风由沿海向内陆纵深约 40 千米,持续 9 小时左右;局部海岛和山区观测站瞬时极大风力达 15～17 级,苍南石砰山、苍南望洲山分别出现 76.1 米/秒和 73.1 米/秒的大风,破浙江省瞬时大风记录("桑美"苍南霞关 68 米/秒),苍南马站(63.0 米/秒,目前浙江历史极值第 4 位)、平阳南麂岛(60.0 米/秒)、平阳上头屿(55.8 米/秒)、瑞安北龙(55.6 米/秒)、瑞安铜盘岛(55.3 米/秒)、苍南龙沙(53.1 米/秒)、苍南赤溪(53.0 米/秒)等 10 个测站观测到 16 级以上大风。7 日,杭州、绍兴、丽水等内陆部分地区也出现了 8～9 级大风。

10 月 6—7 日,浙江出现全省性暴雨和大暴雨天气,局部特大暴雨。7 日,浙江省面雨量 149 毫米,浙北和沿海的杭州、宁波、绍兴、湖州、慈溪、余姚、瑞安等 13 个县(市、区)日降水量破当地历史纪录;过程面雨量(5 日 20 时至 8 日 8 时)全省为 202 毫米。52 个县(市、区)面雨量超 200 毫米,21 个县(市、区)面雨量超 300 毫米,最大为余姚的 433 毫米。

"菲特"携带的狂风暴雨及高潮位给浙江带来极其严重的影响。据统计,受"菲特"影响,杭州、湖州、嘉兴等 11 市 82 个县(市、区)共有 1089 万人受灾,9 人死亡,1 人失踪,125.5 万人紧急转移;5200 余间房屋倒塌;农作物受灾面积 54.7 万公顷;公路中断 1086 条次,31 个次机场、港口关停,供电中断 1650 条次,通讯中断 321 条次;直接经济损失 599.4 亿元。

福建　"菲特"是 2013 年登陆福建的最强台风,也是有记录以来秋季直接登陆福建北部沿海唯一的强台风。受其影响,福建北部沿海出现 10～15 级大风,以福鼎星仔岛 50.7 米/秒(15 级)为最大。10 月 6 日 08 时至 8 日 08 时过程雨量,全省 7 个县(市)37 站量超过 100 毫米;10 月 6 日 20 时至 7 日 20 时,福鼎日降雨量 228.5 毫米,为 10 月历史同期最多,柘荣、寿宁和周宁日降雨量分别为 159.4 毫米、121.8 毫米和 91.4 毫米,均位居 10 月历史同期第二多。

"菲特"影响期间,又恰逢天文大潮,引发风暴潮,最大增水达 136 厘米。福建省电力线路跳闸 194 条,福鼎市以及蕉城、福安、霞浦的部分乡镇供电中断,高速公路封闭 5 段,动车停运 28 对,机场航班取消 20 架次,对台三通航线停航 16 个班次。不过,"菲特"带来的强降水使福建大部地区的气象干旱得到解除或缓解。

江苏　受"菲特"和冷空气的共同影响,10 月 6—8 日,江苏省淮河以南地区出现明显降水,其中江淮之间及沿江苏南中东部地区出现大雨,部分地区出现暴雨至大暴雨。6 日 05 时至 8 日 09 时全省有 35 站累计雨量超过 50 毫米,16 站超过 100 毫米,5 站超过 200 毫米,2 站超过 250 毫米,最大昆山达 295.6 毫米;启东(195.8 毫米)、昆山(152.1 毫米)、苏州(138.9 毫米)、海门(119.3 毫米)、太仓(118.8 毫米)、南通(107.3 毫米)、吕泗(104.8 毫米)、常熟(104.4 毫米)8 站日降水量超过历史极值,吴江(116.7 毫米)、如东(93.5 毫米)2 站达历史次大值。7—8 日,江苏省东南部出现 7～9 级大风,南部近海风力达 10 级(如东太阳沙 26.2 米/秒、海门东灶港 25.7 米/秒、启东唐芦港 25.4 米/秒)。据统计,"菲特"共造成泰州、南通、镇江、苏州 4 市 10 个县(区、市)59 万人受灾,1700 余人紧急转移;农作物受灾面积 3.2 万公顷;直接经济损失 3 亿元。

上海 受"菲特"外围云系和冷空气的共同影响,上海市普降暴雨到特大暴雨。10 月 6 日 20 时—8 日 20 时全市共有 9 个自动气象站降水量超过 300.0 毫米,其中松江工业区站最大为 382.1 毫米;全市平均降水量(11 个标准气象站平均)为 228.4 毫米,其中松江站最大为 289.2 毫米;10 月 8 日,11 个标准气象站平均降水量达到 160.0 毫米,打破 1961 年以来全市平均日降水量历史纪录(1963 年 9 月 13 日,142.0 毫米)。

由于降雨持续时间长、范围广、雨量大,加之正值天文高潮位影响排水,造成城市内涝,大片农田受淹;内河水位普遍超警戒。上海黄浦江沿线潮位全面超过警戒线。据统计,"菲特"共造成虹口、闵行、嘉定、宝山、松江、奉贤等 10 个县(区)12.1 万人受灾,2 人死亡,近 1 万人紧急转移;农作物受灾面积 2.8 万公顷;直接经济损失 3.7 亿元。

12. 1325 号"百合"(Nari)

1325 号"百合"(Nari)于 10 月 9 日 20 时在西北太平洋洋面上生成;10 日早晨加强为强热带风暴;11 日 2 时加强为台风,17 时加强为强台风,23 时 30 分在菲律宾奥罗拉省丁阿兰市附近沿海登陆,登陆时中心附近最大风力有 14 级(42 米/秒),中心最低气压为 955 百帕;12 日 5 时减弱为强热带风暴,14 时重新加强为台风,此后在南海中部向西移动,穿过西沙群岛后;15 日 5 时在越南中部近海海面上减弱为强热带风暴,6 时 40 分在越南中部岘港附近沿海登陆,登陆时中心附近最大风力有 11 级(30 米/秒,强热带风暴强度),中心气压为 980 百帕;11 时在越南广南省西北部地区减弱为热带风暴,随后移入老挝南部地区,并于当日 17 时在老挝南部地区减弱为热带低压,17 时中央气象台对其停止编号。据统计,"百合"造成海南 10 个市(县)71 个乡(镇)受灾,受灾人口 24.9 万人,转移安置 1.9 万人;农作物受灾面积 2600 余公顷;直接经济损失 5000 余万元。

海南 受"百合"影响,海南岛中部、东部和南部地区出现暴雨到大暴雨,共有 45 个乡镇出现 100 毫米以上的大暴雨,最大为琼中吊罗山乡的 337.2 毫米;沿海陆地普遍出现 8～10 级阵风。10 月 13 日 08 时至 15 日 08 时,三沙市大部分岛礁出现 10 级以上大风,最大为琛航岛和北礁 11 级(风俗分别为 31.1 米/秒和 29.3 米/秒),同时各岛礁普降大到暴雨、局地大暴雨,最大为北礁 110.1 毫米。海南省两万余艘渔船返回渔港避风;琼州海峡 14 日 09 时 30 分起全面停航约 30 小时;强风暴雨给部分地区晚稻乳熟和冬种瓜菜造成一定影响。

13. 1330 号"海燕"(Haiyan)

1330 号"海燕"(Haiyan)于 11 月 4 日 8 时在西北太平洋生成;5 日凌晨加强为强热带风暴,下午加强为台风;6 日凌晨加强为强台风,上午加强为超强台风;8 日 7 时前后在菲律宾莱特岛北部沿海登陆,登陆时中心附近最大风力达 17 级以上(75 米/秒),中心气压为 890 百帕。尔后,"海燕"横穿菲律宾中部地区,下午减弱为强台风,夜间进入南海东南部海域;10 日晚在北部湾南部海面减弱为台风;11 日早晨 5 时在越南北部广宁省沿海登陆,登陆时最大风力达 13 级(38 米/秒),9 时进入我国广西境内,10 时在广西宁明县减弱为强热带风暴,17 时在广西南宁市减弱为热带风暴,20 时在南宁市减弱为热带低压,其后强度继续减弱,23 时中央气象台对其停止编号。"海燕"具有强度强、移动速度快、路径北翘东折的特征。受其影响,共造 422.6 万人受灾,直接经济损失 45.8 亿元。

海南 11 月 9 日 08 时至 11 日 08 时,海南岛普降暴雨到大暴雨,共有 189 个乡镇过程雨量超过 100 毫米,其中 56 个乡镇过程雨量超过 200 毫米,22 个乡镇过程雨量超过 300 毫米,保亭、琼中和五指山有 8 个乡镇过程雨量超过 400 毫米,最大为保亭毛感乡 570.6 毫米。三沙市大部分岛礁出现 10~12 级的大风,最大为北礁岛 12 级(34.7 米/秒),同时各岛礁普降中到大雨。

受台风"海燕"影响,海南省 26903 艘渔船回港避风;琼州海峡自 9 日 20 时起全线停航近 39 小时;10—11 日上午,海南东环高铁动车组全线停运;三亚凤凰国际机场有 260 架次航班受影响。据统计,"海燕"共造成 3 市 2 个区和 16 个县市的 225 个乡镇受灾,受灾人口 207 万人,13 人死亡,2 人失踪,紧急转移 20.6 万人;倒塌房屋 1000 间;农作物受灾面积达 13.4 万公顷;直接经济损失 30.5 亿元。

广西 受"海燕"和冷空气共同影响,10—12 日,广西出现大范围强降雨和大风天气。强降水主要出现在南宁、贵港、玉林、北海、防城港、钦州、崇左等地市。9 日 20 时至 12 日 20 时,广西出现暴雨 45 站次,大暴雨 27 站次,特大暴雨 4 站。其中,宾阳、扶绥、横县 3 站 10 日 20 时至 11 日 20 时的日降水量打破当地建站以来日最大降水量的历史纪录。据统计,"海燕"造成 196 万人受灾,死亡 7 人,失踪 1 人,紧急转移 4.9 万人;倒塌房屋 3700 余间;农作物受灾面积 34 万公顷;直接经济损失 14.4 亿元。

广东 受"海燕"强大的环流系统及后期残留云系影响,11 月 10 日至 12 日,广东省出现大范围降水,部分市县出现了暴雨到大暴雨,局部出现特大暴雨。9 成以上县(市)出现降水,半数以上降水在 25 毫米以上,其中,12 个县(市)降水超过 100 毫米;廉江过程降水量为 223.9 毫米,为全省最大。

受"海燕"影响,琼州海峡于 11 月 9 日晚起全线停航。白云机场取消往返海口和三亚进出港航班。据统计,"海燕"共造成广东省湛江市 6 个县(市、区)19.6 万人受灾,3 万人紧急转移;农作物受灾面积 8.1 万公顷;直接经济损失 8900 余万元。

2.4 冰雹和龙卷风

2.4.1 基本概况

2013 年,全国共有 31 个省(区、市)2020 个县(市)次出现冰雹,降雹次数比 2001—2010 年平均次数(1378 个县次)明显偏多。全国 45 个县(市)次出现龙卷风,龙卷风出现次数较 2001—2010 年平均次数(74 个县次)偏少。总体来看,2013 年风雹造成的经济损失较 2012 年偏轻。

2.4.2 冰雹

1. 主要特点

(1)降雹次数明显偏多

2013 年,全国 31 个省(市、区)遭受冰雹袭击。据统计,共有 2020 个县(市)次出现冰雹,降雹次数比 2001—2010 年平均次数(1378 个县次)明显偏多。

(2)初雹、终雹时间均偏晚

2013 年,全国最早一次冰雹天气出现在 2 月 3 日(云南省西双版纳傣族自治州景洪市),初雹时间较 2001—2010 年平均时间(1 月下旬)偏晚;最晚一次冰雹天气出现在 12 月 16 日(云南省普洱市孟连傣族拉祜族佤族自治县),终雹时间亦较 2001—2010 年平均时间(11 月中旬)偏晚。

(3)降雹主要集中在夏季和春季

从降雹的季节分布来看,2013 年夏季出现冰雹最多,共有 1041 个县(市)次,占全年降雹总次数的 51.5%;春季降雹次多,共有 912 个县(市)次,占全年的 45.1%。秋季共有 64 个县(市)次降雹,占全年的 3.2%;冬季降雹次数最少,只有 3 个县(市)次,仅占全年的 0.2%。

从各月降雹情况看,2013 年 8 月最多,共 508 个县(市)次降雹,占全年的 25.1%;3 月次多,444 个县(市)次降雹,占全年的 22.0%;6 月居第三位,273 个县(市)次降雹,占全年的 13.5%;5 月居第四位,268 个县(市)次降雹,占全年的 13.3%。

(4)华北、黄淮西部、江南中西部、华南西部、西南东南部、西北东部等地降雹较多

2013 年,冰雹主要出现在我国中部地区和西南地区东部,降雹较多的是华北、黄淮西部、江南地区中西部、华南地区西部、西南地区东南部、西北地区东部及内蒙古等地。从各省分布来看,云南最多,降雹 212 县(市)次,贵州其次,降雹 199 县次,新疆、甘肃、陕西、山西、河北、山东、河南、湖北、江西、湖南、广东、广西、四川等省(区)降雹均超过 50 县次(图 2.4.1),局部受灾较重。

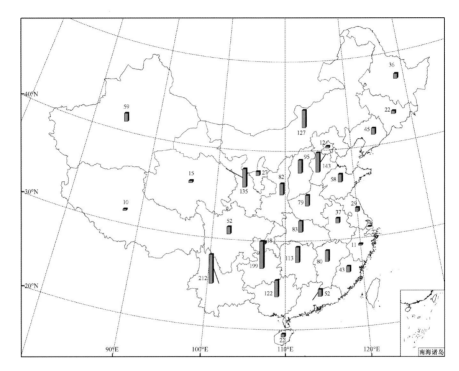

图 2.4.1 2013 年全国降雹县(市)次分布

Fig. 2.4.1 Distribution of hail events over China in 2013

2. 部分风雹灾害事例

(1)2 月 3 日,云南省西双版纳傣族自治州景洪市遭受风雹灾害。农作物受灾面积 872 公顷;134 户房屋受损;直接经济损失 2895 万元。

(2)3 月 9—10 日,江苏省淮安、盐城 2 市有 4 个县(区、市)遭受风雹灾害。1.3 万人受灾;100 余间房屋不同程度倒损;农作物受灾面积 1100 公顷;直接经济损失 3600 余万元。

(3)3 月 9—10 日,湖北省荆门、孝感、黄冈、恩施 4 市(自治州)有 6 县(区、市)遭受风雹灾害。1.4 万人受灾;50 余间房屋倒塌,1000 余间不同程度受损;农作物受灾面积 2100 公顷,其中绝收近 700 公顷;直接经济损失 1700 余万元。

(4)3 月 12—13 日,贵州省毕节、铜仁、黔南、黔东南、黔西南 5 市(自治州)有 26 个县(区、市)遭受风雹灾害。20.4 万人受灾;1.3 万间房屋不同程度受损;农作物受灾面积 8900 公顷,其中绝收 800 余公顷;直接经济损失 7500 余万元。

(5)3月12—14日,广西南宁、百色、钦州、崇左、玉林5市有13县(区)遭受风雹灾害。4.75万人受灾;农作物受灾面积6610公顷,其中绝收1810公顷;倒塌农房35间,损坏农房5400多间;直接经济损失1.73亿元。

(6)3月18—20日,贵州省贵阳、六盘水、遵义、安顺、黔南、黔西南、黔东南、铜仁等9市(自治州)有37个县(区、市)遭受风雹灾害。54.4万人受灾;15.2万间房屋不同程度受损;农作物受灾面积2.3万公顷,其中绝收5700公顷;直接经济损失5.1亿元。

(7)3月18—20日,广西南宁、桂林、防城港、百色、玉林、河池、来宾、贺州、崇左等市有25个县(区、市)遭受风雹灾害。17.6万人受灾;1人死亡(建筑物倒塌所致);100余间房屋倒塌,3.2万间房屋不同程度受损;农作物受灾面积9500公顷,其中绝收2300公顷;直接经济损失1.1亿元。

(8)3月19—20日,湖南省株洲、衡阳、郴州、怀化、邵阳、永州、湘潭7市(自治州)有47个县(区、市)遭受风雹灾害。111.1万人受灾;3人死亡(建筑物倒塌所致);1900余间房屋倒塌,10万间房屋不同程度受损;农作物受灾面积9.23万公顷,其中绝收1.49万公顷;直接经济损失9亿元。

(9)3月19—20日,江西省南昌、鹰潭、新余、抚州、吉安5市有14个县(区、市)遭受风雹灾害。10.7万人受灾;200余间房屋倒塌,2.3万间房屋不同程度受损;农作物受灾面积2500公顷,其中绝收100余公顷;直接经济损失9900余万元。

(10)3月19—20日,福建省南平、三明、龙岩3市有16个县(区、市)遭受风雹灾害。5.1万人受灾,15人死亡(渡船翻沉所致);100余间房屋倒塌,7800余间房屋不同程度受损;农作物受灾面积3700公顷,其中绝收300余公顷;直接经济损失5600余万元。

(11)3月19—20日,广东省韶关、梅州、茂名、东莞4市有9个县(市)遭受风雹、龙卷风袭击。2.2万人受灾,10人死亡(东莞市9人因建筑物倒塌致死,梅州市平远县1人因雷击身亡);1.3万间房屋不同程度受损;农作物受灾面积近1000公顷,其中绝收200余公顷;直接经济损失3300余万元。

(12)3月20—21日,海南省定安、屯昌、澄迈、儋州、临高5个县(市)遭受风雹灾害。4.3万人受灾;3600余间房屋不同程度受损;农作物受灾面积1100公顷,其中绝收100余公顷;直接经济损失4200多万元。

(13)3月22—26日,湖南省长沙、常德、岳阳、娄底、永州、郴州等8市有27个县(区、市)遭受风雹灾害。62.6万人受灾;1人死亡;近1400间房屋倒塌,1.5万间房屋不同程度受损;农作物受灾面积4.25万公顷,其中绝收5000公顷;直接经济损失约5亿元。

(14)3月22—23日,江西省南昌、九江、宜春、吉安、赣州等7市有14个县(市)遭受风雹灾害。11.8万人受灾;200余间房屋倒塌,1.6万间房屋不同程度受损;农作物受灾面积7700公顷,其中绝收近300公顷;直接经济损失1.6亿元。

(15)3月22—24日,广西百色、河池、桂林、柳州、贺州、来宾、南宁、梧州8市有28县(区)遭受风雹灾害。26.69万人受灾;农作物受灾面积2.54万公顷,其中绝收1670公顷;损坏农房1.71万间;直接经济损失2.03亿元。

(16)3月22—24日,贵州省贵阳、遵义、安顺、毕节、黔东南、黔南、铜仁7市(自治州)有35个县(区、市)遭受风雹、暴雨灾害。59.8万人受灾;1人死亡(滑坡所致);100余间房屋倒塌,7.8万间房屋不同程度受损;农作物受灾面积2.72万公顷,其中绝收4900公顷;直接经济损失4.3亿元。

(17)3月23—24日,福建省南平、三明、宁德3市有19个县(区、市)遭受风雹灾害。13.6万人受灾;5.8万间房屋不同程度受损;农作物受灾面积1.09万公顷,其中绝收1900公顷;直接经济损失3.1亿元。

(18)3月25—26日,贵州省安顺、黔东南、黔南、贵阳、毕节5市(自治州)有8个县(区、市)遭受风雹灾害。12.7万人受灾;400余间房屋不同程度受损;农作物受灾面积5200公顷,其中绝收300余公顷;直接经济损失1800余万元。

(19)4月17—18日,贵州省贵阳、遵义、铜仁、黔南、黔西南5市(自治州)有12个县(市)遭受风雹灾害。18万人受灾;100余间房屋倒塌,1.9万间房屋不同程度受损;农作物受灾面积7900公顷,其中绝收3200公顷;直接经济损失1.1亿元。

(20)4月17—21日,湖南省长沙、常德、益阳、邵阳、娄底、湘西等8市(自治州)有24个县(区、市)遭受风雹灾害。32万人受灾,死亡3人(2人因建筑物倒塌致死,1人雷击致死);近500间房屋倒塌,2.9万间房屋不同程度受损;农作物受灾面积1.26万公顷,其中绝收1400公顷;直接经济损失3.8亿元。

(21)4月17—18日,福建省福州、南平、三明3市有5个县(区、市)遭受风雹灾害。1.1万人受灾;100余间房屋倒塌,2900余不同程度受损;农作物受灾面积800余公顷,其中绝收100余公顷;直接经济损失近5400万元。

(22)4月23—24日,贵州省安顺、黔南、黔西南3市(自治州)有6个县遭受风雹灾害。2.5万人受灾;3400余间房屋不同程度受损;农作物受灾面积800余公顷,其中绝收200余公顷;直接经济损失近2100万元。

(23)4月25日,甘肃省陇南市6个县遭受雷雨大风、冰雹袭击。约3万人受灾;农作物受灾面积3900多公顷;直接经济损失1亿多元。

(24)4月25日,广西钦州、崇左、百色3市有9个县(区)遭受风雹灾害。12.3万人受灾,1人死亡(房屋倒塌致死);5000余间房屋不同程度受损;农作物受灾面积8400公顷,其中绝收2300公顷;直接经济损失1.1亿元。

(25)4月25日,云南省红河、文山、西双版纳3自治州有7个县遭受风雹灾害。1.4万人受灾;近1600间房屋不同程度受损;农作物受灾面积1800公顷,其中绝收面积60多公顷;直接经济损失1300余万元。

(26)4月28—30日,四川泸州、巴中、资阳等5市(自治州)有10个县(区)遭受风雹灾害。32.5万人受灾,2人死亡(1人建筑物倒塌所致,1人雷击所致);700余间房屋倒塌,1.7万间房屋不同程度受损;农作物受灾面积3.2万公顷,其中绝收2900公顷;直接经济损失8900余万元。

(27)4月29—30日,安徽省安庆、黄山、池州3市有13个县(区)遭受雷雨大风和冰雹袭击。40.8万人受灾;倒塌房屋500多间,严重损坏房屋800多间;农作物受灾面积2.68万公顷;直接经济损失1.6亿元。

(28)5月4日,新疆兵团五师和九师有7个团遭受风雹灾害。近6000人受灾;农作物受灾面积9000公顷;直接经济损失2100余万元。

(29)5月6—8日,贵州省贵阳、遵义、毕节、铜仁、黔西南、黔南、六盘水7市(自治州)有31个县(区、市)遭受风雹灾害。88.4万人受灾;200余间房屋倒塌,2.4万间房屋不同程度受损;农作物受灾面积5.8万公顷,其中绝收1.29万公顷;直接经济损失3.5亿元。

(30)5月13—15日,新疆喀什、阿克苏、伊犁3地区(自治州)有13个县(市)遭受风雹灾害。4.8万人受灾;农作物受灾面积1.93万公顷,其中绝收7300公顷;直接经济损失8500余万元。

(31)5月13—16日,贵州省贵阳、遵义、毕节、铜仁、黔南、黔东南6市有11个县(区、市)遭受风雹灾害。8.7万人受灾,1人死亡(雷击所致);60余间房屋倒塌,2600余间房屋不同程度受损;农作物受灾面积4400公顷,其中绝收700余公顷;直接经济损失近2700万元。

(32)5月13—14日,四川省广安、内江、乐山、泸州4市有5个县(区)遭受风雹灾害。4.7万人受灾,3人死亡(雷击所致);80间房屋倒塌,3800余间房屋不同程度受损;农作物受灾面积1600公顷;直接经济损失近 4800 万元。

(33)5 月 14—15 日,湖北省孝感、黄冈、鄂州、荆州、宜昌 5 市有 13 个县(区、市)遭受风雹灾害。约 42 万人受灾,1 人死亡(雷击所致);100 余间房屋倒塌,4800 余间房屋不同程度受损;农作物受灾面积 2.59 万公顷,其中绝收 900 余公顷;直接经济损失 1.5 亿元。

(34)5 月 14—15 日,江西省南昌、九江、景德镇、宜春、新余等 8 市有 29 个县(区、市)遭受风雹灾害。约 37 万人受灾,3 人死亡(雷击所致);倒损房屋 500 余间;农作物受灾面积 2.66 万公顷,其中绝收 1500 公顷;直接经济损失 1.3 亿元。

(35)5 月 19—20 日,山东省济南、潍坊、临沂、滨州 4 市有 9 个县(区、市)遭受风雹灾害。16.3 万人受灾;农作物受灾面积 1.66 万公顷;直接经济损失近 6000 万元。

(36)5 月 21—22 日,甘肃省兰州、白银、天水、定西、陇南 5 市有 14 个县(区)遭受风雹灾害。17.7 万人受灾;37 间房屋倒塌;农作物受灾面积 1.84 万公顷,其中绝收 2100 公顷;直接经济损失约 3.5 亿元。

(37)5 月 22 日,山西省长治、晋城、忻州、运城 4 市有 9 个县(市)遭受风雹灾害。16 万人受灾;农作物受灾面积 9800 公顷,其中绝收近 200 公顷;直接经济损失 3000 余万元。

(38)5 月 22 日,陕西省渭南、咸阳、延安、商洛、铜川 5 市有 15 个县(区)遭受风雹灾害。39.2 万人受灾;900 余间房屋不同程度受损;农作物受灾面积 4.41 万公顷,其中绝收 1400 公顷;直接经济损失约 3 亿元。

(39)5 月 22 日,云南省昆明、曲靖、玉溪、昭通、大理、红河等 6 市(自治州)有 9 个县遭受冰雹灾害。16.7 万人受灾;1500 余间房屋不同程度受损;农作物受灾面积 1.06 万公顷,其中绝收 3000 公顷;直接经济损失 4500 余万元。

(40)5 月 23 日,河南省三门峡、商丘、周口、南阳 4 市有 5 个县(区)相继遭受雷雨大风、冰雹袭击。农作物受灾面积 6200 多公顷,其中绝收 200 多公顷;倒塌房屋 50 多间;直接经济损失约 1.1 亿元。

(41)5 月 25—27 日,江苏省徐州、宿迁、盐城等 5 市有 8 个县(区、市)遭受风雹灾害。29.8 万人受灾;100 余间房屋倒塌,近 200 间房屋不同程度受损;农作物受灾面积 3.89 万公顷,其中绝收 1200 公顷;直接经济损失 1.7 亿元。

(42)5 月 26—27 日,河北省张家口、沧州、衡水 3 市有 7 个县(区、市)遭受风雹灾害。约 8 万人受灾;农作物受灾面积 8800 公顷,其中绝收 1100 公顷;直接经济损失 6200 余万元。

(43)5 月 30 日至 6 月 1 日,黑龙江省齐齐哈尔、黑河、大庆等 6 市有 9 个县(区、市)遭受风雹灾害。4.2 万人受灾;50 多间房屋倒塌,2100 余间房屋不同程度损坏;农作物受灾面积 400 余公顷;直接经济损失 6700 余万元。

(44)6 月 1—2 日,河北省张家口、邢台、邯郸 3 市有 14 个县(区、市)遭受风雹灾害。22.8 万人受灾;农作物受灾面积 2.33 万公顷;直接经济损失 2000 余万元。

(45)6 月 7 日,山西省长治市有 5 个县遭受风雹灾害。3.5 万人受灾,1 人死亡(建筑物倒塌所致);约 30 间房屋倒塌,100 余间房屋不同程度损坏;农作物受灾面积 3400 公顷,其中绝收 200 余公顷;直接经济损失近 2500 万元。

(46)6 月 14—15 日,黑龙江省哈尔滨、齐齐哈尔、黑河、大庆 4 市有 5 个县(区)遭受风雹灾害。2.6 万人受灾;73 间房屋不同程度损坏;农作物受灾面积 1.73 万公顷,其中绝收 3400 公顷;直接经济损失 8100 余万元。

(47)6 月 18—21 日,新疆喀什、阿克苏、哈密等地区有 11 个县(市)遭受雷雨大风、冰雹和暴雨袭击。6.6 万人受灾;农作物受灾面积 3.28 万公顷,其中绝收 1.11 万公顷;倒塌房屋 1000 余间,损

坏房屋 9900 多间；直接经济损失 4.4 亿元

(48)6 月 18—20 日，云南省曲靖、玉溪、保山等 7 市(自治州)有 10 个县(区)遭受风雹、暴雨灾害。5.6 万人受灾，1 人死亡(山洪所致)；近 200 间房屋损坏；农作物受灾面积 8300 公顷，其中绝收 1100 公顷，直接经济损失 3900 余万元。

(49)6 月 20—21 日，湖南省常德、益阳、邵阳、湘西 4 市(自治州)有 6 个县(区)遭受风雹灾害。1.8 万人受灾，1 人死亡(雷击所致)；100 余间房屋倒塌，近 1700 间房屋不同程度损坏；农作物受灾面积 800 余公顷；直接经济损失 2500 余万元。

(50)6 月 21—22 日，江西省抚州、宜春、吉安 3 市有 8 县(区、市)遭受风雹灾害。5.7 万人受灾，1 人死亡(雷击所致)；100 余间房屋倒塌，1000 余间房屋不同程度损坏；农作物受灾面积 3800 公顷，其中绝收近 100 公顷；直接经济损失 1.2 亿元。

(51)6 月 23—24 日，河北省石家庄、张家口、承德等 6 市有 18 个县(区)遭受风雹灾害。22.8 万人受灾，1 人死亡(雷击所致)；50 余间房屋倒塌，700 余间房屋不同程度损坏；农作物受灾面积 2.4 万公顷，其中绝收 1500 公顷；直接经济损失 1.5 亿元。

(52)6 月 23—24 日，山西省太原、大同、朔州、长治、晋中、忻州、阳泉 7 市有 14 个县(区、市)遭受风雹灾害。11.1 万人受灾；700 余间房屋不同程度损坏；农作物受灾面积 1.28 万公顷，其中绝收 1800 公顷；直接经济损失 7400 余万元。

(53)6 月 24 日，黑龙江省七台河、鸡西、牡丹江等 4 市有 10 个县(区、市)遭受风雹灾害。7900 余人受灾；农作物受灾面积 1.03 万公顷，其中绝收 4900 公顷；直接经济损失 9000 余万元。

(54)6 月 24—28 日，内蒙古赤峰市有 9 个旗(区、县)遭受风雹、暴雨灾害。15.7 万人受灾，死亡 7 人(雷击、山洪所致)；房屋倒塌 400 多间；农作物受灾面积 4.04 万公顷，绝收面积 6600 多公顷；直接经济损失 1.61 亿元。

(55)6 月 25 日，河北省石家庄、保定、张家口、承德、廊坊等市有 13 个县(市)遭受风雹灾害。5.9 万人受灾；农作物受灾面积 4300 多公顷，其中绝收面积近 200 公顷；直接经济损失约 4000 万元。

(56)6 月 27 日，辽宁省大连、锦州、朝阳等市有 9 个县(市)遭受风雹、暴雨灾害。13.7 万人受灾；农作物受灾面积 2.15 万公顷，其中绝收 5100 多公顷；倒塌房屋约 80 间，损坏房屋 700 多间；直接经济损失 1.89 亿元。

(57)7 月 7—8 日，内蒙古呼和浩特、赤峰、通辽、呼伦贝尔、锡林郭勒等 8 市(盟)有 17 个县(市、旗)遭受风雹袭击。2.1 万人受灾，3 人死亡(雷击、山洪所致)；农作物受灾面积 6.54 万公顷，其中绝收 1300 公顷；直接经济损失 5500 余万元。

(58)7 月 7—9 日，新疆阿克苏、博尔塔拉、喀什、阿勒泰等地区(自治州)有 10 个县(市)遭受风雹、暴雨袭击。1.6 万人受灾，1 人死亡(雷击所致)；农作物受灾面积 1.8 万公顷，其中绝收 1300 多公顷；直接经济损失 3.4 亿元。

(59)7 月 15 日，云南省昆明、丽江、临沧等 5 市(自治州)有 6 个县(区)遭受风雹灾害。3.1 万人受灾；近 300 间房屋损坏；农作物受灾面积 1900 公顷，其中绝收近 800 公顷；直接经济损失 2900 余万元。

(60)7 月 16 日，湖北省十堰、襄阳 2 市有 5 个县(市)遭受风雹灾害。33.2 万人受灾；近 200 间房屋倒塌，1400 余间房屋损坏；农作物受灾面积 1.4 万公顷，其中绝收 3200 公顷；直接经济损失 1.4 亿元。

(61)7 月 19—20 日，内蒙古赤峰、乌兰察布、兴安 3 市(盟)有 6 个县(旗)遭受风雹灾害。1.5 万人受灾；农作物受灾面积 4300 公顷，其中绝收 1800 公顷；直接经济损失 3700 余万元。

(62)7月20日，河北省张家口、保定2市有4个县遭受风雹灾害。1.9万人受灾；农作物受灾面积4400公顷，其中绝收300余公顷；直接经济损失2600余万元。

(63)7月21—23日，内蒙古鄂尔多斯、赤峰、乌海、巴彦淖尔、乌兰察布、兴安6市(盟)有16个县(区、旗)遭受暴雨、冰雹、大风等强对流天气袭击。4.8万人受灾，1人死亡(雷击致死)；农作物受灾面积6.1万公顷，其中绝收7000余公顷；直接经济损失2.17亿元。

(64)7月25日，云南省昆明、曲靖、玉溪、红河等市(自治州)有10个县遭受冰雹、暴雨袭击。农作物受灾近2600公顷，其中绝收400多公顷；直接经济损失5000多万元。

(65)7月28—29日，新疆兵团四师、六师、九师、十师4个师有7个团(农场)遭受风雹灾害。7000余人受灾；农作物受灾面积1.39万公顷，其中绝收3500公顷；直接经济损失1.4亿元。

(66)7月30—31日，河北省张家口、保定2市有11个县(区)遭受风雹灾害。7.7万人受灾；农作物受灾面积9300公顷，其中绝收近700公顷；直接经济损失约1亿元。

(67)7月30—31日，山西省太原、大同、朔州、运城、忻州5市有9个县(区、市)遭受风雹灾害。5.2万人受灾；农作物受灾面积1万公顷，其中绝收600余公顷；直接经济损失3700余万元。

(68)7月30—31日，甘肃省兰州、白银、武威、平凉、定西、庆阳、天水7市(自治州)有20个县(区)遭受风雹灾害。21.6万人受灾，2人死亡(建筑物倒塌所致)；400余间房屋损坏；农作物受灾面积2.6万公顷，其中绝收近700公顷；直接经济损失2.2亿元。

(69)7月30日，云南省昭通、丽江2市有4个县(区)遭受风雹灾害。11.1万人受灾，1人死亡(雷击致死)；农作物受灾面积4500多公顷，其中绝收700余公顷；直接经济损失6500多万元。

(70)7月31日，内蒙古乌兰察布、赤峰、锡林郭勒3市(盟)有5个县(旗)发生冰雹灾害。1.1万人受灾，1人死亡(雷击致死)；农作物受灾面积4900多公顷，其中绝收100多公顷；直接损失1000余万元。

(71)7月31日至8月1日，北京市房山、大兴、怀柔、密云4个县(区)遭受风雹、暴雨灾害。7.2万人受灾；农作物受灾面积6100公顷，其中绝收2300公顷；直接经济损失1.1亿元。

(72)7月31日至8月1日，陕西省西安、渭南、咸阳、榆林、延安、安康、宝鸡等市有15个县(区、市)遭受风雹袭击。17.1万人受灾，1人死亡(雷击所致)；近400间房屋倒塌，800余间房屋损坏；农作物受灾面积2.55万公顷，其中绝收4200公顷；直接经济损失1.9亿元。

(73)7月31日，宁夏中卫、固原、吴忠3市有4个县(区)遭受风雹灾害。约6000人受灾；农作物受灾面积2000多公顷，其中绝收700多公顷；直接经济损失1300余万元。

(74)7月31日至8月1日，四川省南充、广安、泸州等4市有8个县(区)遭受风雹袭击。24.5万人受灾；300余间房屋倒塌，2100余间房屋损坏；农作物受灾面积4300公顷，其中绝收900余公顷；直接经济损失1.4亿元。

(75)8月1—4日，河南省洛阳、商丘、漯河、南阳等6市有21个县(区)遭受风雹灾害。94.9万人受灾，1人死亡；200余间房屋倒塌，近600间房屋损坏；农作物受灾面积8.07万公顷，其中绝收9000公顷；直接经济损失4.8亿元。

(76)8月1日，江苏省宿迁、扬州等市有5个县(区)遭受风雹灾害。4.6万人受灾，1人死亡(雷击所致)；200余间房屋倒塌，500余间房屋损坏；农作物受灾面积3300公顷，其中绝收近1000公顷；直接经济损失1.6亿元。

(77)8月1日，安徽省宿州、淮北、阜阳、蚌埠、淮南5市有15个县(区、市)遭受风雹灾害。31.4万人受灾，2人死亡；400余间房屋倒塌，近3000间房屋损坏；农作物受灾面积2.26万公顷；直接经济损失8300余万元。

(78)8月1日，湖北省武汉、宜昌、恩施、十堰、襄阳、黄冈等市(自治州)有20县(区、市)遭受风雹灾害。27.53 万人受灾,因灾死亡 1 人(房屋倒塌所致);农作物受灾面积 1.92 万公顷;倒塌房屋 250 间,严重损坏房屋 430 余间;直接经济损失 1.59 亿元。

(79)8 月 2—4 日,甘肃省兰州、白银、定西、临夏等 5 市(自治州)有 12 县(区)遭受风雹、暴雨灾害。6.1 万人受灾;农作物受灾面积 6100 公顷,其中绝收近 600 公顷;直接经济损失近 8500 万元。

(80)8 月 4 日,山西省太原、大同、朔州、阳泉等 5 市有 11 个县(区、市)遭受风雹灾害。11.6 万人受灾;农作物受灾面积 1.92 万公顷,其中绝收 1800 公顷;直接经济损失 1.2 亿元。

(81)8 月 5 日,陕西省延安、榆林 2 市有 7 个县(区)遭受风雹灾害。约 9 万人受灾;近 100 间房屋损坏;农作物受灾面积 1.33 万公顷,其中绝收 2900 公顷;直接经济损失约 2 亿元。

(82)8 月 5 日,辽宁省沈阳、阜新、铁岭等 5 市有 17 个县(区、市)遭受风雹灾害。21.1 万人受灾;600 余间房屋损坏;农作物受灾面积 2.93 万公顷,其中绝收 8600 公顷;直接经济损失 2.4 亿元。

(83)8 月 6 日,内蒙古赤峰、通辽、鄂尔多斯、兴安 4 市(盟)有 5 个区(旗)遭受风雹灾害。2.4 万人受灾;农作物受灾面积 9500 公顷,其中绝收 2000 公顷;直接经济损失 9000 余万元。

(84)8 月 6—8 日,河北省石家庄、张家口、唐山、沧州等 7 市有 30 个县(区、市)遭受风雹灾害。38.4 万人受灾;300 余间房屋损坏;农作物受灾面积 3.5 万公顷,其中绝收 3100 公顷;直接经济损失 3.8 亿元。

(85)8 月 6 日,甘肃省定西、甘南 2 市(自治州)有 5 个县(市)遭受风雹灾害。1.9 万人受灾;70 余间房屋倒塌,300 间房屋损坏;农作物受灾面积 1200 多公顷;直接经济损失 1400 多万元。

(86)8 月 7—9 日,河南省新乡、鹤壁、安阳、三门峡、商丘、平顶山 6 市有 17 个县(区、市)遭受风雹灾害。18.5 万人受灾,5 人死亡(建筑物倒塌所致);倒塌房屋 300 多间;农作物受灾面积 7700 公顷;直接经济损失 8100 多万元。

(87)8 月 7—8 日,山东省济南、聊城、德州等 5 市有 7 个县(区)遭受风雹灾害。25.2 万人受灾;500 余间房屋倒塌,1500 余间房屋损坏;农作物受灾面积 3.28 万公顷,其中绝收 3100 公顷;直接经济损失 2.5 亿元。

(88)8 月 9—11 日,河北省张家口、承德 2 市有 7 个县(区)遭受风雹灾害。3.9 万人受灾,1 人死亡(溺水所致);农作物受灾面积 3200 公顷,其中绝收近 700 公顷;直接经济损失 3600 余万元。

(89)8 月 9—11 日,山东省日照、临沂、滨州 3 市有 9 个县(区)遭受风雹灾害。39.3 万人受灾;近 300 间房屋倒塌,近 1700 间房屋损坏;农作物受灾面积 3.69 万公顷,其中绝收 1.05 万公顷;直接经济损失 1.5 亿元。

(90)8 月 10 日,辽宁省朝阳、阜新、抚顺等 4 市有 5 个县(市)遭受风雹灾害。8.3 万人受灾;200 余间房屋损坏;农作物受灾面积 1.18 万公顷,其中绝收 2900 公顷;直接经济损失 7400 余万元。

(91)8 月 10 日,内蒙古包头、鄂尔多斯、巴彦淖尔 3 市有 4 个县(旗)遭受风雹灾害。1.2 万人受灾,1 人死亡(雷击所致);农作物受灾面积 8800 公顷,其中绝收 400 余公顷;直接经济损失 5200 余万元。

(92)8 月 10 日,甘肃省兰州、金昌、武威、甘南等 8 市(自治州)有 19 个县(区、市)遭受风雹、暴雨灾害。18.1 万人受灾,2 人死亡(溺水所致);200 余间房屋倒塌,2000 余间损坏;农作物受灾面积 9500 公顷,其中绝收 700 余公顷;直接经济损失近 1.5 亿元。

(93)8 月 10 日,青海省西宁、海东、黄南 3 市(地区、自治州)有 4 个县遭受风雹灾害。9.8 万人受灾;农作物受灾面积 1.56 万公顷,其中绝收 200 余公顷;直接经济损失 7600 余万元。

(94)8 月 11 日,山西省太原、大同、长治、晋城、临汾等 7 市有 14 个县(区、市)遭受风雹灾害。15.3 万人受灾,50 余间房屋倒塌,300 余间房屋损坏;农作物受灾面积 1.53 万公顷,其中绝收 400 余公顷;直接经济损失 1.1 亿元。

(95)8 月 11—12 日,河南省三门峡、洛阳、焦作、安阳、南阳等 11 市有 27 个县(区、市)遭受风雹灾害。70.3 万人受灾,1 人死亡(建筑物倒塌所致);900 余间房屋倒塌,2300 余间房屋损坏;农作物受灾面积 4.11 万公顷,其中绝收 7200 公顷;直接经济损失 4.9 亿元。

(96)8 月 11—12 日,陕西省延安、渭南、咸阳、宝鸡等 5 市 11 个县(区、市)遭受风雹灾害。10.1 万人受灾,1 人死亡(雷击所致);600 余间房屋损坏;农作物受灾面积 5800 公顷,其中绝收 900 余公顷;直接经济损失近 8100 万元。

(97)8 月 11—13 日,湖北省武汉、咸宁、宜昌、襄阳、十堰、恩施 6 市(自治州)有 11 个县(市、区)遭受风雹灾害。7.35 万人受灾,2 人死亡(雷击和房屋倒塌所致);100 多间房屋倒塌,1000 多间房屋损坏;农作物受灾面积 5600 多公顷,其中绝收 980 多公顷;直接经济损失近 8000 万元。

(98)8 月 11 日,湖南省常德、岳阳、娄底等 4 市有 5 个县(区)遭受风雹灾害。5.9 万人受灾;3800 余间房屋损坏;农作物受灾面积近 700 公顷,其中绝收 100 余公顷;直接经济损失近 2300 万元。

(99)8 月 11 日,四川省乐山、泸州、宜宾 3 市有 3 个县遭受风雹灾害。2600 余人受灾,1 人死亡(雷击所致);300 余间房屋损坏;农作物受灾面积 100 余公顷,其中绝收 60 余公顷;直接经济损失 100 余万元。

(100)8 月 11—12 日,重庆市渝北、长寿、江津、奉节、忠县 5 个县(区)遭受风雹灾害。7.1 万人受灾;近 100 间房屋倒塌,2600 余间房屋损坏;农作物受灾面积 3900 公顷,其中绝收近 400 公顷;直接经济损失 2300 余万元。

(101)8 月 13 日,内蒙古赤峰、乌兰察布 2 市有 5 个县(旗、区)遭受风雹灾害。4.88 万人受灾;20 多间房屋倒塌;农作物受灾面积 2.06 万公顷,其中绝收 5570 公顷;直接经济损失 1.66 亿元。

(102)8 月 13—14 日,河北省石家庄、张家口、承德等 5 市有 14 个县(区、市)遭受风雹灾害。6.9 万人受灾,2 人死亡(雷击、溺水所致);600 余间房屋损坏;农作物受灾面积 6000 公顷,其中绝收 1500 公顷;直接经济损失 8000 余万元。

(103)8 月 14—15 日,湖北省恩施土家族苗族自治州有 4 个县(市)遭受雷雨大风、冰雹袭击。3.2 万人受灾;倒损农房 500 多间;农作物受灾面积 3300 公顷,其中绝收 600 多公顷;直接经济损失 4200 多万元。

(104)8 月 15 日,内蒙古赤峰、通辽、呼伦贝尔、锡林郭勒等 5 市(盟)有 11 个旗遭受冰雹灾害。22.8 万人受灾,7 人死亡;近 100 间房屋倒塌,近 500 间房屋损坏;农作物受灾面积 6.22 万公顷,其中绝收 1.67 万公顷;直接经济损失 3.5 亿元。

(105)8 月 15—16 日,云南省曲靖、楚雄、玉溪、昭通、昆明、红河 6 市(自治州)有 20 个县(市、区)遭受风雹、暴雨灾害。5.5 万人受灾,4 人死亡;农作物受灾面积 9100 公顷,绝收面积 1500 余公顷;直接经济损失 1.3 亿元。

(106)8 月 18 日,湖北省武汉、孝感、黄冈 3 市有 7 个县(市、区)遭受风雹灾害。2.2 万人受灾,2 人死亡(房塌树倒所致);170 间房屋倒塌,1600 余间房屋损坏;农作物受灾面积 1600 公顷,其中绝收 300 公顷;直接经济损失 900 余万元。

(107)8 月 20 日,山西省大同、忻州 2 市有 3 个县(市)遭受风雹灾害。6.5 万人受灾;100 余间房屋倒塌,1500 余间房屋损坏;农作物受灾面积 4100 公顷,其中绝收 700 余公顷;直接经济损失 5300 余万元。

(108)8 月 27—28 日,云南省曲靖、昭通 2 市有 4 个县遭受风雹灾害。1.3 万人受灾;农作物受灾面积近 1000 公顷,其中绝收 400 余公顷;直接经济损失 2000 多万元。

(109)9 月 9 日,甘肃省白银、定西、临夏 3 市(自治州)有 7 个县遭受风雹灾害。5.4 万人受灾;农作物受灾面积 3500 公顷,其中绝收 300 余公顷;直接经济损失近 3800 万元。

(110)9 月 11—12 日,甘肃省白银、天水、酒泉、平凉等 7 市(自治州)有 11 个县(区、市)遭受风雹灾害。13.2万人受灾；农作物受灾面积4300公顷，其中绝收800余公顷；直接经济损失1.3亿元。

（111）9月12—13日，陕西省西安、延安、咸阳、宝鸡4市有6个县（区）遭受风雹灾害。5.9万人受灾；100余间房屋损坏；农作物受灾面积8000公顷，其中绝收1300公顷；直接经济损失1.5亿元。

（112）9月15日，山东省济宁、泰安2市有4个县（区、市）遭受风雹灾害。18.3万人受灾，1人死亡（建筑物倒塌所致）；2900余间房屋损坏；农作物受灾面积1.11万公顷，其中绝收800余公顷；直接经济损失2.4亿元。

（113）12月16日，云南省普洱市孟连傣族拉祜族佤族自治县大部分乡镇咖啡、蔬菜瓜果等农作物遭受冰雹灾害，直接经济损失200多万元。

2.4.3 龙卷风

1. 主要特点

（1）发生次数偏少

2013年全国15个省（区）、45个县（市、区）次发生了龙卷风（表2.4.1），龙卷风出现次数较2001—2010年平均次数（74个县次）偏少。

表2.4.1 2013年龙卷风简表

Table 2.4.1 List of major tornado events over China in 2013

发生时间（月-日）	发生地点	发生时间（月-日）	发生地点
3-14	广东省湛江市廉江市	7-2	广东省佛山市三水区
3-20	广东省东莞市	7-5	新疆伊犁哈萨克自治州昭苏县
3-26	广东省茂名市信宜市	7-7	江苏省扬州市高邮市
3-30	广东省阳江市阳春市、阳东县	7-7	安徽省滁州市天长市
4-2	广东省清远市清新区	7-29—30	江苏省盐城市响水县、徐州市睢宁县
4-17	广西柳州市融安县、桂林市七星区、百色市隆林县、河池市环江县	7-30	内蒙古乌兰察布市商都县
4-18	湖南省益阳市桃江县	7-31	甘肃省武威市天祝县
4-29	江西省宜春市万载县	8-1	江苏省盐城市滨海县、徐州市沛县
4-30	海南省海口市秀英区	8-3	广东省佛山市三水区
5-5	黑龙江省双鸭山市宝清县、鸡西市虎林市	8-11	湖北省武汉市黄陂区
5-7	广东省湛江市雷州市	8-14	内蒙古赤峰市敖汉旗
5-8	江西省宜春市丰城市	8-19	黑龙江省大庆市肇源县
5-10	宁夏石嘴山市惠农区	8-29	湖南省娄底市双峰县
5-11	吉林省吉林市舒兰市	8-31	广东省珠海市金湾区
5-14	湖北省天门市	9-6	辽宁省大连市金州区
5-19	内蒙古通辽市科尔沁区	9-30	海南省万宁市
5-21	海南省海口市龙华区	11-11	广东省湛江市徐闻县
6-2	内蒙古赤峰市翁牛特旗		
6-4	内蒙古乌兰察布市察哈尔右翼中旗		
6-22	黑龙江省鸡西市虎林市		
6-28	内蒙古锡林郭勒盟多伦县		

(2)主要发生在春夏两季

从2013年龙卷风的季节分布来看,春季发生最多,共出现龙卷风22个县次,占全年总次数的48.9%;夏季出现龙卷风20县次,占全年的44.4%;秋季出现龙卷风3县次,占全年的6.6%;冬季没有出现龙卷风。从龙卷风月际分布来看,5月龙卷风最多,发生9县次,占全年20.0%;4月、7月、8月次多,均发生8县次,各占17.8%;3月发生5县次,占11.1%;6月发生4县次,占8.8%;9月发生2县次,占4.4%;11月发生1县次,占2.2%。

(3)广东、内蒙古、江苏出现较多

从2013年龙卷风发生的地区分布来看,以广东最多,有11个县次,占全国龙卷风总数的24.4%,其次是内蒙古,有6个县次,占13.3%,江苏居第3位,有5个县次,占11.1%。

2. 部分龙卷风灾害事例

(1)3月14日,广东省湛江市廉江市河唇红湖农场遭受雷雨大风、冰雹和龙卷风灾害。荔枝、龙眼、香蕉受害面积125公顷;杂果树木吹断2100多株;猪舍吹倒15间,损坏212间;吹倒电线杆23根;受损门窗219个;吹倒中学围墙65米;直接经济损失近500万元。

(2)3月20日下午,广东省东莞市部分镇街出现龙卷风,大岭山测得最大阵风49.1米/秒(15级),沙田、松山湖等镇街也出现了11~13级阵风。此次龙卷风伴有雷电、强降水和冰雹等灾害天气,在短短1个小时内肆虐厚街、沙田、大岭山等多个镇街,造成全市伤亡281人,其中9人死亡(均为简陋厂房倒塌致死),11人重伤。

(3)3月26日凌晨开始,广东省茂名市信宜市普降大雨到暴雨,局部大暴雨,伴有雷雨大风、冰雹,金垌镇出现龙卷风。金垌、北界、池洞、朱砂、洪冠等镇出现不同程度的灾情,其中以金垌镇受灾最为严重,该镇米场村省道良耿路口至径口中学之间路段两旁树木被吹倒几十棵,致使交通、电力、电视中断;高车村18间屋瓦被强风刮走,损坏、冲走农田秧苗10多公顷,冲毁河堤540米,水渠1500米;良耿村1村民泥砖房被吹倒的荔枝树压塌;幸福村井塘路公路塌方300立方米,稻田被淹没7公顷,倒塌猪、牛栏4间。

(4)3月30日,广东省阳江市阳春市、阳东县共11个镇出现强降雨,局部伴有冰雹、龙卷风等强对流天气。全市受灾人口3.75万人;农作物受灾面积1600多公顷;损坏房屋近4000间;直接经济损失4950万元。

(5)4月2日早晨,广东省清远市清新区鱼坝镇下迳、新塘、义合、风云、坝仔、鱼咀、新平等村委会遭受龙卷风袭击。造成约200户瓦屋的瓦片被吹翻;坝仔到义合主线道路两旁树木被风吹倒,致使交通受阻;云龙工业园区内先导公司有13个车间受损。

(6)4月17日上午,广西柳州市融安县、桂林市七星区、百色市隆林县、河池市环江县等地出现雷雨大风、冰雹和龙卷风。共造成9300多人受灾;农作物受灾面积114公顷;农房倒塌11间,严重损坏107间,一般损坏2131间;直接经济损失678万元。

(7)4月18日,湖南省益阳市桃江县普降暴雨,浮邱山乡黄南冲村、修山镇发生龙卷风。全县1.8万人受灾;房屋倒塌26间,严重损坏207间,一般损坏717间;直接经济损失约800万元。

(8)4月29日下午,江西省宜春市万载县双桥等10个乡镇遭受龙卷风和暴雨袭击。全县受灾2000余人,房屋倒塌造成1死3伤;倒塌房屋36间,损坏房屋107间;损坏桥梁2座,水利设施损毁2000米;道路损毁3000米;百合受灾5公顷;受损森林面积近46公顷;直接经济损失800余万元。

(9)4月30日,海南省海口市东山镇出现短时龙卷风和冰雹天气。约20间老房屋顶受损,刮倒树木7~8棵、电线杆1根。

(10)5月5日,黑龙江省双鸭山市宝清县、鸡西市虎林市遭受龙卷风袭击,最大风力达9~10级。共计2.4万人受灾;4000余座大棚倒塌,500余间房屋不同程度受损;农作物受灾面积1200公顷;直接经济损失1600余万元。

(11)5月7日16时40分左右,广东省雷州市雷高镇题桥村委会和品题村委会遭受龙卷风袭击。持续时间约8分钟,最大风力约11级,阵风12级以上。共有21间房间受损;香蕉受损7公顷;直接经济损失约100万元。

(12)5月8日14时10分,江西省宜春市丰城市秀市镇新田村委会西坑、庄里两村小组遭受龙卷风袭击。共造成30余间房屋受损,其中20余间墙体基本垮塌,房梁和瓦全部被风刮走;西坑组村头1棵百年大樟树被连根拔起,山上许多树木被刮断;直接经济损失100余万元。

(13)5月10日15时52分,宁夏石嘴山市惠农区辖区内荣华缘冶金有限公司出现强旋风(尘卷风),持续时间约1分钟。强风造成该企业成品库房倒塌,将正在作业的3名工人砸伤,其中2人因抢救无效死亡,1人腿部粉碎性骨折。

(14)5月11日14时10—40分,吉林省吉林市舒兰市吉舒街道靠山村、德源村、烧锅村,环城街道群岭村、四方村、景仁村遭受龙卷风袭击,并伴有降水和冰雹。灾害造成1000多人受灾,因灾伤病15人,其中5人重伤住院;339户房屋损坏;损坏水稻秧苗大棚130栋;直接经济损失142万元。

(15)5月14日19时40分至20时,湖北省天门市多宝镇、张港镇、拖市镇、蒋湖农场遭受龙卷风袭击。全市受灾人口19.5万人,受伤7人;农作物受灾面积1.1万公顷,倒塌民房51间,倒塌厨房、杂屋、畜舍309间,损坏房屋998间;损坏电杆200根,折断树木5.25万棵;直接经济损失3263万元。

(16)5月19日13时40分至14时30分,内蒙古自治区通辽市科尔沁区莫力庙、清河、丰田等苏木镇有5个村嘎查遭受龙卷风灾害。损坏房屋59间、大棚1座;直接经济损失20万元。

(17)5月21日,海南省海口市龙华区海秀镇苍东村出现强雷雨和龙卷风。数十间房屋不同程度受损,2人受轻伤,不少电线被刮断,43公顷农田约60%受灾。

(18)6月2日19时48分至20时5分,内蒙古自治区赤峰市翁牛特旗格日僧苏木、白音他拉苏木、花都什农场等有12个嘎查遭受龙卷风及冰雹袭击。据估测,龙卷风风力达到10级以上,冰雹持续5～10分钟。共计1.14万人受灾,1人雷击受伤;6000公顷玉米受灾,大部分玉米幼苗被刮走,需重新播种;470农牧户1410间房屋不同程度受损,刮掉房顶太阳能19个;4200平方米畜棚暖圈被刮塌,砸死牛羊8头(只);折断树木1500余棵;120米水稻育秧塑料布被大风揭走;直接经济损失150多万元。

(19)6月4日17时左右,内蒙古自治区乌兰察布市察哈尔右翼中旗广益隆镇、宏盘乡、土城子乡遭受龙卷风灾害。共造成2800多人受灾,3人受伤;农作物受灾面积227公顷;损坏变压器1台、低压电杆9根、喷灌圈2个、网室106座、温室16座;3处养殖场院墙倒塌2250延长米,彩钢顶受损2900平方米,损坏房屋、棚圈、井房287间;直接经济损失1496万元。

(20)6月22日15时50分,黑龙江省鸡西市虎林市杨岗镇六人班村遭受龙卷风袭击,大风持续8分钟。170人受灾,3人受伤;150间房屋损坏;14公顷农作物绝收;直接经济损失166万元。

(21)6月28日13时30分至14时30分,内蒙古自治区锡林郭勒盟多伦县南沙口林场遭受龙卷风和暴风雨袭击。60多间房屋不同程度受损;1900株胸径为25～50厘米、高15～20米的杨树被连根拔起或拦腰折断;输电线路受损400米,变压器损坏1个;直接经济损失70余万元。

(22)7月2日上午,广东省佛山市三水区西南街道鲁村村委会石头村受到一股小型龙卷风吹袭。风灾导致该村约400平方米猪舍坍塌,损失生猪约200头;1人受伤;直接经济损失约3万元。

(23)7月5日19时25—45分,新疆伊犁哈萨克自治州昭苏县萨尔阔布乡出现龙卷风及暴雨天气。此次龙卷风是新疆有气象记录以来第一次监测到的接地龙卷风。造成1693人受灾,39人受伤;死亡牲畜205头;损坏树木450棵、绿化围栏1500米、围墙1000米,30根电力、通讯杆被吹倒,

3000 米高压线、2000 米通讯线被损毁。

(24)7 月 7 日 17—19 时,江苏省扬州市高邮市三垛镇、横泾镇、卸甲镇和仪征市大仪镇遭受龙卷风和雷雨大风、冰雹袭击。8000 多人受灾,56 人受伤;倒塌房屋 6 间,损坏房屋 450 多间;倒断树木 2400 多棵、电杆 97 根;农作物受灾面积 100 多公顷;直接经济损失 1900 多万元。

(25)7 月 7 日 16 时左右,安徽省滁州市天长市秦栏镇联盟、花园、曹三、官桥等 4 个村(社区)13 个村民组遭受龙卷风袭击。龙卷风所经的 400 米宽、10 千米长的地带,工厂、民居、电力通讯杆线、树木、农作物及其他基础设施损毁十分严重。此次风灾共造成 4665 人受灾,2 人死亡,86 人不同程度受伤;倒塌房屋 60 间;直接经济损失 905 万元。

(26)7 月 29 日夜间至 30 日凌晨,江苏省盐城市响水县六套、大有等地出现雷雨大风并伴有短时龙卷风,多处发生农作物倒伏、树木折断和电线杆刮倒等灾情,直接经济损失 238 万元。7 月 30 日,徐州市睢宁县岚山镇遭受龙卷风袭击,造成 100 间房屋倒塌,67 公顷玉米受灾严重,直接经济损失约 300 万元。

(27)7 月 30 日下午,内蒙古自治区乌兰察布市商都县玻璃乡、大库伦乡、西井子镇遭受冰雹、龙卷风袭击。此次冰雹、龙卷风共造成 4000 多人受灾,7 人受伤;农作物受灾面积约 3600 公顷,其中绝收 100 多公顷;倒塌损坏房屋 600 多间;死亡羊 42 只;电杆倒塌 144 基;直接经济损失 3750 万元。

(28)8 月 1 日 5 时左右,江苏省盐城市滨海县陈涛镇屋基、七顷两村出现雷雨大风并伴有短时龙卷风,造成 6000 株大树、36 根水泥电线杆被刮断,85 间民房受损,24 户 60 多间猪舍毁坏,27 公顷玉米倒伏。同日 17 时,徐州市沛县栖山、魏庙、五段、张庄、敬安等乡镇也出现龙卷风并伴有大雨,造成 4.9 万人受灾,农作物受灾面积 2827 公顷,绝收 800 公顷,毁坏房屋 1000 余间,直接经济损失 3652 万元。

(29)8 月 3 日 6 时 30 分左右,广东省佛山市三水区芦苞镇南头村工业区园区、四联村委会南头村、西河村委会村头村以及渔民新村遭受龙卷风和雷雨大风袭击。受灾地区主要集中在工业园 C 区,其中近 6000 米的供电线路遭到破坏,8 家企业厂房严重受损,面积约 2.4 万平方米,直接经济损失约 830 多万元。风灾还损毁禽畜棚舍约 1.3 万平方米,死亡禽畜近 400 只;农作物受灾 3 公顷;吹翻 14 艘渔船船篷;刮倒大树 40 棵;12 间民居房屋受损,并造成 3 人轻伤。

(30)8 月 11 日 18—21 时,湖北省武汉市黄陂区盘龙城、天河、滠口、横店、祁家湾、李集、长岭、蔡店等地遭受雷暴和龙卷风袭击。1630 人受灾,1 人死亡(雷击所致),9 人受伤;481 户 884 间房屋倒塌或损坏。此外,孝天公路祁家湾段、长岭街十棵松路因行道树倒伏 20 余株,致使交通受阻。

(31)8 月 29 日,湖南省娄底市双峰县甘棠镇遭受龙卷风灾害。风灾导致全镇 4 条高压线路跳闸断电,2.2 万农户停电,1000 多棵大树被连根拔起,多处房屋受损,100 多根电杆被刮倒。

(32)9 月 6 日 14 时 10—25 分,辽宁省大连市金州区登沙河街道北关村遭受龙卷风袭击。此次龙卷风造成 3 个自然屯受灾,85 余户 200 余间房屋不同程度损坏,倒断各种树木 200 余棵,损坏轻钢材板房和石棉瓦临时搭建的棚房 2000 平方米、烟筒 30 余个,倒塌围墙 30 余米,损坏蔬菜大棚 8 个、各种车辆 10 台,农作物受灾面积 10 多公顷,直接经济损失 200 余万元。

(33)9 月 30 日 3 时 40—50 分,受台风"蝴蝶"影响,海南省万宁市后安镇后安、安坡、金星村委会局地出现龙卷风,造成房屋倒塌、树木及电线杆折断等不同程度灾情,后安村委会因瓦房倒塌造成一对母女受伤。

(34)11 月 11 日 7 时 0—12 分,受台风"海燕"影响,广东省湛江市徐闻县前山镇复兴村、后岭村、麟角村出现龙卷风,目测估计平均最大风力 10 级,阵风 12 级。3 个村庄共 28 幢 62 间瓦房被刮坏或掀顶,一些树木、农作物被刮倒刮断,直接经济损失 36 万元。

2.5 沙尘暴

2.5.1 基本概况

2013年，我国共出现了10次沙尘天气过程，6次出现在春季（3—5月）（表2.5.1）。2013年春季我国北方沙尘过程数较常年同期明显偏少，沙尘暴次数为2000年以来同期第一少；沙尘首发时间晚，比2000—2012年平均首发时间偏晚将近半个月；沙尘日数较常年同期明显偏少，为1961年以来同期第二少。

表 2.5.1 2013年我国主要沙尘天气过程纪要表（中央气象台提供）

Table 2.5.1 List of major sand and dust storm events and associated disasters over China in 2013

（provided by Central Meteorological Observatory）

序号	起止时间	过程类型	主要影响系统	影响范围
1	2月24日	扬沙	冷锋、地面低压	甘肃中西部、内蒙古西南部等地的部分地区有扬沙或浮尘
2	2月28日	扬沙	气旋、冷锋	甘肃西部、宁夏北部、陕西北部、山西大部、河北北部、北京、天津及内蒙古中部、河南西北部等地有扬沙或浮尘
3	3月5日	扬沙	地面低压	甘肃大部、内蒙古西部有扬沙或浮尘
4	3月8—11日	沙尘暴	蒙古气旋、冷高压	新疆南部、甘肃大部、内蒙古西部、宁夏大部、陕西大部、四川东北部、重庆北部、山西大部、河北中部、京津地区、河南中北部、辽宁中西部、山东西南部和东南部、山东半岛北部以及湖北局部地区有扬沙或浮尘；其中南疆盆地、甘肃西北部局部地区、内蒙古西部、陕西北部地区出现了沙尘暴
5	3月11—12日	扬沙、浮尘	冷锋、地面低压	南疆盆地、青海西北部和中部、甘肃大部、宁夏大部、内蒙古中西部、陕西西南部、辽宁中北部局地出现了扬沙或浮尘天气，其中青海西北部、甘肃中部出现了沙尘暴天气
6	4月7日	扬沙、浮尘	冷锋、地面低压	南疆盆地北部、甘肃西北部、内蒙古西部、宁夏北部、陕西北部以及山西西北部出现了扬沙或浮尘天气
7	4月17—18日	扬沙	冷锋、地面低压	南疆盆地、甘肃中西部、内蒙古西部、宁夏大部、陕西北部、陕西中部和河南中部局地出现扬沙，南疆盆地北部、内蒙古西部、甘肃中西部、宁夏北部局地出现沙尘暴
8	5月18日	扬沙	气旋、冷锋	内蒙古西部、宁夏北部出现沙尘天气，其中内蒙古西部出现沙尘暴
9	11月9—10日	沙尘暴	冷锋	南疆盆地大部、敦煌等地出现沙尘天气，其中塔中、铁千里克、若羌等地出现沙尘暴
10	11月23日	扬沙	冷锋	甘肃中西部、内蒙古西部、宁夏北部出现扬沙天气，其中拐子湖出现沙尘暴

2.5.2 2013年我国北方沙尘天气主要特征和过程

1. 春季沙尘过程数较常年同期明显偏少,沙尘暴次数为 2000 年以来第一少

2013 年春季(3—5 月),我国共出现 6 次沙尘天气过程(5 次扬沙,1 次沙尘暴),较常年同期(17次)明显偏少,比 2000—2012 年同期平均(12.4 次)偏少 6.4 次(表 2.5.2)。其中沙尘暴和强沙尘暴过程有 1 次,较 2000—2012 年同期平均次数(7.2 次)偏少 6.2 次,较 2012 年同期偏少 5 次,为 2000年以来第一少(图 2.5.1)。6 次沙尘天气过程中有 3 次出现在 3 月,2 次出现在 4 月,1 次出现在 5月,具有前多后少的特点(表 2.5.2)。

表 2.5.2 2000—2013 年春季(3—5 月)我国沙尘天气过程统计

Table 2.5.2 Statistics of sand and dust storm events in spring (from March to May) during 2000－2013

时间	3 月	4 月	5 月	总计
2000 年	3	8	5	16
2001 年	7	8	3	18
2002 年	6	6	0	12
2003 年	0	4	3	7
2004 年	7	4	4	15
2005 年	1	6	2	9
2006 年	5	7	6	18
2007 年	4	5	6	15
2008 年	4	1	5	10
2009 年	3	3	1	7
2010 年	8	5	3	16
2011 年	3	4	1	8
2012 年	2	6	2	10
2013 年	3	2	1	6
2000—2012 年总计	53	67	41	161
2000—2012 年平均	4.1	5.2	3.2	12.4

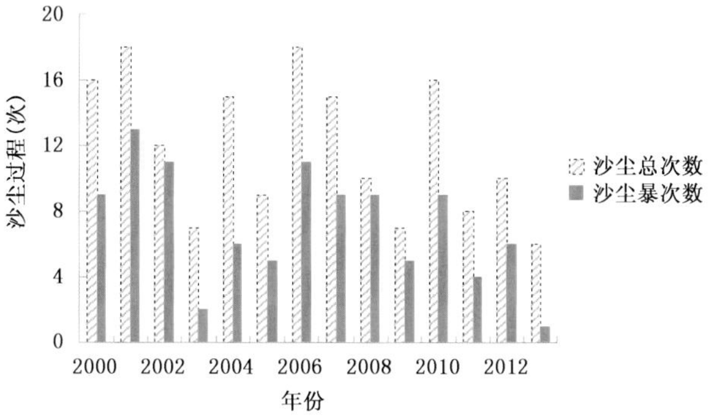

图 2.5.1 春季中国沙尘天气过程次数及沙尘暴过程次数历年变化

Fig.2.5.1 Number of sand and dust storm events over China in spring during 2000－2013

2. 沙尘首发时间偏晚

2013 年我国首次沙尘天气过程发生时间为 2 月 24 日,比 2000—2012 年平均首发时间(2 月 10日)偏晚将近半个月,较 2012 年(3 月 20 日)偏早将近 1 个月(表 2.5.3)。

表 2.5.3　2000—2013 年沙尘天气最早发生时间

Table 2.5.3　The earliest beginning date of sand and dust storms during 2000—2013

年份	最早发生时间	年份	最早发生时间
2000	1 月 1 日	2007	1 月 26 日
2001	1 月 1 日	2008	2 月 11 日
2002	3 月 1 日	2009	2 月 19 日
2003	1 月 20 日	2010	3 月 8 日
2004	2 月 3 日	2011	3 月 12 日
2005	2 月 21 日	2012	3 月 20 日
2006	2 月 20 日	2013	2 月 24 日

3. 沙尘日数偏少，为 1961 年以来同期最少

2013 年春季，我国北方平均沙尘日数为 2.1 天，较常年（1981—2010 年）同期（5.1 天）偏少 3.0 天，比 2000—2012 年同期（3.9 天）偏少 1.8 天，为 1961 年以来历史同期第二少（2012 年最少）（图 2.5.2）。平均沙尘暴日数为 0.3 天，分别比常年同期（1.1 天）和比 2000—2012 年同期（0.8）偏少 0.8 天和 0.5 天，为 1961 年以来历史同期第二少（1997 年最少），2000 年以来同期第一少（图 2.5.3）。

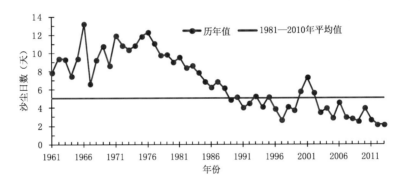

图 2.5.2　1961—2013 年春季（3—5 月）中国北方沙尘（扬沙以上）日数历年变化（天）

Fig. 2.5.2　Number of sand and dust（sand-blowing, sandstorm, strong sandstorm） days averaged over northern China in spring during 1961—2013（unit:d）

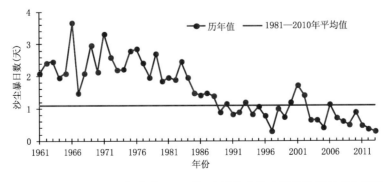

图 2.5.3　1961—2013 年春季（3—5 月）中国北方沙尘暴日数历年变化（天）

Fig. 2.5.3　Number of sandstorm days averaged over northern China in spring during 1961—2013（unit:d）

从分布来看,2013 年春季沙尘天气影响范围主要集中于西北地区及内蒙古西部等地,其中南疆盆地、内蒙古西部、甘肃西部沙尘日数在 5 天以上,部分地区在 10 天以上(图 2.5.4)。与常年同期相比,北方大部偏少,尤其是新疆西南部和内蒙古西部偏少 10～20 天(图 2.5.5)。

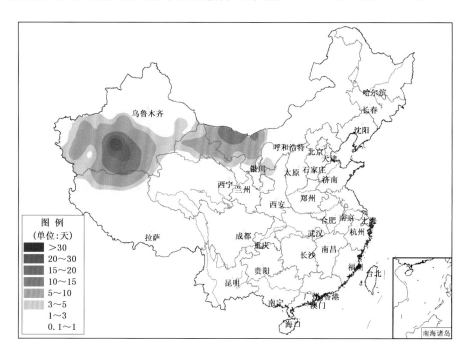

图 2.5.4　2013 年全国春季沙尘日数分布图(天)

Fig. 2.5.4　Distribution of the number of sand and dust (sand-blowing, sandstorm, strong sandstorm) days over China in spring in 2013 (unit:d)

2.5.3　2013 年我国北方沙尘天气影响

2013 年沙尘天气的影响总体偏轻(表 2.5.4)。2013 年 3 月 8—11 日的沙尘暴天气过程是年内影响范围最广、损失最重的一次沙尘天气过程。

表 2.5.4　2013 年我国沙尘天气灾害造成的主要损失

Table 2.5.4　The major loss caused by sand/dust storm in 2013

省份	时间	受灾人口 (万人)	受灾面积 (公顷)	经济损失 (万元)	经济损失合计 (万元)
新疆	4 月 17—18 日	1.2	10000	5000	5000
陕西	3 月 8—11 日		3300	5930	5930
甘肃	3 月 8—11 日		620	1000	4300
	4 月 17—18 日		3800	3300	

3 月 8—11 日,受强冷空气影响,北方地区出现大范围沙尘暴天气过程,为 2013 年以来最强沙尘天气过程,覆盖范围约 280 万平方千米。期间,西北大部、华北、黄淮北部和西部以及辽宁西部等地出现扬沙或浮尘天气,内蒙古中西部、甘肃西部和陇东地区、陕西北部等地部分地区出现沙尘暴,新疆和宁夏的局部地区出现强沙尘暴;北方大部地区出现 5～6 级偏北风,部分地区风力达 7～8 级。受沙尘天气影响,陕西农作物受灾面积 3300 公顷,直接经济损失 5930 万元;甘肃农作物受灾面积 620 公顷,直接经济损失 1000 余万元。同时,沙尘天气导致空气 PM_{10} 质量浓度飙升。据中国气象

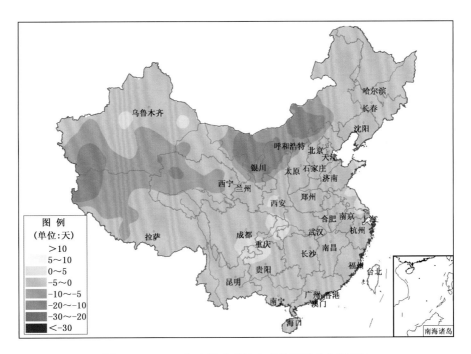

图 2.5.5 2013 年全国春季沙尘日数距平分布图（天）

Fig. 2.5.5 Distribution of anomaly of sand and dust（sand-blowing，sandstorm，strong sandstorm）
days over China in spring in 2013（unit：d）

局沙尘暴观测站网、气溶胶质量浓度观测站网监测显示，新疆塔中、陕西榆林等地沙尘期间气溶胶 PM_{10} 质量浓度飙升接近 10000 微克/立方米，濒临爆表；另外，甘肃兰州、宁夏银川、河北石家庄、北京等地均观测到 PM_{10} 出现迅速飙升现象，北京南郊观象台 9 日上午 PM_{10} 最高瞬时值为 3138 微克/立方米。沙尘天气导致部分地区交通受到影响，并对人体健康带来严重危害。

4 月 17—18 日，新疆南疆盆地、内蒙古中西部、甘肃中西部、宁夏、陕西中北部、山西中部及河南西部等地陆续出现沙尘天气，其中南疆、甘肃、宁夏、内蒙古西部局地出现沙尘暴，新疆民丰出现强沙尘暴。受沙尘天气影响，新疆喀什、和田、阿克苏 3 地区 8 个县受灾，农作物受灾面积 1 万余公顷，直接经济损失 5000 余万元；甘肃酒泉、张掖 2 市 8 个县（区、市）受灾，农作物受灾面积 3800 公顷，直接经济损失 3300 余万元。

2.6 低温冷冻害和雪灾

2.6.1 基本概况

2013 年，全国平均霜冻日数（日最低气温≤2℃）为 117.2 天，较常年偏少约 4.2 天（图 2.6.1）。1961—2013 年，全国平均霜冻日数总体呈现明显减少趋势，其线性变化趋势为 −3.0 天/10 年。

2013 年全国平均降雪日数为 21.5 天，比常年偏少 12.8 天，是 2001 年以来连续第 13 年少于常年值（图 2.6.2）。1961—2013 年，全国平均降雪日数呈显著减少趋势，其线性变化趋势为 −2.8 天/10 年。

2013 年，全国因低温冷冻害和雪灾造成农作物受灾面积 232.0 万公顷，约占全年气象灾害总受灾总面积的 7.4%，其中绝收面积 18.1 万公顷；2324.9 万人次受灾，20 人死亡；倒损房屋 1.9 万间；直接经济损失 260.4 亿元，占全年气象灾害总损失的 4.5%。2013 年，我国低温冷冻害和雪灾影响

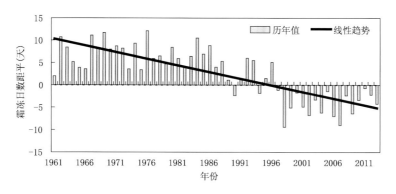

图 2.6.1　1961—2013 年全国平均霜冻日数距平历年变化(天)

Fig. 2.6.1　Anomalies of annual frost days over China during 1961—2013 (unit:d)

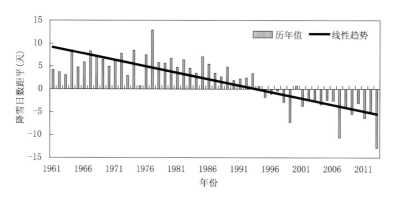

图 2.6.2　1961—2013 年全国平均降雪日数距平历年变化(天)

Fig. 2.6.2　Anomalies of annual snowfall days over China during 1961—2013 (unit:d)

总体偏轻,所造成的倒损房屋间数为 2000 年以来最低值;农作物受灾面积、绝收面积均为 2000 年以来次低值。

　　2013 年主要的低温冷冻害和雪灾事件(表 2.6.1)有:1 月北方部分地区遭受雪灾;年初西藏普兰降雪量突破历史纪录;年初南方部分地区遭受低温雨雪冰冻灾害;4 月东北地区出现低温春涝,西北东部、华北、黄淮等部分地区出现霜冻,河北、山西春雪创纪录;11 月东北地区出现入冬后最强降雪;12 月中下旬,西南部分地区遭受低温雨雪霜冻灾害。

表 2.6.1　2013 年全国主要低温冻害和雪灾事件简表

Table2.6.1　List of major low-temperature, frost and snowstorm events over China in 2013

时间	影响地区	灾情概况
1 月	北方部分地区	东北大部及内蒙古东部、新疆北部等地降雪日数有 6~15 天,新疆局部地区超过 15 天。黑龙江、新疆、内蒙古局部地区发生雪灾,直接经济损失 2300 多万元
1—2 月	西藏	西藏阿里、日喀则出现 4 次强降雪天气过程,普兰降雪量为 94.8 毫米,较常年同期偏多 3.4 倍,为建站以来历史同期最多。阿里、日喀则等多地遭受雪灾

续表

时间	影响地区	灾情概况
1月上半月	南方地区	我国南方出现持续低温阴雨(雪)天气,大部地区气温较常年同期偏低2~4℃,江南大部、华南西部降水量普遍有10~20毫米,部分地区出现冻雨。低温雨雪冰冻天气共造成浙江、安徽、福建、江西、湖北、湖南、广西、重庆、四川、贵州、云南共11个省(区、市)直接经济损失约17.2亿元
2月18—19日	安徽、江苏等省	安徽、江苏两省淮河以南地区及湖北、浙江等省的局部地区出现大到暴雪,对部分地区设施农业和越冬作物造成较大危害,不少蔬菜大棚倒塌和损毁,部分农田融雪后出现渍害。雪灾共造成安徽、江苏两省直接经济损失约8.1亿元
4月	东北地区	2012年12月至2013年4月,东北地区异常多雨雪和持续性低温,导致土壤化冻迟,农区土壤过湿,部分田块出现春涝,春整地难度大,作物播种期普遍推迟7~10天
4月	西北地区东部、华北、黄淮	西北地区东部、华北、黄淮先后出现3次强降温天气过程,局部地区出现霜冻现象,多地小麦及果树生长受到影响。河北、山西、安徽、山东、陕西、甘肃、宁夏等地因灾损失206.3亿元
9月	内蒙古部分地区	9月中下旬,内蒙古部分地区出现不同程度的霜冻灾害,给作物的生长带来一定影响,直接经济损失2.2亿元
11月下半月	东北地区	11月下半月,东北地区出现2次暴雪、大暴雪天气过程,黑龙江、吉林两省直接经济损失达到4亿元
12月中下旬	西南部分地区	受强冷空气影响,云南北部和东部、贵州西部和中部、广西西部等地出现明显降雪和降温天气过程。云南出现本世纪最强的极端霜冻事件,直接经济损失16.8亿元

2.6.2 主要低温冻害和雪灾事件

1.1月北方部分地区遭受雪灾

1月,我国北方普遍出现降雪,东北大部及内蒙古东部、新疆北部等地降雪日数有6~15天,新疆局部地区超过15天。黑龙江、新疆、内蒙古局部地区发生雪灾,造成人员受灾和经济损失,并对交通造成一定影响。1月5日,黑龙江省齐齐哈尔市龙沙区出现暴雪、大风天气,直接经济损失1700多万元。1月13—14日,内蒙古兴安盟阿尔山市、扎赉特旗发生雪灾,2.4万人受灾,因灾死亡大牲畜300余头,羊900余只,直接经济损失600余万元。

2.1—2月,西藏阿里、日喀则等多地遭受雪灾

1—2月,西藏阿里、日喀则出现4次强降雪天气过程,普兰降雪量为94.8毫米,较常年同期偏多3.4倍,为建站以来历史同期最多。其中,1月17日夜间至19日,阿里西部和南部、日喀则西南部出现大到暴雪,普兰、聂拉木出现特大暴雪;普兰24小时降雪量达48毫米,突破当地1月日降水量极值。积雪结冰造成219国道、207省道及部分县乡道路受阻,聂拉木县城水电供应中断,生活受影响。2月,阿里地区和南部边缘地区出现强降雪天气,导致札达县和日喀则地区萨嘎县等多地发生雪灾,共1.4万人受灾,6人因雪崩死亡,直接经济损失1800余万元。

3. 年初南方部分地区遭受低温雨雪冰冻灾害

1月上半月,我国南方出现持续低温阴雨(雪)天气,大部地区气温较常年偏低2～4℃,部分地区偏低4℃以上;江南大部、华南西部降水量普遍有10～20毫米,浙江、福建北部、广西中部等地超过20毫米;贵州、湖南、江西大部地区出现1～6天,局部7～9天的冻雨天气,普遍比常年同期偏多1～4天,其中贵州西部和湖南中部部分地区偏多4天以上。低温雨雪冰冻天气产生的道路结冰、电线覆冰、积雪冰冻等给南方大多省份农业生产、交通出行和通讯带来较大影响。此次低温雨雪冰冻天气共造成浙江、安徽、福建、江西、湖北、湖南、广西、重庆、四川、贵州、云南共11个省(区、市)647.8万人受灾,农作物受灾面积约31.2万公顷,直接经济损失17.2亿元。

浙江 1月4—6日,绍兴、衢州、金华3市5个县(市)遭受雪灾,造成22万人受灾,农作物受灾面积1.4万公顷。

安徽 1月1—6日,黄山、池州、宣城3市15个县(区、市)遭受雪灾,造成62.6万人受灾,农作物受灾面积1.9万公顷。

福建 1月7—15日,南平、三明2市2县遭受低温冷冻灾害,造成4.6万人,农作物受灾面积7700公顷,其中绝收300余公顷。

江西 1月4—6日,九江、景德镇、新余等5市10个县(市、区)遭受雪灾,造成35.9万人受灾,1.7万人紧急转移安置或其他紧急生活救助,400余间房屋不同程度倒损,农作物受灾面积1.7万公顷。

湖北 1月4—8日,鄂州、咸宁、宜昌、恩施4市(州)5个县(市、区)遭受雪灾,造成10.4万人受灾,农作物受灾面积3900公顷,其中绝收100余公顷。

湖南 1月3—7日,张家界、常德、益阳等12市(州)57个县(市、区)遭受雪灾,造成154.8万人受灾,5.5万人紧急转移安置或其他紧急生活救助,1500余间房屋倒塌,近4600间房屋不同程度受损,农作物受灾面积5.2万公顷,其中绝收4900公顷,直接经济损失5.4亿元。

广西 1月4—10日,桂林、柳州、梧州、河池4市14个县(区)遭受低温冷冻灾害,造成29.3万人受灾,紧急转移安置和其他紧急生活救助4.9万人,农作物受灾面积5.6万公顷,其中绝收1200公顷。

重庆 1月9—14日,南川、巫溪、梁平等7个县遭受低温冷冻灾害,造成55.6万人受灾,农作物受灾面积1.6万公顷,其中绝收900公顷。

四川 1月3—16日,资阳市3个县遭受低温冷冻灾害,造成28.7万人受灾,农作物受灾面积1.1万公顷,其中绝收1500公顷。

贵州 1月1—24日,六盘水、遵义、毕节等7市24个县遭受低温冷冻灾害,造成95万人受灾,农作物受灾面积3.1万公顷,其中绝收1900公顷。

云南 1月3—10日,昆明、文山、红河等6市(州)16个县遭受低温冷冻灾害,造成148.3万人受灾,农作物受灾面积8.6万公顷,其中绝收5200公顷,直接经济损失2.3亿元。

2月18—19日,安徽、江苏两省淮河以南地区及湖北、浙江等省的局部地区出现大到暴雪,降雪量普遍在10毫米以上,其中,安徽芜湖(48.2毫米)、六安(35.2毫米)、霍山(33.0毫米)和江苏宜兴(40.3毫米)、常州(30.5毫米)等地超过30毫米。安徽中南部、江苏中南部、浙江北部、湖北东南部等地最大积雪深度达5～20厘米,其中安徽含山最大积雪深度达22厘米,创1961以来2月份极值;江苏扬州、溧水和安徽马鞍山、六安积雪深度均达21厘米。此次降雪过程虽持续时间短,但强度大,对部分地区设施农业和越冬作物造成较大危害,不少蔬菜大棚倒塌和损毁,部分农田融雪后出现渍害。安徽安庆、宣城、芜湖、滁州、合肥等7市33个县(市、区)不同程度受灾,受灾人口61.5万人,农作物受灾面积3.3万公顷,直接经济损失2.6亿元,其中农业损失1.6亿元。江苏南京、盐城、扬州等 8 市 34 个县(市、区)因雪灾,22.6 万人受灾,2 人死亡(建筑物倒塌所致),1100 余间房屋倒损,农作物受灾面积 3 万公顷,直接经济损失 5.5 亿元。

4. 4 月,东北地区出现低温春涝,西北东部、华北、黄淮等部分地区出现霜冻

2012 年 10 月至 2013 年 4 月,东北地区多雨雪天气,平均降水量为 164.6 毫米,比常年同期偏多 66.4%,为 1952 年以来同期最多。2012 年 12 月至 2013 年 4 月,连续 5 个月气温明显偏低,平均气温仅为−10.0℃,较常年同期偏低 3.1℃,为 1958 年以来同期最低。4 月东北地区平均气温仅为3.3℃,为 1961 年以来同期次低值(1980 年最低,平均气温为 2.5℃),其中,辽宁省和吉林省平均气温分别为 6.4℃和 2.8℃,均为历史同期最低值;黑龙江省平均气温为 2.3℃,为历史同期第三低值。降水异常偏多,加之入春后气温显著偏低,地温回升及土壤散墒速度较慢,部分田块出现春涝,春整地难度大,作物播种期普遍推迟 7~10 天。

4 月 3—5 日、6—11 日、18—20 日,西北地区东部、华北、黄淮先后出现 3 次强降温天气过程,北方冬麦区大部极端最低气温普遍在 5℃以下,西北东部、华北东部和南部、黄淮北部极端最低气温一般为−2~2℃。低温使晋、冀、皖、鲁、陕、甘、宁等地处于拔节生长期的小麦受到影响,局部地区出现冻害;部分地区处于开花或幼果期的果树也遭受晚霜冻。18—20 日,河北和山西出现降雪天气,局部出现暴雪,河北中南部 35 县(市)、山西 4 县(市)最晚降雪日期创历史纪录。

上述强降温过程造成河北、山西、安徽、山东、陕西、甘肃、宁夏 7 省(区)1299 万人受灾,农作物受灾面积 146.9 万公顷,其中绝收 24.4 万公顷,直接经济损失 206.5 亿元。

河北 4 月 19 日,河北大部分地区出现雨雪天气,共有 30 余县(市)突破历史最晚终雪日,石家庄、保定、沧州等 6 市 47 个县(市、区)273.7 万人受灾,农作物受灾面积 28.7 万公顷,其中绝收 3.1万公顷,直接经济损失 30.4 亿元。

山西 4 月 4—6 日,运城市出现强降温天气,除盐湖区外其余 12 个县(市、区)均出现霜冻,造成临猗、夏县等地小麦、苹果、葡萄、豆角等林果和经济作物受灾,受灾面积 2.5 万公顷,农业经济损失 3.5 亿元。4 月 8 日下午河津市开始降温,9—10 日部分地区出现霜冻,农作物受灾面积 0.2 万公顷,直接经济损失达 0.2 亿元。

4 月,阳泉、吕梁、临汾等 9 市 47 个县(市、区)303.8 万人受灾,农作物受灾面积 40.8 万公顷,其中绝收 10.4 万公顷,直接经济损失 54.8 亿元。

安徽 因低温冷冻害,4 月黄山、宿州、宣城等 6 市 13 个县(市、区)195.6 万人受灾,农作物受灾面积 19.7 万公顷,其中绝收 4000 公顷,直接经济损失 37.5 亿元。

山东 4 月,因低温冷冻害,济南、烟台、聊城等 10 市 42 个县(市、区)167.7 万人受灾,农作物受灾面积 15.2 万公顷,其中绝收 4500 公顷,直接经济损失 13.8 亿元。

陕西 4 月 5—10 日连续两次较强寒潮天气过程,对陕西主要经济林果区产生了严重影响。宜君、黄龙及商洛等地核桃花大面积受冻致死,周至、眉县猕猴桃幼苗受冻严重。延安、宝鸡、铜川、渭南、咸阳等 6 市直接经济损失达 40.5 亿元。4 月 19—21 日延安市宜川县因低温冷冻 3.3 万人受灾,农作物受灾面积 0.4 万公顷,直接经济损失 1.4 亿元。

宁夏 4 月 5—11 日,宁夏发生倒春寒,气温明显下降,出现了持续霜冻天气,造成大面积果树受冻,尤其以灵武、青铜峡、中卫、中宁受灾严重,直接经济损失达 4 亿元。

甘肃 4 月上旬,河西、陇中和甘南高原等地出现霜冻,共造成 32 万人受灾,农作物受灾面积达 18 万公顷,直接经济达损失 23.9 亿元。

5. 9 月内蒙古部分地区遭受低温霜冻

9 月中下旬,内蒙古部分地区最低气温达−4~2℃,出现不同程度的霜冻灾害,给农作物的生长带来一定影响。其中,9 月 15—18 日,赤峰市大部地区最低气温在 0℃以下,克什克腾旗达来诺日镇最低气温达−8.3℃,巴林右旗、巴林左旗、翁牛特旗、松山区、林西县、阿鲁科尔沁旗出现不同程度的霜冻灾害,造成农作物受灾面积 11.7 万公顷,直接经济损失 2.2 亿元。

6.11 月下半月东北地区遭受雪灾

11 月下半月,东北地区出现两次暴雪、大暴雪天气过程(16—20 日,24—26 日)。16—30 日,黑龙江、吉林两省平均降水量 31.5 毫米,为 1961 年以来历史同期最多;两省共有 16 站最大积雪深度为 1961 年以来历史同期第一位,有 49 站最大积雪深度在 30 厘米以上,其中黑龙江双鸭山(67.7 厘米)、桦南(65 厘米)、尚志(64.5 厘米)、集贤(62.6 厘米),吉林汪清(65 厘米)、北大壶(60.4 厘米)等 6 站超过 60 厘米。部分地区还伴随 6 级以上大风天气,吉林前郭最大风速达 18.5 米/秒。暴风雪天气导致部分地区高速公路封闭,民航停飞,列车晚点,中小学停课;设施农业和畜牧业生产受到影响;黑龙江 4 人死亡;黑龙江、吉林两省直接经济损失达 4 亿元。

7.12 月中下旬,西南部分地区遭受低温雨雪霜冻灾害

12 月 15—24 日,云南北部和东部、贵州西部和中部、广西西部等地出现明显降雪和降温天气过程,过程最大降温幅度普遍有 8～14℃,极端最低气温在−6～0℃之间;四川南部、云南北部、贵州西部日最低气温在 0℃及以下的连续日数达 4～6 天,局部地区超过 6 天;滇西及滇南的 11 个站点最低气温突破历史最低值。云南省有 51 个县出现降雪或雨夹雪天气,为本世纪以来最大范围的降雪,同时因降雪和降温天气,云南出现本世纪最强的极端霜冻事件,农作物尤其是热带、亚热带经济作物遭受严重寒害。曲靖、玉溪、保山等 11 市(州)43 个县(区)因低温冷冻灾害 246.6 万人受灾;农作物受灾面积 22.4 万公顷,其中绝收 2.6 万公顷;直接经济损失 16.8 亿元。

2.7 雾和霾

2013 年我国雾主要分布在华北东南部、黄淮大部、江淮大部、江南大部及四川盆地、福建大部等地,其中,江苏、安徽、福建和湖南 4 省为年雾日数较多的省份;霾主要分布在华北及其以南地区以及西南东部等地,其中,江苏、北京、河南和天津 4 省(市)为年霾日数较多的省(市)。雾、霾天气对交通运输产生较大影响,并对人体健康也造成较大危害。

2.7.1 基本概况

2013 年,我国中东部地区雾日数一般有 10～30 天,江苏大部以及黑龙江、安徽、湖南、江西、福建、四川、重庆等地局部在 30 天以上(图 2.7.1)。

2013 年雾日数与常年相比,全国大部分地区偏少,其中陕西中部和南部、四川东部、重庆东北部、湖北西部、湖南北部、江西西北部、福建、云南西南部等地偏少 10～30 天,局地偏少 30 天以上(图 2.7.2)。

我国的雾主要出现在 100°E 以东地区。1961—2013 年,我国 100°E 以东地区平均年雾日数总体呈减少趋势,20 世纪 90 年代之前一直维持较常年偏多状态,90 年代以后有显著减少趋势,90 年代后期以来,年雾日数持续较常年偏少。2013 年我国 100°E 以东地区平均雾日数为 17 天,较常年偏少 6 天(图 2.7.3)。

从各月雾日数分布可以看到(图 2.7.4),2013 年我国雾多发月份为 1—2 月、9—12 月,这 6 个月雾日数占全年的 70%;3 月和 4 月最少。与常年同期相比,除 1 月和 2 月偏多外,其余各月的雾日数均偏少,其中 8 月偏少幅度最大。与 21 世纪的前 12 年(2001—2012 年)雾日数相比,除 1 月和 2 月偏多、5 月持平外,其余各月的雾日数均偏少。

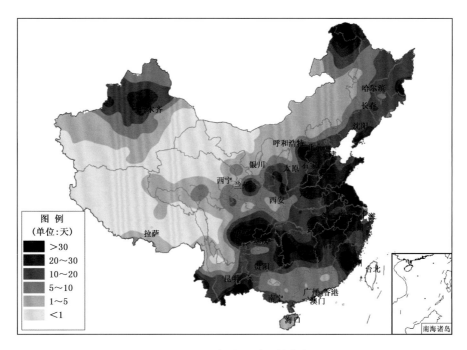

图 2.7.1　2013 年全国雾日数分布（天）

Fig. 2.7.1　Distribution of fog days over China in 2013（unit：d）

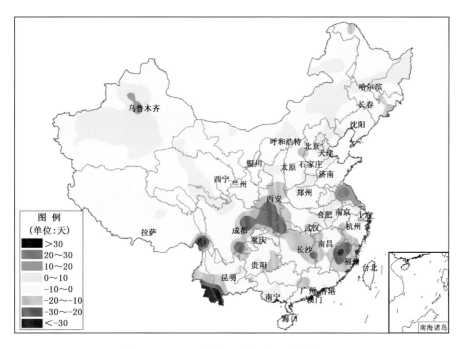

图 2.7.2　2013 年全国雾日数距平分布（天）

Fig. 2.7.2　Distribution of fog days anomalies over China in 2013（unit：d）

　　2013 年，霾天气主要发生在华北及其以南地区以及西南东部，霾日数普遍在 10 天以上，其中华北南部、黄淮、江淮、江南东北部以及北京、天津、广西东部、湖南中部等地有 50～100 天，部分地区超过 100 天（图 2.7.5）。

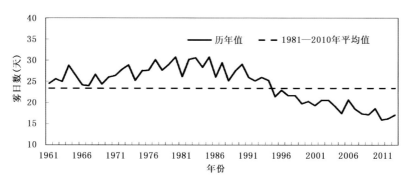

图 2.7.3　1961—2013 年中国 100°E 以东地区平均年雾日数历年变化(天)

Fig. 2. 7. 3　Annual variations of area averaged fog days in the area east of 100°E of China during 1961—2013（unit：d）

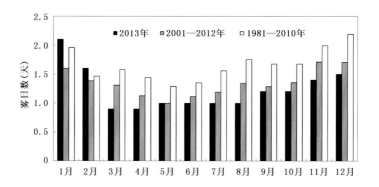

图 2.7.4　2013 年各月雾日数与常年(1981—2010 年)及近 12 年(2001—2012 年)同期雾日数对比(天)

Fig. 2. 7. 4　Contrast of monthly fog days over China in 2013 to the the average value

from 1981 to 2010 and from 2001 to 2012（unit：d）

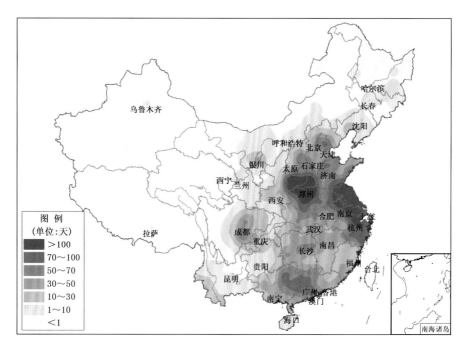

图 2.7.5　2013 年全国霾日数分布(天)

Fig. 2. 7. 5　Distribution of haze days over China in 2013（unit：d）

　　与常年相比,2013 年我国中东部霾日数普遍偏多 10～60 天,其中,山西南部、河南、江苏、浙江、安徽东北部、山东东南部等地偏多 60 天以上(图 2.7.6)。

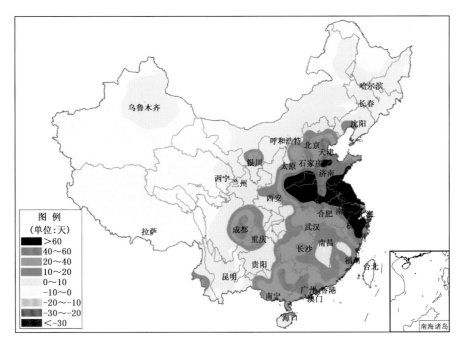

图 2.7.6　2013 年全国霾日数距平分布(天)

Fig. 2.7.6　Distribution of haze days anomalies over China in 2013（unit：d）

　　1961—2013 年,我国 100°E 以东地区平均年霾日数呈显著增加趋势,且表现出不同年代际变化特征:20 世纪 60 年代至 70 年代中期,年霾日数较常年偏少;70 年代后期至 90 年代,接近常年略偏少;21 世纪以来,年霾日数显著增多,并较常明显偏多。2013 年我国 100°E 以东地区平均霾日数为 30.8 天,较常年偏多 22 天,较 2012 年偏多 13 天,为 1961 年以来最多。

　　2013 年我国霾多发月份为 1 月、3 月和 9—12 月,这 6 个月的霾日数占全年的 72%,12 月最多、10 月次多。与常年同期相比,全年各月的霾日数均偏多,其中 12 月和 10 月较常年偏多最明显。

2.7.2　主要雾和霾灾害事例

　　2013 年我国雾、霾天气主要发生在 1—3 月和 9—12 月,频繁的雾、霾天气对交通运输产生较大影响,引发多起交通事故,造成人员伤亡,并对人体健康造成较大危害。主要雾和霾的灾害事例如下:

1. 1 月,4 次大范围雾、霾天气对我国中东部等地交通和人体健康造成不利影响

　　1 月,我国出现 4 次大范围雾、霾天气过程,涉及全国 30 个省(区、市),影响范围、持续时间、强度均为历史少见。受雾、霾天气影响,中东部地区出现了大范围、持续性低能见度和重污染天气,能见度小于等于 500 米和 200 米的站次分别为近 7 年平均值的 2.6 倍和 2.5 倍;气象部门大气成分监测显示,中东部大部分站点 1 月 PM$_{2.5}$ 浓度超标日数在 25 天以上。雾、霾天气导致多地机场航班延误或取消,高速公路封闭,引发多起交通事故。1 月 10 日,湖南长沙黄花国际机场延误航班 64 架次;安徽南洛高速公路界首段发生交通事故,造成 3 人死亡。12—13 日,上海虹桥、浦东两机场至少 103 个架次取消,近百个航班延误。13 日,广西南宁吴圩国际机场 10 个进出港航班延误;贵州贵阳机场 70% 左右的航班延误。14 日,安徽境内高速公路大部分封闭,合肥机场航班全面延误,淮河一度停航,巢湖、阜阳发生交通事故致 3 人死亡;江苏南京两大汽车站 90 多趟长途班车晚点;京杭运河苏北段封航,中山码头、板桥汽渡一度停止运渡;江西境内 17 条高速公路的部分路段封闭或全线封闭;广西南宁吴圩国际机场 39 个航班延误;新疆乌鲁木齐国际机场 50 架航班延误。16 日,贵州贵阳机场 10 多个进出港航班延误或备降其他机场,铜仁机场 8 个进出港航班取消。20 日,贵州铜仁机场 8 个航班全部取消。22 日,天津机场有 52 个航班延误,12 个航班取消,市内大部分高速公路封闭。25 日,沪渝高速公路安徽芜宣段发生 4 车追尾事故,致 8 人死亡;新疆乌鲁木齐国际机场 30 个航班延误。26 日,江西南昌昌北国际机场 40 多个出港航班延误,境内 10 多条高速公路全线或部分关闭;江苏南京禄口机场航班大面积延误。30 日,天津机场 63 个进出港航班延误,141 个进出港航班取消,市内大部分高速公路封闭。雾霾天气还引发"雾闪"导致京广线动车在河南境内断电、石家庄开往邯郸的列车车头发生火灾;北京、天津、郑州、石家庄、唐山、邯郸、保定、济南等城市出现重度污染,导致医院呼吸道疾病患者比平常明显增加。

2. 2 月,雾、霾天气给西南、江南、黄淮等地交通带来较大影响

受雾、霾天气影响,2 月 4—5 日,重庆市境内部分路段实施交通管制。7 日,重庆机场部分航班受影响。10 日,陕西西安多条高速公路暂时封闭。15 日,湖南省多条高速公路实行交通管制;海南琼州海峡、海口部分轮渡间歇停航。18 日,黑龙江哈尔滨太平国际机场部分航班受到影响。18—19 日,广东番禺、南沙、虎门等地轮渡停航或延误。22 日,琼州海峡全线停航,约有 3000 名旅客、近千车辆滞留粤海铁南港。23 日,江西省 7 条高速公路采取交通管制措施,部分高速路口封闭,九江县渡口停开。27 日,河南京港澳高速公路漯河段发生 6 起连环交通事故,有 27 辆车追尾,造成 3 人死亡,70 人受伤。28 日,江西省境内 3 条高速公路部分入口采取管制措施。月末,受大雾影响,山东省内近 90 个高速入口临时关闭,济南、青岛、烟台等机场多次航班延误、取消,青岛、烟台的轮渡停航。

3. 3 月,雾、霾天气给我国中东部地区交通和人体健康造成不利影响

3 月 7 日,新疆多地出现大雾,乌奎高速公路被迫封闭,玛纳斯县发生两车追尾事故,3 人受伤,乌鲁木齐机场被迫关闭,所有航班无法起落。8 日,广西南宁吴圩国际机场受大雾侵袭,导致 18 个出港航班延误。13 日,上海港出现雾和大风,造成百余艘国际航行船舶出入境(港)受阻。15 日,上海港内再次出现雾,推迟或取消进出口计划的船舶超过 150 艘次。17 日,江西南昌昌北国际机场 21 个航班因雾延误或取消,九瑞高速也一度临时封闭。18 日,山东部分地区出现雾,省内有 50 多个高速公路入口关闭,青岛、日照海上禁航。24 日,三峡江段受雾袭扰,船舶疏散受到严重影响,坝区水域待闸船舶数量达到 477 艘次。26 日,陕西西安咸阳国际机场遭遇大雾天气,73 个航班受影响。27 日,京港澳高速距离长沙雨花收费站 4 千米处因大雾发生连环车祸,造成至少 14 人受伤。29 日,长沙黄花机场因大雾导致进出港航班全部延误。河北、江苏等省因雾、霾天气多地医院呼吸科、儿科患者急剧增加,呼吸道疾病患者比平常增加 1~4 成,儿科就诊人数增加更为明显。

4. 6 月初,雾、霾天气在河南造成重大人员伤亡

6 月 4 日,京港澳高速西平—遂平段因大雾、团雾,有 56 辆车相撞,16 处事故现场,造成 14 人死亡,49 人受伤,95 人在追尾和被追尾后困在车内。

5. 10 月,雾、霾天气给东北及安徽等地交通和人体健康造成不利影响

10 月 9—12 日,受雾、霾天气影响,安徽省境内高速发生多起交通事故,造成至少 17 人死亡。20—22 日,东北出现大范围雾、霾天气,部分地区能见度在 500 米以下,局部不足 10 米,哈尔滨 $PM_{2.5}$ 高达 1000 微克/立方米,空气质量达到"严重污染"级别,致使东北三省一些城市交通瘫痪、高速路封闭、呼吸系统疾病患者激增,数千所学校停课。

6. 11 月,雾、霾天气使我国中东部地区等地交通受阻

11 月,受雾影响,山东省 14 条高速公路部分路段临时封闭;2 日,济南长途汽车站班车延发,济南遥墙机场四十余个航班延误,京台高速北京方向一辆客车与货车发生追尾事故,造成 7 人受伤、1

人死亡;23日上午,同三高速青岛莱西段发生两起交通事故,造成2人死亡;24日,青莱高速公路诸城段济南方向一辆大货车侧翻,造成2人受伤。上旬至中旬,江苏省部分地区出现雾和霾,对公路、航运、航空交通影响较大,飞机起降受阻,高速公路关闭,轮渡停航。22日,沿淮至沿江地区出现雾、霾天气,沪陕高速合六叶段发生多车严重追尾事故,造成5死80伤,11辆车被焚毁,1辆天然气罐车泄漏。23—24日,因大雾哈尔滨机场209个进出港航班全部取消,部分高速公路封闭。26日乌鲁木齐国际机场出现大雾,造成128架次进出港航班延误、备降,7600人滞留。24日,受雨、雾天气影响,烟台莱山机场和东营胜利机场出现不同程度的航班延误或取消。30日,昆明长水机场因雾天气取消航班79架次,旅客滞留机场约1.3万人。

7. 12月,我国中东部出现两次大范围雾、霾天气,对交通影响大

12月,我国中东部地区分别于1—8日和22—25日出现两次大范围雾、霾天气,主要影响的地区是华北中南部、黄淮、江淮、江南北部、华南西部及四川盆地等地。持续雾、霾天气导致江苏、上海、安徽北部、浙江北部部分地区最低能见度在500米以下,其中上海、杭州、南京等地不足50米。1—8日,我国中东部地区出现大范围雾、霾天气,影响范围广,持续时间长,涉及24个省(区、市),覆盖283万平方千米,影响5.4亿人。雾、霾交替出现,大部地区霾日数有3~7天,四川、江苏中南部雾日数6~7天。2—5日,乌鲁木齐连续4天被雾笼罩,出现大面积交通拥堵并引发多起交通事故。5日,安徽省高速公路20多个出入口临时封闭;6日,能见度低于50米,全省高速公路封闭12小时。7日,河南郑州机场、部分长途汽车站有6000多名旅客因雾、霾滞留,84架飞机延误,200多个客运班次受影响;8日,河南省内多条高速封闭,郑州机场56个航班取消,约四分之一的长途客车受影响。8日,途经天津的多条高速公路因雾、霾天气陆续关闭;出港航班受到不同程度影响。

2.8 雷电

2.8.1 基本概况

据不完全统计(资料来源于中国气象局),2013年全国共发生雷电灾害3380起,其中造成火灾或爆炸65起,造成人身事故185起,导致178人身亡、177人受伤。雷电灾害造成大量电子设备、电力系统、建筑物受损,雷击造成建筑物损坏事件305起,办公和家用电子电器损坏事件2588起,损坏电子电器设备19402件,直接经济损失约2.46亿元,间接经济损失约3.24亿元。一次造成百万元以上直接经济损失的雷电灾害有15起。2013年雷电造成的灾害事故主要集中在电力、通信和学校等行业,其中电力行业雷灾事故467起,通信行业363起,学校75起。

从2003—2013年全国雷电灾害对比表(表2.8.1)中可以看出,2013年雷电灾害事故数是自2003年以来最少的一年,由雷灾造成的死亡和受伤人数也是这些年来最少的,但雷击死亡率仍超过了50%。从雷灾造成的经济损失来看,直接经济损失为近六年来最高,达到了约2.46亿元。间接经济损失也为近三年来最高,达到了约3.24亿元。

表 2.8.1 2003—2013 年全国雷电灾害

Table 2.8.1 Lightning stroke disasters over China from 2003 to 2013

年份	雷灾事故数	受伤人数	死亡人数	直接经济 损失(亿元)	间接经济 损失(亿元)
2013	3380	177	178	2.46	3.24
2012	4600	193	214	1.44	1.20
2011	3993	241	253	1.99	1.78

续表

年份	雷灾事故数	受伤人数	死亡人数	直接经济损失(亿元)	间接经济损失(亿元)
2010	7515	261	319	1.82	3.58
2009	13481	310	371	2.31	6.41
2008	8604	345	446	2.24	6.21
2007	12967	718	827	4.25	7.43
2006	19982	640	717	3.84	0.96
2005	11026	690	646	2.45	0.28
2004	8892	1059	770	2.24	0.35
2003	7625	391	328	1.76	0.34

2.8.2 雷电灾情空间分布

2013 年全国雷电灾情的空间分布如图 2.8.1 所示。从统计结果可以看出,我国沿海省份是雷电灾害的多发区。2013 年全年雷灾事故数上百的省份共有 8 个,较去年有所下降。其中属于沿海的省份共有 5 个,浙江、广东和湖南分列前三位,年雷灾事故数最多的广东省达到 964 起。从雷击伤亡人数方面来看,全年雷击伤亡超过 10 人的有 14 个省份,江西省雷击伤亡人数最多,达到 77 人。而雷击导致身亡人数超过 10 人的省份共有 4 个,其中江西和广东分列前两位,雷击导致身亡的人数分别达到 28 人和 20 人(图 2.8.2)。而在考虑人口权重(表 2.8.2)后,在雷灾事故率方面,浙江、广东和福建等沿海经济较发达地区依旧排名靠前,同时,西藏地区的人均雷灾事故率和雷击伤亡率的排名靠前。

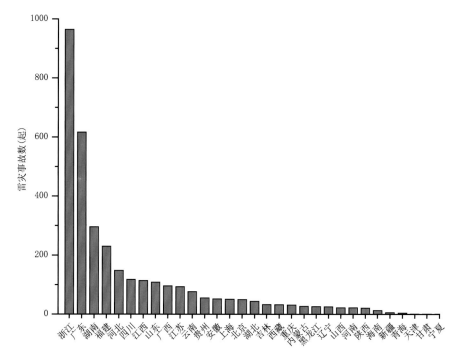

图 2.8.1 2013 年全国各省(区、市)雷灾事故分布图

Fig. 2.8.1 Number of lightning damage events for all provinces (autonomous regions,municipalities) over China in 2013

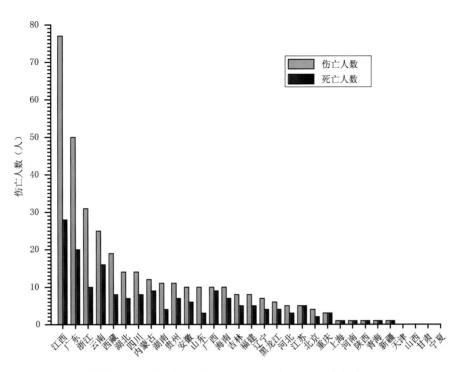

图 2.8.2　2013 年全国各省(区、市)雷击死亡人数分布图

Fig. 2.8.2　Number of lightning fatalities over China in 2013

表 2.8.2　2013 年全国各省(区、市)每百万人口雷击死亡率、受伤率、伤亡率和雷灾事故发生率及其排序

Table 2.8.2　Rate per million people of lightning fatalities, injuries, casualties and damage reports,
and their ranks for all provinces over China in 2013

省份	人口数 *（百万）	雷击死亡		雷击受伤		雷击伤亡		总雷灾事故	
		死亡率	排序	受伤率	排序	伤亡率	排序	事故率	排序
北京	13.82	0.14	12	0.14	7	0.29	10	3.62	6
天津	10.01	0.00	28	0.00	21	0.00	28	0.10	30
河北	67.44	0.04	24	0.03	19	0.07	22	2.19	9
山西	32.97	0.00	29	0.00	22	0.00	29	0.67	24
内蒙古	23.76	0.38	4	0.13	8	0.51	7	1.14	18
辽宁	42.38	0.09	19	0.07	16	0.17	18	0.59	25
吉林	27.28	0.18	11	0.11	11	0.29	9	1.21	16
黑龙江	36.89	0.11	15	0.05	18	0.16	19	0.70	23
上海	16.74	0.06	22	0.00	23	0.06	24	3.05	7
江苏	74.38	0.07	20	0.00	24	0.07	23	1.26	15
浙江	46.77	0.21	7	0.45	3	0.66	4	20.61	1
安徽	59.86	0.10	16	0.07	17	0.17	17	0.87	20
福建	34.71	0.14	13	0.09	13	0.23	12	6.63	4
江西	41.4	0.68	3	1.18	2	1.86	2	2.75	8
山东	90.79	0.03	25	0.08	14	0.11	20	1.20	17

续表

省份	人口数 *（百万）	雷击死亡		雷击受伤		雷击伤亡		总雷灾事故	
		死亡率	排序	受伤率	排序	伤亡率	排序	事故率	排序
河南	92.56	0.01	27	0.00	25	0.01	27	0.24	28
湖北	60.28	0.12	14	0.12	9	0.23	11	0.73	22
湖南	64.4	0.06	21	0.11	12	0.17	15	4.6	5
广东	86.42	0.23	6	0.35	5	0.58	6	7.14	3
广西	44.89	0.20	8	0.02	20	0.22	13	2.14	10
海南	7.87	0.89	2	0.38	4	1.27	3	1.65	12
重庆	30.9	0.10	17	0.00	26	0.10	21	1.00	19
四川	83.29	0.10	18	0.07	15	0.17	16	1.42	14
贵州	35.25	0.20	9	0.11	10	0.31	8	1.56	13
云南	42.88	0.37	5	0.21	6	0.58	5	1.80	11
西藏	2.62	3.05	1	4.20	1	7.25	1	12.21	2
陕西	36.05	0.03	26	0.00	27	0.03	26	0.58	26
甘肃	25.62	0.00	30	0.00	28	0.00	30	0.04	31
青海	5.18	0.19	10	0.00	29	0.19	14	0.77	21
宁夏	5.62	0.00	31	0.00	30	0.00	31	0.18	29
新疆	19.25	0.05	23	0.00	31	0.05	25	0.31	27
全国	1262.28	0.3		0.3		0.5		2.7	

＊人口数来自于我国第五次全国人口普查。

2.8.3 雷电灾情时间分布

2013年全国雷电灾情时间分布如图2.8.3所示。雷灾事故主要集中发生在3—10月之间。3月的雷灾事故所占比例高于4、5和6月雷灾事故的比例。雷灾事故数在8月达到峰值,占全年雷灾事故数的比例超过25%。雷击受伤人数和雷击死亡人数则在6月就达到了峰值,占全年受伤和死亡人数的比例分别超过了33%和27%。

2.8.4 2013年主要雷电灾害事件

(1)3月11日2时10分、19时至20时之间,重庆市涪陵区大木乡双河村中石化集团西南石油局第五物探大队543队焦石坝地区三维地震勘探资料采集项目2标段1检波点至2检波点之间遭雷击,击坏采集站及大小线196套,击坏检波器300串,经济损失200余万元,间接损失250万元。

(2)3月12日20时20分,湖南省常德市鼎城区先锋烟花鞭炮有限公司中转车间遭雷击起火爆炸,炸毁车间8座,近70座车间房顶被掀翻,中间产品所剩无几,直接经济损失300万元,间接经济损失200万元。

(3)3月20日1时30分,广西壮族自治区桂林市资源县瓜里乡金紫山风电场风机遭雷击,击坏8台风机的箱式变压器,直接经济损失300万元。

(4)3月23日2时30分,广西壮族自治区桂林市资源县瓜里乡金紫山风电场风机遭雷击,击坏

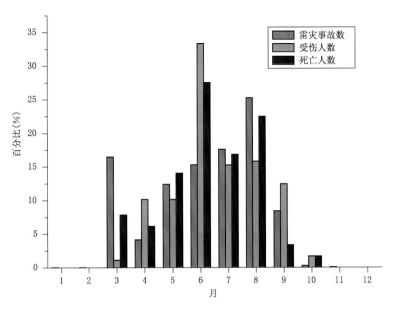

图 2.8.3　2013 年全国雷电灾害百分比月变化(%)

Fig. 2. 8. 3　Monthly variations for percentage of lightning damage reports over China in 2013 (unit:%)

4 台风机的箱式变压器,直接经济损失 150 万元。

(5)4 月 17 日 20 时 21 分,湖南省娄底市娄星区万宝开发区湖南红太阳电源新材料股份有限公司遭雷击,造成厂区电源线路起火引发火灾,烧毁原材料等物资,造成直接经济损失 200 万元,间接经济损失 100 万元。

(6)4 月 23 日 17 时 30 分,四川省甘孜州康定县塔公乡多拉一村村民扎某(女,24 岁)、泽某(女,28 岁)、四某(女,31 岁,身怀 7 月大孩子)3 人在放牧时遭雷击身亡,另有 7 头牦牛死亡,直接经济损失 10 万元。

(7)4 月 30 日 1 时 20 分,广东省惠州市博罗县罗浮山风景区内 17 人遭雷击受伤。

(8)5 月 6 日 16 时左右,贵州省铜仁市恩纬西光电科技发展有限公司遭雷击,击坏生产区 1 台变压器、LED 户外产品产品生产车间贴片室接驳台控制器、老化电二检测产品、模具制作室内钻床、网络交换控制设备、消毒柜、冰箱、蒸饭柜等设备,直接经济损失 100 万元左右。

(9)5 月 10 日 15 时,广东省湛江市吴川市塘缀镇塘莲村委会新屋村多名男村民在岭头挖棺孔时遭雷击,造成 1 人身亡,3 人受伤。

(10)5 月 16 日 10 时 11 分,广东省高要市蚬岗镇八联村委会马田(土名)一座风雨亭遭雷击,造成在其中避雨的吴某某(男,68 岁)和陆某某(女,65 岁)夫妇,李某某(男,50 岁)和吴某某(女,54 岁)夫妇 4 人身亡。

(11)5 月 17 日 10 时,广东省高要市市政府二号楼遭雷击,击坏 1 台电梯变频器、1 个漏电开关、1 台交换机、2 台计算机主机、2 台显示屏,直接经济损失 100 万元,间接经济损失 120 万元。

(12)5 月 17 日 18 时 18 分,广东省佛山市杨和镇大坑洞村养猪场低矮平房侧遭雷击,造成 1 人身亡,3 人受伤。

(13)5 月 19 日 13 时,广西壮族自治区横县那阳镇岭鹩村村民黄某英(女,74 岁)带其孙女闭某华(女,11 岁)和外孙莫某华(男,13 岁)在花地摘花,在一花地搭建的小茅房内避雨时遭雷击,造成 3 人当场身亡。

(14)5 月 27 日下午,福建省漳州市漳浦县赤湖镇东埔变电站遭雷击,击坏 1 台 4 万伏变压器,直接经济损失 200 万元。

(15)6 月 4 日,河北省唐山市丰南区唐山市清泉钢铁集团丰南京丰炉料有限公司一台变压器遭雷击损坏,损失金额 200 万元。

(16)6 月 5 日傍晚 18 时 53 分,贵州省都匀市良亩乡良母村良田坝蔬菜基地(北纬 26 度 1 分 46 秒,东经 107 度 28 分 48 秒)5 名农村妇女在蔬菜地喷洒化肥时遭雷击,当场造成 1 人身亡,1 人重伤,3 人轻伤。

(17)6 月 21 日 17 时左右,江西省抚州市高新区崇岗镇金山进出口烟花厂新厂区雷击引发烟花爆炸,当时厂内的 300 余名员工中有 45 人受伤,其中重伤 6 人,另有 3 人经医院抢救无效身亡。

(18)6 月 23 日,浙江省嘉兴市平湖市林埭镇和独山港镇农民自建房遭雷击,击坏电视机 299 台,计算机 20 台,空调 25 台,冰箱 9 台,热水器 1 台,洗衣机 1 台,机顶盒 3 部,电饭锅 1 台,屋脊 3 个,直接经济损失约 108.97 万元。

(19)6 月 30 日 19 时 16 分,河南省南阳市方城县境内遭雷击,造成 530 余件办公电子电器和 2110 余件家用电子电器设备受损,直接经济损失 522.6 万元,间接经济损失 50 万元。

(20)7 月 1 日 17 时 40 分,山西省晋中市榆社 10 千伏 893 东汇线、894 城市Ⅰ回线、896 银郊线、897 北寨线、898 铁路线 5 条 10 千伏线路及 35 千伏 474 桃阳线、475 社城线、477 电厂线相继遭雷击掉闸,共烧坏高压分接箱 2 台,3 台高压分接箱受损需维修,烧坏 200 千伏安变压器 1 台,更换 95 平方毫米导线 3000 米,150 平方毫米的低压电缆 300 米,熔断器 15 只,避雷器 6 只,直瓶击穿 8 个,吊瓶击穿 6 片,直接经济损失约 150 万元。

(21)7 月 9 日 9 时,山东省淄博市高青县唐坊镇玉皇村部分村民在田间收割芹菜时遭雷击,造成 5 人当场晕倒,其中 1 人(女,60 岁)重伤,其他 4 人(女,年龄均在 60 岁以上)轻伤。

(22)7 月 16 日 13 点 30 分,湖北省宜昌三峡大坝坛子岭园区截流石喷泉池附近遭雷击,造成 2 名游客(刘某,女,31 岁;钱某某,男,15 岁)身亡,6 名游客受伤。

(23)7 月 16 日 17 时,云南省昭通市昭阳区大山包镇老林村中梁子自然村 5 名村民在大石头下躲雨时遭雷击,造成 1 人身亡,1 人重伤,3 人轻伤。

(24)8 月 1 日晚上,浙江省嘉兴市嘉善县姚庄镇区域遭雷击,造成房屋、家电、能源设备受损,直接经济损失 402 万元。

(25)8 月 2 日 15 时 40 分,贵州省铜仁市沿河县谯家镇大地村 5 名村民到大地村后湾岩砍柴,在树林中避雨时遭雷击,造成 2 人身亡,3 人受轻伤。

(26)8 月 11 日 17 时,四川省宜宾市珙县石碑乡红沙村二社(小地名大都督山)5 人在山顶临时工棚避雨时遭雷击,造成 2 人(范某某,男,43 岁,兴文县九丝城镇红旗村人;胡某某,男,47 岁,兴文县毓秀乡人)身亡,3 人(陈某某,男,62 岁;魏某某,男,38 岁;杨某某,男,46 岁;均为兴文县毓秀乡人)受伤。

(27)8 月 14 日 7 时 30 分,黑龙江省佳木斯汤原县香兰镇共和村东南方向烤烟地里正在掰烟作业的 4 名工人遭雷击,造成 2 人(肖某,女,33 岁;周某,男,33 岁)身亡,2 人(王某,女,35 岁;王某,女,32 岁)受轻伤。

(28)8 月 16 日 13 时 40 分,湖南省张家界市武陵源袁家界天下第一桥 5 名游客遭雷击受伤。

(29)8 月 17 日下午 4 时许,安徽省黄山风景区莲花峰遭雷击,造成 1 人坠崖身亡,3 人受伤。另有游客随身携带的 2 台手机、1 台相机遭损坏,游客佩戴的 1 条金属项链也遭破坏被熔断为多截。

(30)8 月 29 日 21 时 22 分,湖南省郴州市裕农纸业有限公司遭雷击,击坏 1 台高压配电柜,3 组高压避雷器及线路,直接经济损失 150 万元,间接经济损失 500 万元。

(31)9 月 1 日,西藏自治区日当镇卡当放牧点遭雷击,造成 4 人受伤。

(32)9 月 1 日 10 时 30 分,广西壮族自治区北海市北海大道南洋新都铁山港区遭雷击,4♯罐受损严重,直接经济损失 300 万元,间接经济损失 500 万元。

(33)9 月 14 日 13 时许,浙江省宁波市北仑区九峰山"九峰之巅"景区一座山顶的凉亭遭雷击,凉亭顶端被击穿,造成 1 人身亡,16 人受伤。

(34)10 月 10 日上午 07 时 30 分,辽宁省葫芦岛市建昌县二道湾子蒙古族乡坝上村大田地里正在收玉米的 11 人中的 4 人遭雷击,造成 1 人当场身亡,3 人受伤。

2.9 高温热浪

2013 年,我国高温(日最高气温≥35℃)范围接近常年,但 6—8 月南方地区高温日数、高温最长持续时间、40℃以上高温范围均突破 1961 年以来历史最高纪录,具有高温日数多、持续时间长、强度大、极端性突出等特点。长时间持续高温加剧了南方部分地区的伏旱,水稻、玉米、棉花等农作物生长受到影响;用电量屡创新高,电力设备故障增多;人体健康受到影响,患病人数增加;森林火险气象等级偏高,湖南等地森林火灾多发。

2.9.1 高温概况

1. 高温范围接近常年

2013 年,我国华北南部至华南之间的广大地区、西南地区东北部以及陕西中部和南部、新疆南部和东部、内蒙古西部等地均出现日最高气温≥35℃的高温天气。全国共有 1691 个观测站出现高温天气,高温站数占全国总观测站数的 61.7%,比常年偏少 6.7%,为近 20 年来次少。≥35℃高温天气覆盖面积为 454.9 万平方千米,接近常年(图 2.9.1),但 40℃以上高温覆盖范围达 79.8 万平方千米,是常年的 3 倍多,为 1961 年以来最大。

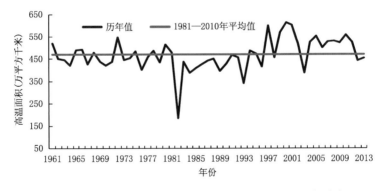

图 2.9.1　1961—2013 年全国高温面积历年变化(万平方千米)

Fig. 2.9.1　The changes of high temperature area over China during 1961—2013 (unit:$10^4 km^2$)

2. 高温日数多

2013 年,全国平均高温日数 11 天,较常年(8 天)偏多 3 天,为 1961 年以来最多(图 2.9.2)。黄淮西南部、江淮、江汉、江南、华南中北部及重庆、贵州北部和东部、四川东部、新疆东部和南部等地高温日数有 20~40 天,江南及新疆的部分地区超过 40 天(图 2.9.3 左)。与常年相比,黄淮至江南以及四川东部、重庆、贵州北部、新疆西南部等地高温日数偏多 10~30 天,其中江苏和湖南的部分地区偏多 30 天以上(图 2.9.3 右)。

3. 持续时间长

2013 年,全国平均最长连续高温日数为 5.0 天,比常年偏长 1.7 天,同 1992 年并列为 1961 年来

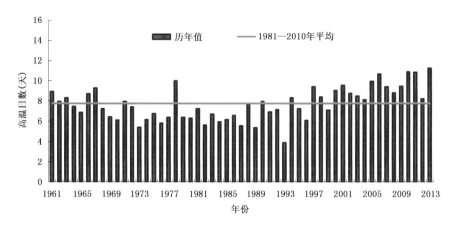

图 2.9.2　1961—2013 年全国平均年高温日数历年变化(天)

Fig. 2.9.2　Annual mean hot days (daily maximum temperature ≥35℃) over China during 1961—2013 (unit:d)

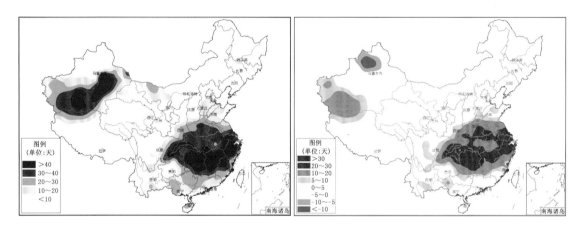

图 2.9.3　2013 年全国高温日数(左)及其距平(右)分布图(天)

Fig. 2.9.3　Distribution of hot days(left) and its anomalies(right) over China in summer 2013 (unit:d)

最长。黄淮南部、江汉大部、江淮、江南大部及重庆东部等地最长连续高温日数普遍有 10～20 天,湖南大部为 20～30 天,局部地区长达 48 天。与常年相比,黄淮南部、江淮及浙江北部、湖南大部、重庆东南部等地最长连续高温日数偏长 5～20 天,湖南局部偏长超过 20 天。江淮大部、江南北部 38℃以上最长连续高温日数普遍偏长 5～10 天。

4. 高温强度强,极端性突出

2013 年,华北东部和南部、黄淮东部、华南大部以及陕西南部、四川中东部、贵州东部等地极端最高气温一般在 35℃以上;黄淮西部和南部、长江中下游地区及四川东北部、重庆、贵州东北部、福建北部等地有 38～40℃,其中,江苏南部、浙江大部、福建北部、江西中部、湖南北部以及湖北、安徽、重庆等省(市)的局部地区极端最高气温达 40～42℃,浙江新昌高达 44.1℃(图 2.9.4)。

2013 年,全国共有 542 气象观测站日最高气温达到极端高温事件标准,其中 209 站日最高气温突破当地历史极值;极端高温事件站次比(达到极端事件标准的站次数占监测总站数的比例)为 0.8,较常年(0.12)明显偏高,为 1961 年以来最高值。全年有 433 站连续高温日数达到极端事件标准,其中 138 站突破历史极值;极端连续高温站次比(0.36)高于常年(0.13),为 1961 年以来第三高值。中东部地区有 305 个观测站日最高气温突破 40℃,为 1961 年以来最多。达到极端高温事件标准的站点主要分布在江淮、江南和西南地区。

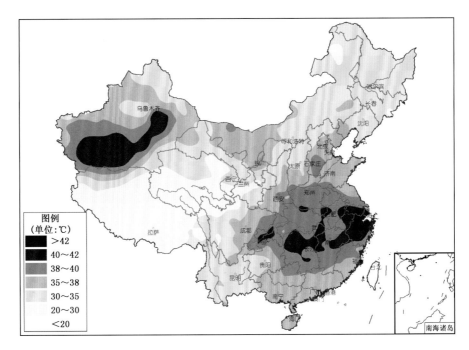

图 2.9.4　2013 年夏季全国极端最高气温分布图(℃)

Fig. 2.9.4　Distribution of extreme maximum temperatures over China in summer 2013(unit：℃)

2.9.2　主要高温事件及影响

　　2013 年夏季我国共出现 4 次较大范围的高温天气过程,具体为 6 月 15—20 日、6 月 27 日至 7 月 20 日、7 月 22 日至 8 月 24 日、8 月 27—29 日。

　　6 月 15—20 日,黄淮至华南及河北南部、陕西南部、四川盆地出现大范围的高温天气。黄淮南部、江淮、江汉、江南大部及重庆高温日数一般有 3～4 天;河南中部、湖北西部、重庆东北部极端最高气温达 38～40℃,重庆开县(42.3℃)、巫山(41.4℃)、万州(41.3℃)、云阳(41.0℃)、江津(40.9℃)等 9 县(区)、湖北三峡(42.2℃)、保康(40.8℃)日最高气温超过 40℃。

　　7—8 月,我国南方地区遭受 1951 年以来最强高温热浪袭击,上海、浙江、江西、湖南、重庆、贵州、湖北、安徽、江苏 9 省(市)平均高温日数达 31 天,较常年同期(14 天)偏多 1 倍以上,为 1951 年以来同期最多;9 省(市)平均最高气温 34.4℃,为 1951 年以来同期最高。有 344 个气象观测站日最高气温达到或超过 40℃,浙江新昌达 44.1℃;477 站次日最高气温突破历史极值,为历史同期最多。10 个站最长连续高温日数超过 40 天,湖南衡山、长沙达 48 天;144 个站连续高温日数达到或超过历史极值。

　　夏季长时间持续高温对黄淮和南方部分地区农业生产、电力供应、人体健康、森林防火等产生了较大影响。

　　河南　8 月,河南多次出现高温天气,月均高温日数达 13.1 天,较常年同期(1.7 天)偏多 11.4 天,为 1961 年以来同期最多年。4 站日最高气温达到或突破历史极值,8 站连续高温日数达到或突破历史极值。8 月 6 日,河南省电网供电负荷达 4704 万千瓦,再创历史新高;郑州电网局供电最大负荷也再次创下 796.4 万千瓦的新高,入夏后第六次刷新历史纪录。高温同样严"烤"供电系统的正常运行,由于高负荷导致电力故障频发,8 月 6 日郑州全市发生电力故障近 500 起。8 月 4—6 日,郑州市紧急医疗救援中心共接到 31 个中暑求助电话。

　　山东　8 月山东出现全省性持续高温天气,多地极端最高气温和高温日数达到或突破 8 月历史极值。受高温闷热天气影响,山东电网最高用电负荷连续4次创历史新高,全省日用电量6次创历史新高;8月16日,山东全网最高用电负荷达6041.5万千瓦,最高日用电量达13.16亿千瓦时,双创夏季用电最高纪录。天气炎热导致急救病人增多,8月6—7日,青岛市120急救中心的救护车30小时内出车近300次,远超平时24小时出动150车次左右的工作量;山东莱州、东营等地区海域还频频出现养殖海参大规模死亡现象。

江苏 7月至8月中旬,江苏省出现1961年来罕见的大范围持续性高温天气,有27站日最高气温创本站历史新高,34站累计高温日数超本站历史极值,26站连续高温日刷新本站历史纪录。全省共有51站连续高温日数和45站极端最高气温达到极端气候事件。持续高温天气造成中暑人数明显增多;肉蛋鱼菜供应减少,价格上升;最大用电负荷6次刷新历史纪录;南京医院收治热射病病人上百例,其中多人因中暑死亡。高温少雨还造成淮河南部部分地区出现干旱,给当地人民生活和工农业生产带来严重影响。

安徽 7—8月高温天气使安徽最大用电负荷11次刷新历史纪录,最高达2658万千瓦,较2012年最大负荷增加17%。8月上旬全省大部分地区维持晴热高温天气,淮河以南旱情迅速发展,对一季中稻孕穗抽穗和处于花铃期的棉花产生不同程度的危害。中旬前中期的高温天气使农田蒸腾蒸散加快,旱情持续加重,不利于一季稻结实、灌浆。8月晴热少雨和旱热叠加,造成一季稻空秕粒增多,结实率和千粒重下降,对处于产量形成关键期的夏玉米、夏大豆、棉花等旱作物产生不利影响。此外,高温干旱造成茶园受灾,其中黄山茶园受灾面积达2.5万余公顷,直接影响了来年产量。高温使中暑患者增加,仅合肥市就有562人因高温中暑。

湖北 长期高温热害对全省范围中稻孕穗、抽穗扬花不利,造成幼穗分化不良、开花授粉不畅,连续3天或以上日最高气温达到35℃或平均气温达到30℃会导致高温杀雄,小花败育、花粉破裂,形成"花而不实",灌浆阶段,高温干旱造成高温逼熟,粒重下降,对中稻产量造成一定影响。江汉平原一带棉花开花授粉不畅,蕾铃脱落,伏桃减少。另外高温干旱天气有利于棉铃虫害、红蜘蛛、三化螟等虫害发生、发展。高温期间,武汉市三级医院门急诊人数普遍增加20%～30%,截至8月11日,武汉中暑167例,其中重症中暑64例,5人因高温中暑死亡。

湖南 6月29日至8月19日,湖南省平均高温日数35.1天,破历史同期最高纪录,有58县(市)高温日数破历史同期最高纪录;全省高温最长持续时间达48天(衡山、长沙),破历史纪录(永顺县2003年38天),有39县(市)高温持续时间破当地历史最高纪录,有57县(市)极端最高气温≥40.0℃,其中8月10日高温范围最广、强度最强,全省有41县市最高气温≥40.0℃,极端最高气温≥40.0℃范围、单日最高气温≥40.0℃范围均突破历史纪录;33县市极端最高气温破当地历史最高纪录。8月24—30日,全省又出现一轮高温热浪天气。长时间高温天气致使衡阳、邵阳部分区域出现了严重干旱,造成了早稻高温热害现象,影响了千粒重,瘪谷率增多。持续高温热害使一季稻穗小粒少、空秕率增加,衡阳、邵阳等地约10%的一季稻、玉米等作物面临绝收;晚稻生育期提早2～8天,积温偏多21～539℃,有效分蘖数明显减少;棉花生长缓慢,生育期普遍推迟,部分无灌溉条件的棉花出现萎蔫,甚至枯死。湘北棉区受旱较轻,但受高温影响,造成了棉铃脱落,产量和品质普遍下降。持续高温天气,湖南电力、电网负荷双双创新高。7—8月,全省14个市(州)均出现森林火情,共发生森林火灾80起,为2012年同期的16倍,过火森林面积约776公顷。

上海 7—8月上海市区高温日数有45天,创历史同期最多,其中连续9天(7月23—31日)日最高气温≥38℃,连续4天(8月6—9日)日最高气温大于40℃,均创下有气象记录以来之最;极端最高气温为40.8℃(8月7日),创近141年有气象记录以来新高。上海电网最高用电负荷连创历史新高,最高达到2940万千瓦(8月7日),局部出现供电缺口;上海中心城区供水量达679.2万立方米,创2013年夏季新高。连日高温使上海各大医院门诊量节节攀升,中心城区120救护车维持在每天出车 1000 次左右,732 人中暑,13 人因中暑死亡。

浙江　2013 年,浙江出现 4 段高温过程,5 月 14—29 日、6 月 16—28 日、7 月 1 日至 8 月 29 日、9 月 9—16 日。其中 7—8 月高温天气为浙江省 60 多年来最为严重,高温日数、极端最高气温均破 1951 年以来最高纪录,全省平均高温日数 38 天,比常年同期多出 1 倍多,其中 40℃ 以上达 6 天;35 县(市、区)极端最高气温突破同期最高纪录,新昌 44.1℃ 超百年一遇,破浙江省最高纪录。长时间严重高温造成茶叶遭受高温灼伤严重,将对 2014 年春茶的产量和品质造成潜在影响;极端高温热浪天气导致浙江省出现严重干旱,蔬菜减产 30%～50%;中暑及心脑血管疾病、热伤风、腹泻和皮肤过敏等疾病患者增加,仅宁波、绍兴分别有 1766 人、915 人中暑;发生十多起森林火灾。

江西　2013 年全省先后出现了六次大范围的高温过程,其中 7 月 17 日至 8 月 21 日,江西出现了年内持续时间最长、范围最广的晴热高温少雨天气过程。8 月 10 日高温范围和强度为全年最强,全省 91 个县(市)出现 35℃ 以上高温,43 个县(市)最高气温达到 40℃ 及以上,以永新 42℃ 为最高,超 40℃ 站数仅次于 2003 年 7 月 31 日、8 月 2 日。全省平均高温日数为 50.3 天,较常年平均偏多 20.8 天,创历史新高。

重庆　夏季,在 6 月 12—24 日、6 月 28 日至 7 月 18 日、7 月 21—31 日、8 月 3—28 日出现了 4 次高温天气过程。全市平均 ≥35℃ 高温日数 47 天,较常年同期偏多 25.9 天,仅次于 2006 年同期(49.4 天)。≥40℃ 高温日数全市平均 4.9 天,较常年同期偏多 4 天,仅次于 2006 年同期(10.2 天)。有 22 个区县出现了 40℃ 以上高温,江津、万盛、丰都、万州、开县、云阳、巫山 40℃ 以上高温日数超过 12 天,其中开县最多,达 23 天。万州、开县等 4 个县(区)为历史同期最多;沙坪坝、万盛等 6 个区县为历史同期第 2 多;北碚、璧山等 6 个区县为历史同期第 3 多。高温呈现持续时间长、强度大、范围广的特点。7—8 月的持续高温导致玉米灌浆时间缩短 5～7 天、授粉不良、秃尖比例较高,柑橘果实明显偏小,烟叶萎蔫、枯黄,部分出现枯死;部分地区旱情发展迅速。重庆市电网负荷多次创历史新高,最大用电负荷达 1138 万千瓦,为保证主城区居民生活用电,主城区的朝天扬帆、大剧院、跨江桥梁等城市景观照明灯暂停开启,并在用电负荷缺口出现时,对全市数十家高耗能企业实行错峰用电。璧山、北碚、綦江、江津等地电力系统因高温出现故障。仅 8 月份,重庆市中暑人数有 34 例。

贵州　7 月至 8 月上半月,贵州气温异常偏高,多地创历史新高;由于连续高温少雨,干旱持续发展,贵州省中部以北及东部大部旱情严重,对玉米拔节、授粉、结实及水稻分蘖、拔节、孕穗造成了较大影响。其中玉米遭遇较严重的"勒包干";水稻孕穗、抽穗及灌浆影响较大。

2.10　酸雨

2.10.1　基本概况

2013 年我国酸雨的特点如下:1)2007 年以来我国酸雨区范围略有缩小,其中山东、河北和贵州部分地区转为非酸雨区,重度酸雨区的范围缩小明显,仅在江西西部、湖南南部和浙江北部等局部地区出现;2)我国大部分站点酸雨频率近几年维持在较高水平,而强酸雨频率自 2007 年以来明显减少。

1. 全国年平均降水 pH 值分布

2013 年我国酸雨区(年平均降水 pH 值低于 5.6)主要分布在华北北部和西部、江淮、江汉、江南、华南大部、西南地区东部、中部和南部(图 2.10.1)。年平均降水 pH 值低于 4.5 的重酸雨区主要位于江西西部、湖南南部和浙江北部,在重庆、湖北和四川的局部地区也有重酸雨出现。西藏、内蒙古、青海、新疆、宁夏、甘肃大部、陕西北部、河北西部、河南和山东交界处、四川西部、东北地区大部、山东中西部地区和海南为非酸雨区。

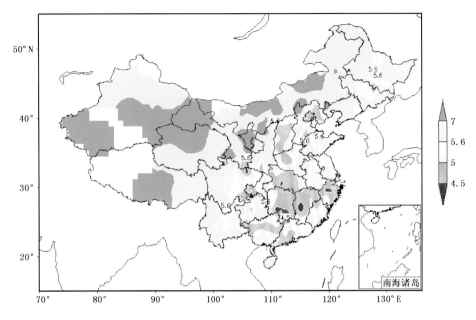

图 2.10.1　2013 年全国 365 个酸雨站年均降水 pH 值分布图

Fig. 2.10.1　Distribution of annual mean PH values at 365 acid rain stations over China in 2013

取近六年有连续观测的 294 个酸雨站数据进行统计（下同），可见 2013 年年均降水 pH 值达到强酸雨程度的台站数（pH<4.5）仅 15 个，已远远小于 2008 年的 91 个台站数，也是 2008 年以来的最低值；非酸雨台站数（pH≥5.6）逐年增加，至 2013 年达到 129 个，约占全部酸雨站的 44%（表 2.10.1）；弱酸雨台站数（4.5≤pH<5.6）自 2010 年以来稳定在 150 个上下。

表 2.10.1　降水出现不同 pH 值等级的台站数统计表

Table 2.10.1　Statistics of the number of stations with different levels of precipitation PH values

pH 值	pH<4.5	4.5≤pH<5.6	pH≥5.6
2008 年台站数（个）	91	121	82
2009 年台站数（个）	81	167	86
2010 年台站数（个）	50	144	100
2011 年台站数（个）	42	149	103
2012 年台站数（个）	28	150	116
2013 年台站数（个）	15	150	129

2. 全国酸雨出现频率分布

2013 年我国酸雨多发区（酸雨频率大于 20%）主要覆盖华北大部、江汉、江淮、江南、华南、西南地区东部、中部和南部部分地区、东北地区东部和北部的部分地区以及西北地区东南部的部分地区，与我国酸雨区范围较为一致（图 2.10.2）。酸雨高发区（酸雨频率高于 80%）分布在赣、鄂、湘、渝的部分地区，其中重庆綦江、璧山、石柱、江西泰和和湖北建始的酸雨出现频率达 100%，赣州和景德镇等 15 个站的酸雨出现频率也在 95% 以上。拉萨、沈阳和石家庄等 57 个站全年无酸雨发生，其中甘肃敦煌和新疆和田站自 1993 年观测以来均未出现酸雨。

2013 年 294 个国家级酸雨站的年酸雨出现频率在 20% 以下的站点数为近几年来的最高值，约

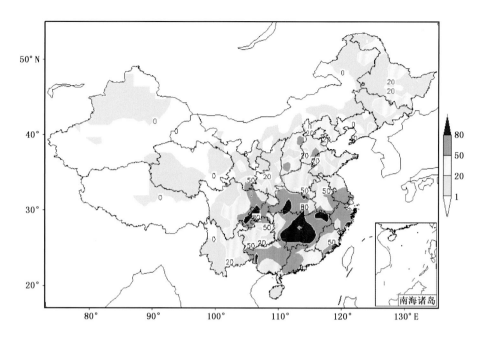

图 2.10.2 2013 年全国 365 个酸雨站年酸雨出现频率分布图(%)

Fig. 2.10.2 Distribution of acid rain frequency at 365 acid rain stations over China in 2013 (unit:%)

占全部站点数的 43%;酸雨频率高于 50% 的站点约占全部站点数的 34%,亦为近几年来的最低值,表明近几年我国酸雨高发的台站数减少,酸雨低发的台站数增加,酸雨有所减轻(表 2.10.2)。

2013 年我国强酸雨出现频率最高的站点仍然为重庆綦江站和江西泰和站,其强酸雨出现频率分别为 83% 和 81%,重庆巴南和荣昌站的强酸雨频率均为 60.8%,其余站点强酸雨频率在 60% 以下。全年没有强酸雨出现的站点有 166 个,较 2012 年增加 36 个站点,这些站点主要位于我国西北、西南、内蒙古、西藏和东北等地。

表 2.10.2 2008—2013 年酸雨出现不同频率等级的台站数统计表

Table 2.10.2 Statistics of the number of stations with different levels of acid rain frequency over China during 2008—2013

酸雨频率 F(%)	$F=0$	$0 < F \leqslant 20$	$20 < F \leqslant 50$	$50 < F \leqslant 80$	$80 < F \leqslant 100$
2008 年台站数(个)	35	47	61	83	68
2009 年台站数(个)	39	49	61	74	71
2010 年台站数(个)	42	59	72	67	54
2011 年台站数(个)	45	63	63	68	55
2012 年台站数(个)	44	74	68	56	52
2013 年台站数(个)	48	79	68	58	41

2.10.2 主要区域酸雨变化特征

1. 华北区域酸雨特征

华北地区酸雨和强酸雨发生频次 2007 年以来呈下降趋势,近 5 年年均降水 pH 值稳定在 5.0 左右。1993—2002 年,华北地区酸雨发生频率稳定维持在 20% 左右,自 2003 年开始,酸雨和强酸雨发生频率逐年攀升,至 2006 年酸雨发生频率上升到 46%,为 1993 年以来的最高值,近 5 年酸雨发生频率虽稍有下降,但还在 30%~40% 之间,仍处于较高水平(图 2.10.3)。

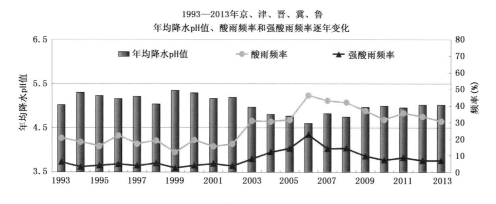

图 2.10.3 华北地区酸雨变化趋势

Fig. 2.10.3 Rainfall acidification trend in North China

2. 华东区域酸雨特征

1993—1999 年间华东地区酸雨频率、强酸雨频率和降水酸度呈波动下降趋势,2000 年以后酸雨频率和降水酸度均上升,至 2009 年该区域酸雨和强酸雨发生频率分别达 70% 和 32%,近 3 年酸雨发生频率虽有所下降,但仍维持在 50% ~ 60% 之间,年均降水 pH 值维持在 4.8 左右(图 2.10.4)。

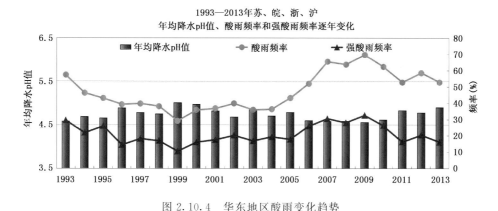

图 2.10.4 华东地区酸雨变化趋势

Fig. 2.10.4 Rainfall acidification trend in East China

3. 华中区域酸雨特征

华中地区近 5 年酸雨发生频次有所下降,酸雨强度减弱。1993—1996 年,华中地区酸雨频率、强酸雨频率和降水酸度呈下降趋势,1997—2008 年酸雨频率呈波动上升,其中 2008 年酸雨频率达到 74%,2008 年以后酸雨和强酸雨发生频率逐年下降,至 2013 年酸雨频率降至 57%。特别是 2006—2009 年,华中地区平均酸雨强度达到强酸雨等级,2010 年以后强度降至弱酸雨等级(图 2.10.5)。

4. 华南区域酸雨特征

1993—2010 年,华南地区酸雨频率呈波动上升的趋势,2003 年之前酸雨频率在 60% 左右波动,2004—2010 年酸雨频率增加到 70% 左右,其中 2010 年酸雨频率达 74%,为近 21 年来最高,酸雨强度在 2007 年达到强酸雨等级。近几年强酸雨频率下降明显,至 2013 年强酸雨频率为 15%,降至 1993 年以来的最低值(图 2.10.6)。

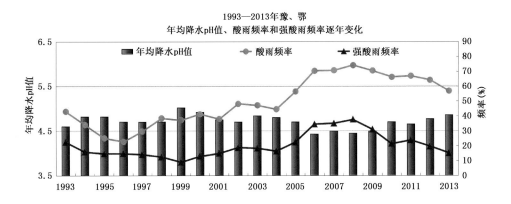

图 2.10.5　华中地区酸雨变化趋势

Fig. 2.10.5　Rainfall acidification trend in Central China

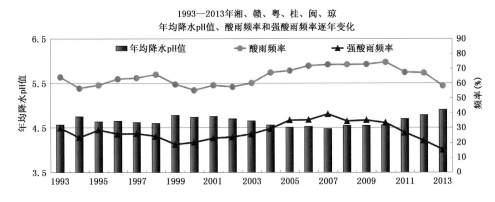

图 2.10.6　华南地区酸雨变化趋势

Fig. 2.10.6　Rainfall acidification trend in South China

5. 西南区域酸雨特征

1993—2006 年，西南地区酸雨频率稳定在 40％左右，强酸雨频率在 20％以下，2007 年酸雨频率和强酸雨频率陡升至 72％和 39％，2008 年以后双双下降，至 2013 年分别降至 49％和 11％，强酸雨频率为 1993 年以来的最低值。2007—2009 年间年均降水 pH 值 4.5 以下，为强酸雨标准（图 2.10.7）。

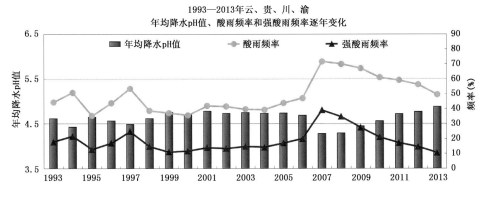

图 2.10.7　西南地区酸雨变化趋势

Fig. 2.10.7　Rainfall acidification trend in Southwest China

2.11 农业气象灾害

2013 年农业气象灾害总体偏轻,但阶段性和区域性灾害影响较重。农业干旱南方重、北方轻,长江中下游地区夏季高温干旱对农业影响偏重;暴雨、洪涝频发,呈现分布广、阶段性强、局地重的特点,黑龙江罕见流域性洪水使部分沿江沿河农田受灾;阶段性低温、阴雨寡照天气影响作物生长发育和成熟收获,但影响程度偏轻;影响我国农业的台风个数偏多,程度轻;寒害、冻害、大风、冰雹等对农业生产影响程度总体轻,但区域性寒害、冻害、雪灾对经济林果和畜牧业影响偏重。

2.11.1 干旱

1. 云南中北部和四川南部冬春连旱,影响程度重于上年同期;北方冬麦区出现春旱,导致无灌溉条件麦区减产

上年 10 月至 5 月中旬,四川南部、云南中北部和贵州西部降水偏少 3～8 成、气温持续偏高 1～2℃,干旱自 1 月开始持续发展,出现冬春连旱,使灌溉条件差的地区夏收粮油作物产量形成受到较大影响,其中云南夏粮单产同比减少近 8%、四川夏粮减产 12 万吨,部分山区冬小麦、油菜、蚕豆等绝收;干旱对春播也造成了不利影响。干旱程度仅次于 2009/2010 年历史罕见的秋冬春特大干旱。

上年 12 月至 4 月,西北东部、华北西南部、黄淮西部等地降水偏少 3～8 成,甘肃中东部、山西南部等地出现阶段性春旱,陕西关中出现冬春连旱,甘肃东部、陕西关中、山西西南部、河南西北部等地无灌溉条件的地区冬小麦受旱程度较重,产量下降。

2. 长江中下游地区盛夏高温和干旱叠加,影响较去年和常年明显偏重,其中江南受灾程度接近灾情严重的 2003 年

7 月 1 日至 8 月 21 日,南方大部地区出现持续晴热高温少雨天气,江南、江汉、江淮及贵州、重庆等地出现 20～49 天日最高气温≥35℃的高温天气(图 2.11.1),比常年偏多 10～25 天;同时,降水量异常偏少,其中江南大部及贵州降水偏少 5 成以上,贵州中部、湖南大部、浙江西部等地偏少 8 成以上。持续高温少雨导致江淮、江汉、江南及贵州、重庆部分地区旱情迅速发展,至 8 月中旬农业干旱范围最广,程度最为严重(图 2.11.2);8 月下半月,长江中下游地区降雨逐渐增多,特别是台风"潭美"带来的充沛降水使大部地区干旱得到有效缓解。

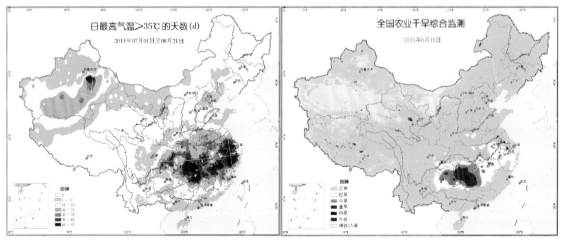

图 2.11.1 2013 年 7 月 1 日至 8 月 21 日　　图 2.11.2 2013 年 8 月 15 日全国农业干旱综合监测
日最高气温≥35℃天数(天)　　　　　Fig. 2.11.2 Agricultural drought monitoring in
Fig. 2.11.1 Distribution of hot days (daily maximum　　　China on August 15, 2013
temperature≥35℃) from July 1 to August 21, 2013 (unit:d)

夏季高温伏旱持续时间长、强度大、影响范围广,对一季稻、玉米、棉花等正处于产量形成关键阶段的秋收作物影响较大(图2.11.3、图2.11.4);晚稻秧苗因缺水无法适期移栽或移栽后返青成活困难。另外,水果、茶叶和蔬菜等品质和产量明显下降。据统计,高温干旱共造成湖南、贵州、江西、湖北、重庆、安徽、浙江、福建、广西、江苏等省(自治区、直辖市)农作物受灾面积795.77万公顷,其中绝收108.91万公顷,湖南、贵州等地受到的影响较重,江南粮食生产受灾程度接近2003年。从受灾的作物来看,总体上一季稻、玉米产量形成受到的影响较大,早稻、晚稻受到的影响相对较小。

图2.11.3 湖南衡阳因旱绝收的一季稻田　　　图2.11.4 湖南邵东县干旱导致玉米秃尖严重

Fig.2.11.3 Rice failure caused by drought in Hengyang City,Hunan Province　　　Fig.2.11.4 Maize failure caused by drought in Shaodong County,Hunan Province

3. 秋播期西北地区东南部、华北南部、黄淮西北部等地少雨干旱,秋播推迟

9月1日至10月28日,陕西中南部、华北南部、黄淮中北部等地降水较常年同期偏少5～8成,加之气温偏高,土壤失墒较快,陕西中南部、山西南部、河南中西部、河北南部等地出现轻至中度农业干旱,玉米等秋收作物后期灌浆受到影响,河南、山西冬小麦播种进度减缓,陕西关中东部和河南西北部局地冬小麦播期推迟20天以上,已播小麦出苗困难。10月29日之后,北方冬麦区大部出现4次较明显降水过程,河南、陕西和山西大部旱情得以缓解;但陕西关中东部、山西南部、河北中南部等地降水偏少,无灌溉条件地区旱情持续,影响小麦冬前形成壮苗。9月至11月上旬,江西中北部、安徽西南部降水偏少5～8成,部分地区出现旱情,油菜播种进度缓慢,部分已播地区因旱出苗不齐,局地因旱情偏重甚至无法出苗和死苗。

2.11.2 暴雨洪涝

汛期(5—9月),东北地区、华北、西北地区东部、黄淮、江汉、西南地区东部等地出现多次大到暴雨过程。上述部分地区大雨及以上雨量日数比常年同期偏多2～5天,降水量偏多3成至1倍。频繁的强降雨导致黑龙江、吉林、辽宁、甘肃、陕西、山西、河南、山东、河北、安徽、湖北、四川等省部分地区洪涝灾害叠发重发,造成农业设施受损、农田被淹或被冲毁,冬小麦、玉米和水稻等作物出现倒伏烂苗(图2.11.5),果树落花落果严重。其中,5月,我国出现4次大范围强降水过程,甘肃、陕西、山西、山东、河南、福建、安徽、湖北、湖南、江西、广东、广西、四川、重庆、云南、贵州等省(区、市)农作物受灾99.47万公顷;7月上中旬,四川盆地西部出现罕见特大暴雨天气过程,导致农作物受灾28.41万公顷;8月,吉林、辽宁、黑龙江出现区域性暴雨到大暴雨天气,3省农作物受灾215.24万公顷(图2.11.6)。

图 2.11.5 2013 年 5 月 26 日山东枣庄倒伏小麦
Fig. 2.11.5   The lodging winter wheat on May 26,2013 in Zaozhuang City, Shandong Province

图 2.11.6 2013 年 8 月 26 日黑龙江绥滨被淹玉米
Fig. 2.11.6   Maize influenced by flood on August 26，2013 in Suibin County，Heilongjiang Province

2.11.3 低温、阴雨寡照

1. 东北地区低温春涝使春耕春播延迟

3 月上旬至 4 月中旬,东北地区气温持续偏低 2～4℃,尤其 4 月上中旬偏低 4～6℃,为 1961 年以来最低;且上年 10 月至 4 月中旬,东北地区持续多雨雪天气,降水量比常年同期偏多近 7 成,为 1952 年以来同期最多。气温持续偏低、降水偏多导致地温回升和土壤化冻缓慢,大部地区土壤过湿,部分地区出现春涝。低温和春涝"双碰头"使春耕整地和春播延迟,大田作物始播期和适播期均较常年推迟一周左右;5 月上中旬,黑龙江多阴雨天气,旱地播种进一步延迟。但后期热量条件正常,对产量的影响不大。

2. 西北地区东部、华北、黄淮和西南地区夏秋阶段性阴雨寡照总体影响偏轻

7 月,西北地区东部、华北中南部和黄淮东部降雨日数有 15～25 天,日均日照时数为 3～5 小时,多雨寡照不利于棉花开花结铃和玉米健壮生长,对棉花产量形成造成一定影响。9 月,四川盆地中西部、云南西部、重庆部分地区雨日有 15～24 天,持续阴雨天气影响玉米、一季稻等秋收作物灌浆成熟和收获晾晒,云南西部秋收进度减缓;连阴雨也造成甘薯等在地作物茎叶徒长、大豆荚果小、籽粒不饱满等;同时,长时间阴雨也导致部分地区土壤过湿,油菜、秋播蔬菜等播种困难。总体上,阴雨寡照较常年和上年时间偏短、影响程度偏轻。

3. 晚稻抽穗扬花期遭遇寒露风,但影响范围小、程度偏轻

9 月南方稻区出现两次寒露风天气过程,总体影响不大。9 月 2—6 日,江汉南部、江南西部出现了 3～5 天日平均气温低于 22℃ 的轻度寒露风天气过程,对湖北西南部、湖南西北部正值抽穗扬花期的晚稻造成影响,结实率下降;但江南大部晚稻尚未进入抽穗期,加之低温持续时间短,寒露风危害较轻。9 月 25—28 日,江南、华南西北部出现日平均气温低于 20℃ 的寒露风天气,江南大部晚稻已齐穗,对晚稻结实影响不大,仅广西北部部分地区晚稻抽穗扬花略受影响。

2.11.4 雪灾、寒害和冻害

1. 北方畜牧业及设施农业遭受较重雪灾,影响程度略重于上年

1—2 月,东北地区中北部、内蒙古中东部、新疆北部以及西藏南部积雪深度较去年偏厚,黑龙江、内蒙古、辽宁等地部分地区降雪强度或积雪深度超过历史极值,大部地区积雪覆盖持续时间长达 40 天以上。新疆、内蒙古等地部分地区出现雪灾,牲畜棚圈和温室大棚倒塌损毁,牲畜和设施作

物受冻;积雪偏厚也导致牲畜受困和采食困难,内蒙古中东部部分牧区因饲料短缺发生中至重度白灾。

11月16—20日和24—25日,东北地区中东部出现两次大范围大风雨雪天气,两次降雪过程强度大、范围广、时间长,黑龙江中东部、吉林中东部积雪深度普遍有20~50厘米,部分地区达50~68厘米。降雪对设施农业和畜牧业造成较大影响,导致温室大棚内温度降低、采光困难,蔬菜、花卉等生长受到抑制;大风、积雪造成部分温室大棚和牲畜棚圈损毁、倒塌,蔬菜和牲畜受冻。

2. 江南、华南、西南地区东部等地部分地区遭受寒冻害和雪灾;云南受到的影响较重,其他地区影响偏轻

1月2—5日、8—11日和2月7—9日南方地区出现3次大范围低温雨雪、局地冰冻天气,湖南、江西、浙江、湖北、广东、广西、云南、贵州等省(区)部分现蕾的油菜、蔬菜及部分花卉、香蕉、柑橘、枇杷等遭受寒、冻害。2月中旬末江淮、江汉大部出现较强降雪,安徽中南部、江苏中南部、湖北东南部等地最大积雪深度达5~20厘米,强降雪导致部分油菜机械性损伤、设施大棚坍塌、露地蔬菜受冻,局地影响较重。但总体来看,雨雪冰冻灾害明显轻于异常低温雨雪冰冻灾害的2008年。

12月13—30日,江南、华南、西南地区出现大范围降温天气,云南大部、贵州、两广北部、福建大部出现霜冻,云南中北部和贵州西部、福建西北部日最低气温≤0℃的天数有3~12天;云南南部、华南中北部日最低气温≤5℃的天数有3~16天,部分油菜、花卉、蔬菜、蚕豆以及热带作物、经济林果等遭受寒冻害,畜禽养殖也遭受不利影响;12月15日,云南北部和东部、贵州西部出现小到中雪、局地大到暴雪,积雪厚度有1~6厘米,局地超过10厘米,作物、林木被雪压折倒伏,大棚被雪压垮倒塌。

3. 西北地区东部和华北、黄淮等地部分地区果树花期遭遇霜冻,果业损失较重;粮食作物受到的影响较常年偏轻

春季,北方大部出现多次强降温过程,部分地区出现霜冻害。4月3—5日、6—11日、19—21日,西北地区东部、华北、黄淮先后出现3次强降温过程,陕西中北部、甘肃陇中和东部、宁夏大部以及华北、黄淮部分地区正值开花坐果期的核桃、苹果、桃、李子、梨、杏、樱桃等果树遭受中至重度霜冻害,坐果率约降低30%左右,部分果园基本绝收,核桃、猕猴桃等果树幼苗受冻较重,导致果业损失严重;江苏和浙江茶叶、桑树等也普遍遭受冻害,对当地茶业和蚕桑业造成较大影响。此外,霜冻天气过程还使华北、黄淮部分进入拔节孕穗期且墒情偏差的冬小麦遭受轻至中度霜冻害,穗数和穗粒数不同程度减少,但影响程度较常年偏轻。5月9—10日、13日、29日和6月10—11日,青海东部和北部、甘肃中东部多次日最低温度降至0℃以下,作物、经济林果等遭受晚霜冻害,部分小麦、油菜、马铃薯和豆类等受冻较重。

秋季,初霜期与常年相近,霜冻危害偏轻。9月21—26日,内蒙古大部、新疆北疆、青海大部、东北地区中北部出现霜冻,部分地区棉花、马铃薯等经济作物产量与质量下降,其中露地蔬菜受灾较重;霜冻也对部分晚熟春玉米灌浆收储造成影响。

2.11.5 台风

年内影响我国台风较常年偏多,造成灾害偏轻。先后有"贝碧嘉"、"温比亚"、"苏力"、"西马仑"、"飞燕"、"尤特"、"潭美"、"菲特"、"天兔"9个台风登陆我国,另外还有"百合"、"蝴蝶"、"海燕"等台风影响我国,登陆地点集中在华南沿海,广东、广西、海南、福建、浙江、江西、湖南等地遭受一定影响,但对农业影响总体较去年和常年同期偏轻。台风带来的强风暴雨导致华南、江南等地部分地区遭受暴雨洪涝和大风灾害,造成作物倒伏、经济林果茎枝折断或落果(图2.11.7、图2.11.8);农田被淹、蔬菜大棚等农业设施受损;养殖棚圈受淹、倒塌,畜禽大量死亡;狂风巨浪还引发海水倒灌,导致部分水产养殖鱼塘(池)漫塘或被冲毁,给当地种植业和渔业生产造成一定损失。

图 2.11.7 "菲特"致使浙江温州柚子被刮落

Fig. 2.11.7 Grapefruit damaged by typhoon "Fitow" in Wenzhou City, Zhejiang Province

图 2.11.8 "天兔"致使广东东部香蕉拦腰折断

Fig. 2.11.8 Banana damaged by typhoon "Usagi" in eastern Guangdong province

2.11.6 大风、冰雹

春夏季强对流天气较多,大风、冰雹发生呈现局地性、分散性、分布广的特点,在全国各地均有不同程度发生,但影响整体偏轻。其中,3月中旬末至下旬初南方地区出现一次大范围、区域性大风、冰雹等强对流天气过程,浙江、福建、江西、湖北、湖南、广东、广西、贵州等地遭受风雹灾害,作物受灾面积达18.03万公顷;4月中下旬有两次大风冰雹强天气过程,福建、湖南、广西、四川、贵州、云南、新疆等省(区)遭受风雹灾害;5月,新疆、甘肃、陕西、山西、河北、山东、江苏、江西、湖北、福建、四川、贵州、云南等省(区)农作物遭受大风、冰雹灾害面积达2.9万公顷;6月,西北、东北、西南及内蒙古地区出现分散性风雹灾害,内蒙古、黑龙江、浙江、甘肃、陕西、山西、河北、河南、云南、吉林、浙江、四川、贵州、云南等省(区)受灾;7月,北京、内蒙古、新疆、黑龙江、陕西、河北、山西、河南、湖北、重庆、云南等省(区、市)农作物遭受冰雹灾害面积达18.4万公顷;8月,新疆、内蒙古、甘肃、陕西、辽宁、吉林、山西、河北、河南、山东、江苏、安徽、湖北、湖南、重庆、四川、云南等省(区、市)作物遭受大风、冰雹灾害面积达53.9万公顷;9月北方部分地区出现遭受风雹袭击,吉林、四川、甘肃、陕西、山东、山西等省部分地区受灾。

2.12 森林草原火灾

2.12.1 基本概况

2013年,我国气候年景正常,降水总体偏多,气温偏高。全国全年的森林草原火灾发生较多的时间在1月至3月和10月至12月期间,地区主要分布在北方的黑龙江省、内蒙古自治区、河南省和陕西省;南方的福建省、广东省、广西壮族自治区、贵州省、湖北省、湖南省、江西省、云南省。其中湖南省和云南省火点多于其他省(区)。主要火灾事件有云南省的丽江、玉龙、大理、禄丰的森林火灾,山东省的青岛森林火灾,山西省的长治市森林火灾。东北林区火点少于近年同期。影响我国边境的较大境外草原火情包括蒙古国东部草原火以及俄罗斯靠近我国边境的草原火。2013年森林火灾发生次数和2012年相比增加了约30%,和近6年平均值相比减少约2%;2013年草原火灾发生次数和2012年相近,和近6年平均值相比减少近20%。图2.12.1和图2.12.2分别显示以行政区划划分的 2013 年卫星遥感全国森林火点分布和草场火点分布。表 2.12.1 列出 2013 年气象卫星监测的我国林火分布统计数据，表 2.12.2 列出 2013 年气象卫星监测的我国草原火分布统计数据。

表 2.12.1　2013 年气象卫星监测我国林区火点分省统计

Table 2.12.1　Provincial monthly forest fire spot numbers monitored by meteorological satellite over China in 2013

	发生于林地火点数统计(5842 个)												
	1月	2月	3月	4月	5月	6月	7月	8月	9月	10月	11月	12月	总计
安徽省	4	0	65	4	0	11	0	1	1	6	2	26	120
福建省	42	15	64	12	0	0	0	0	4	15	12	31	195
甘肃省	0	0	5	0	0	0	0	0	0	0	0	1	6
广东省	140	25	185	3	2	4	0	1	6	36	14	142	558
广西壮族自治区	24	33	192	22	10	5	4	1	4	32	14	154	495
贵州省	9	96	123	13	0	0	0	5	1	1	2	17	267
河北省	0	2	7	2	0	0	0	0	0	5	0	5	21
河南省	0	4	56	14	0	2	0	0	0	4	1	4	85
黑龙江省	0	0	0	120	84	0	0	0	4	270	91	0	569
湖北省	9	19	168	28	0	4	0	8	3	5	11	79	334
湖南省	63	14	755	5	0	0	0	42	8	31	14	160	1092
吉林省	0	0	1	4	5	1	0	0	1	1	0	0	13
江苏省	0	0	2	0	0	2	0	0	0	2	0	3	9
江西省	73	6	206	14	0	0	1	6	8	9	10	128	461
辽宁省	0	3	1	3	2	0	0	0	0	0	3	1	13
内蒙古自治区	0	0	0	65	59	0	0	1	13	131	31	1	301
青海省	0	1	0	0	0	0	0	0	0	0	0	0	1
山东省	0	0	2	3	0	0	0	0	1	5	0	12	23
山西省	0	2	16	5	1	0	0	0	0	1	0	0	25
陕西省	2	3	39	5	2	0	0	0	0	0	1	2	54
四川省	41	60	28	6	2	2	0	0	0	0	5	16	160
西藏自治区	13	36	17	0	1	2	0	0	0	0	0	15	84
新疆维吾尔自治区	0	0	1	0	0	0	0	1	1	0	0	0	3
云南省	196	213	282	99	27	21	0	1	1	0	3	27	870
浙江省	1	1	41	11	0	0	0	4	0	2	1	15	76
重庆市	1	0	3	0	0	0	0	0	0	0	0	0	4
海南省	0	0	0	0	0	0	0	0	0	1	0	0	1
北京市	0	0	0	0	0	0	0	0	0	0	0	1	1
台湾省	0	0	0	0	0	0	0	0	0	0	0	1	1

表 2.12.2　2013 年气象卫星监测我国草原火点分省统计表
Table 2.12.2　Provincial monthly grassland fire spot numbers monitored by meteorological satellite over China in 2013

	1月	2月	3月	4月	5月	6月	7月	8月	9月	10月	11月	12月	总计
	发生于草地火点数统计(2333 个)												
安徽省	0	0	2	0	0	0	0	0	0	0	0	1	3
福建省	0	0	1	1	0	0	0	0	0	0	0	0	2
甘肃省	0	0	3	2	0	0	0	0	0	1	0	0	6
广东省	2	0	1	1	0	1	0	1	0	1	0	1	8
广西壮族自治区	3	3	73	34	0	1	0	1	2	10	1	6	134
贵州省	0	0	50	48	19	0	0	0	0	5	2	8	132
河北省	2	2	30	15	1	0	0	0	0	0	0	1	51
河南省	8	2	16	28	2	4	0	2	0	6	5	0	73
黑龙江省	0	0	0	2	0	4	0	0	1	2	1	0	10
湖北省	0	7	62	71	7	0	0	11	1	70	128	0	357
湖南省	1	0	4	0	0	0	0	0	0	0	0	0	5
吉林省	0	7	63	42	0	0	0	0	0	2	0	3	117
江西省	5	0	3	16	4	0	0	0	0	4	11	0	43
辽宁省	0	0	0	0	0	1	0	0	0	0	0	0	1
内蒙古自治区	2	13	60	42	0	0	0	0	2	4	2	5	130
宁夏回族自治区	0	0	1	10	0	0	0	0	0	1	0	0	12
青海省	14	5	48	111	21	2	1	3	16	39	39	0	299
山东省	3	1	0	0	2	0	0	0	0	23	1	0	30
山西省	0	0	1	1	0	0	0	0	0	0	0	0	2
陕西省	0	0	1	1	0	7	0	0	0	0	2	0	11
四川省	0	2	4	22	1	4	0	0	0	13	13	0	60
西藏自治区	0	0	4	7	0	2	0	0	0	1	2	1	17
新疆维吾尔自治区	21	30	10	11	5	0	0	0	0	0	2	6	85
云南省	2	3	7	1	1	0	0	0	0	0	1	0	15
浙江省	0	1	2	35	3	2	5	0	1	13	15	0	77
重庆市	57	132	47	33	21	2	0	1	0	1	0	11	305
江苏省	0	0	1	0	0	0	0	0	0	0	0	0	1

注:火点即卫星监测到的一处火区,各火点范围根据火区大小而有所不同,即各火点所含像元数随火区大小而异。林地、草原火点主要参考地理信息数据。

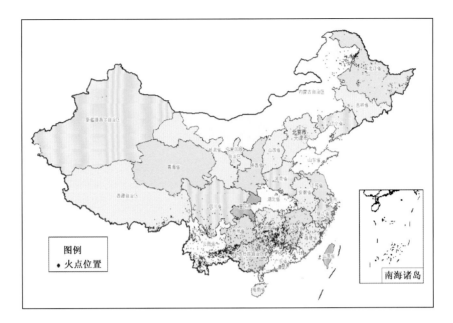

图 2.12.1　2013 年卫星监测全国林地火点分布示意图（按行政区划）

Fig. 2.12.1　Distribution of forest fire spots monitored by meteorological satellite over China in 2013

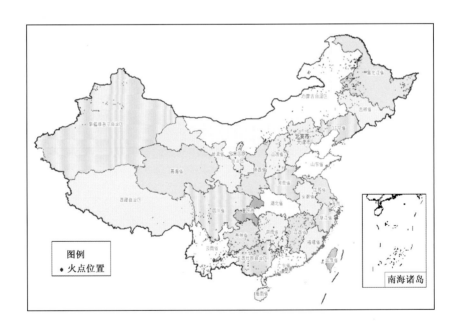

图 2.12.2　2013 年卫星监测全国草场火点分布示意图（按行政区划）

Fig. 2.12.2　Distribution of grassland fire spots monitored by meteorological satellite over China in 2013

2.12.2　主要森林、草原火灾事件

1. 4 月 23 日发生在云南省楚雄州禄丰县的森林火灾

　　4 月 23 日 14 时 10 分左右，楚雄州禄丰县勤丰镇可里村委会旱冲箐发生森林火灾。经 4 天的时间大火被扑灭。过火面积估计 3000 余亩。由于火场地形复杂、风向多变、风速快，加之多年持续干旱，地面可燃物多，扑火难度大。共投入扑火人员 2800 多人，出动消防车 40 多辆、直升机 3 架。

2. 5月上旬蒙古国蔓延到我国边境草原火灾

5月5日晚，靠近我国呼伦贝尔市边境的蒙古国东部及俄罗斯发生草原大火，火线长达120多千米，当地政府及公安边防军队共组织了300多名扑火人员赶赴现场进行阻截，大火被成功堵截于境外。

2.13 病虫害

2.13.1 基本概况

2013年全国农业病虫害发生程度轻于2012年，重于常年；其中玉米病虫害发生程度接近2012年，小麦、水稻、棉花、油菜和马铃薯病虫害发生较2012年减少（图2.13.1，图2.13.2）。2013年北方大部夏季降水偏多，东北地区、华北西部及内蒙古等地粘虫、玉米螟、马铃薯晚疫病偏重发生；其中，辽宁、内蒙古和山西二代粘虫为近年来较重的一年。受初台风登陆偏早以及夏末至秋季台风登陆个数较多的影响，南方"两迁害虫"稻飞虱、稻纵卷叶螟迁入早，初夏及秋季迁入峰次高，虫量激增速度快，2013年全国稻飞虱总体较常年偏重发生、稻纵卷叶螟中等发生，但较2012年均偏轻。后春北方冬麦区大部晴热少雨，导致小麦穗期蚜虫在山东大部、山西南部等地偏重发生。

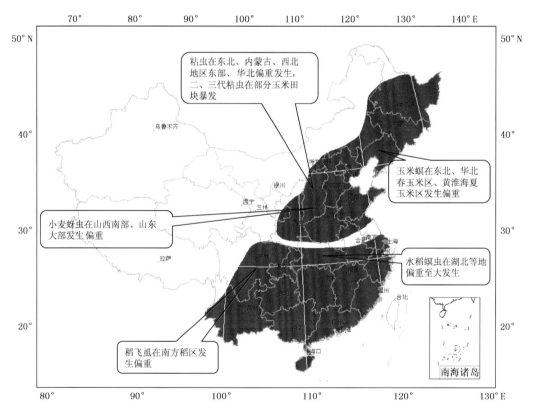

图 2.13.1　2013 年主要农业虫害分布区域

Fig. 2.13.1　Distribution of main agricultural insects over China in 2013

2.13.2 主要病虫害事例

1. 玉米病虫害发生程度与 2012 年基本持平，其中二代粘虫、玉米螟在东北、华北等地重发危害

2013年玉米病虫害发生约8000万公顷次，比2012年增加4%左右，发生面积为1980年以来最大值，造成产量损失较20世纪80年代以来最高的2012年略偏低，粘虫、玉米螟、玉米大斑病均为重发生，与2012年三代粘虫在东北、华北大暴发不同，2013年二代粘虫在东北地区南部、华北西部等

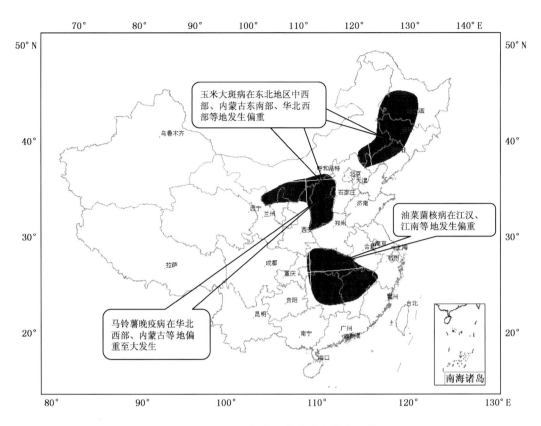

图 2.13.2　2013 年主要作物病害分布区域

Fig. 2.13.2　Distribution of main crop diseases over China in 2013

地发生严重。

　　夏季,北方大部降雨偏多,其中东北地区 7—8 月出现 10 次较强降水天气过程,仅 8 月东北地区平均降水量就达 130.2 毫米,较常年同期(122.2 毫米)偏多 6.6%,为 1999 年以来第二多,仅次于 2010 年(178.4 毫米);华北地区(北京、天津、河北、山西和内蒙古)7 月平均降水量为 188.6 毫米,较常年同期(119.1 毫米)偏多 58.4%,为 1951 年以来第二高值;加之北方春玉米春播期集中、出苗整齐、苗情长势较好,粘虫迁飞和发生发展气象条件以及寄主环境均较为适宜,导致粘虫在东北、内蒙古、西北地区东部、华北等地偏重发生,二代粘虫重于三代粘虫,但全国粘虫总体发生程度较 2012 年偏轻。其中,2013 年辽宁、内蒙古二代粘虫为近年来较重的一年;山西二、三代粘虫大发生,发生面积约 58 万公顷,发生面积和为害程度为近 20 年来罕见,二代粘虫主要发生在山西中北部及晋东南部,三代粘虫主要发生在南部的运城、临汾夏玉米田,以杂草较多、高水肥、播种偏晚的玉米受害较重。

　　夏季持续温暖多雨天气导致玉米大斑病在北方春玉米种植区中等至偏重发生,全国发生程度较近五年平均值偏重,较 2012 年略偏轻。其中,内蒙古鄂尔多斯市、通辽市、赤峰市、兴安盟局部为害严重,局部地块玉米大多枯死;山西玉米大斑病发生超 53 万公顷,占到播种面积的约 33%,盛发期大同、朔州、忻州、吕梁、晋中、阳泉等地重发田块病情严重,忻定盆地、晋中东山等重发地玉米秃尖和秕穗严重,特别是一些低洼下湿地玉米大斑病和茎基腐病混合发生,对产量造成极大影响。

　　2013 年全国玉米螟总体偏重发生,发生面积约 2450 万公顷次,较 2012 年增加约 1.4%,持续自 2003 年以来逐年上升态势。其中一代玉米螟发生约 1140 万公顷次,二代玉米螟发生约 830 万公顷次,三代玉米螟发生 480 万公顷次左右;重发区域主要在东北和华北春玉米区、黄淮海夏玉米区,发生面积为近 20 年来最大值。

2. 水稻病虫害较 2012 年总体偏轻发生,但"两迁"害虫仍为中等至偏重年份

2013 年全国水稻病虫害共发生约 9330 万公顷次左右,比 2012 年减少 10.8%,以稻飞虱、稻纵卷叶螟、水稻螟虫、纹枯病为主。其中,稻飞虱发生 2700 万公顷次左右,较 2012 年减少约 15%,总体偏重发生,江南、西南地区东部、长江流域局部大发生,呈现早稻轻于 2012 年而一季稻、晚稻重于 2012 年的发生特点。稻纵卷叶螟为 1580 万公顷次左右,较 2012 年约减少 12%,低于常年平均值,总体中等发生,长江流域局部偏重至大发生,呈现"一季稻、晚稻重于早稻"的特点。

2013 年 5—6 月,南方稻区气温略偏高,其中西南地区大部和江南气温偏高 1~2℃,且强对流天气频繁发生,较常年偏多 2~4 天,先后出现 9 次大范围降雨,尤其是 6 月 22 日首个登陆台风"贝碧嘉"登陆较常年偏早 7 天,非常利于"两迁害虫"稻飞虱、稻纵卷叶螟的迁入和发生发展。稻飞虱、稻纵卷叶螟迁入早,虫量高,华南早稻稻飞虱中等发生,重于 2012 年。7 月至 8 月中旬,南方大部地区出现持续晴热高温少雨天气,江南、江汉、江淮及黔渝等地出现 20~49 天日最高气温≥35℃的高温天气,大部地区降水较常年同期偏少 5 成以上,部分地区旱情发生发展,受其影响,两迁害虫的发生繁殖和扩散曾受到一定程度的抑制,田间虫卵量明显减少。但 8 月下旬后随着"尤特"、"潭美"、"天兔"、"菲特"等登陆台风和降水明显增多,两迁害虫发生势头激增。加之 9 月中旬至 10 月上中旬温度适宜,长江中下游晚稻田百穴虫量达 500~1000 头,普遍较 9 月上旬上升 50% 以上;9 月下旬卵孵盛期,虫量继续上升,局地稻田出现"冒穿",如福建建瓯水稻稻飞虱发生严重,约 1333 万公顷暴发,冒穿田块较多。2013 年,水稻螟虫在长江中下游水稻常发区普遍轻发生,湖北、安徽、江西等地丘陵、沿江沿湖等局部田块发生严重,田间虫量达到大发生程度;如湖北一代螟虫大发生、二代中等偏重发生。

2013 年水稻病害发生比较明显的为纹枯病,发生面积约 1690 万公顷,总体为中等偏重发生,轻于 2012 年,但重于常年。南方水稻黑条矮缩病在华南、江南、西南稻区一季稻和晚稻见病范围广,但明显轻于大流行的 2010 年。稻瘟病偏轻发生,发生程度轻于 2012 年。

3. 小麦病虫害总体偏轻发生,但蚜虫在部分地区偏重发生

2013 年小麦病虫害发生约 5730 万公顷次,比 2012 年减少近 16%。其中,小麦赤霉病发生面积比 2012 年减少 85.2%,条锈病减少 51.7%,蚜虫减少 22.3%。

4 月上中旬,北方大部麦区出现 3 次大范围霜冻天气,甘肃陇中和东部、宁夏、陕西中北部、山西大部等地累计霜冻日数为 4~10 天,河北中南部、山东、河南大部、江苏和安徽北部、陕西南部霜冻日数为 1~3 天,利于冻杀越冬后病虫,降低春季小麦病虫发生基数。5 月上中旬,华北、黄淮西部和西北地区东北部等地冬麦区气温偏高 1~4℃,并出现了 3~8 天日最高气温≥30℃的晴热天气,降水大部偏少 5 成至 1 倍,温高雨少,部分地区出现旱情,不利于小麦病害发生发展,但对小麦蚜虫短期内激增有一定促进作用。山西南部及山东大部等地小麦穗期蚜虫偏重发生,其余大部麦区中等至偏轻发生。2013 年全国小麦蚜虫共发生 1570 万公顷左右,明显轻于连续重发的近 5 年,接近 2001 年以来的平均值。全国小麦赤霉病发生面积约 400 万公顷,接近历年平均值;其中,江苏、上海、湖北、重庆、新疆伊犁河谷中等发生,其余大部麦区偏轻发生。

西南小麦锈病冬繁区冬季温高雨少,2013 年 1 月至 5 月中旬发生冬春连旱,条锈病菌冬繁受到抑制,对春季小麦条锈病发生和扩散蔓延也有一定程度的减轻作用。2013 年全国小麦条锈病发生约 138 万公顷,是 2001 年以来第二轻发的年份;其中,湖北西北部小麦条锈病中等发生,西南、西北和江淮麦区偏轻发生,黄淮、华北麦区轻发生。

4. 马铃薯晚疫病高于近 5 年平均值,为 2008 年以来仅次于 2012 年的第二高年

2013 年马铃薯病虫害总体中等发生,病害重于虫害,发生面积近 670 万公顷次,比 2012 年减少

约 4.4%，低于近 5 年来平均值，造成产量损失较近 5 年来最高的 2012 年略偏低。受入夏后北方大部降雨偏多、农田空气湿度大的影响，马铃薯晚疫病发生程度是 2008 年以来仅次于 2012 年的第二高年，在华北西部及内蒙古等地偏重发生；其中，山西马铃薯晚疫病大发生，发生面积近 14 万公顷，占马铃薯播种面积的 58.1%，特别在平川区发病田达到 100%，发病株率为 80%～90%，造成马铃薯植株成片死亡。

5. 油菜病虫害、棉花病虫害和农牧交错区草原蝗虫总体均为中等发生

2013 年全国油菜病虫害发生约 750 万公顷次，比 2012 年减少约 11%，略低于 2001 年以来的平均值。其中油菜菌核病发生约 216 万公顷、较 2012 年减少约 33%，偏重发生区域主要在江汉、江南地区。

2013 年全国棉花病虫害发生约 1985 万公顷次，比 2012 年减少近 11%，造成产量损失较 2012 年略偏少，以棉盲蝽、棉蚜、棉铃虫等为主。其中，棉盲蝽在河北、山西及江苏、湖北等地偏重发生；棉花伏蚜在新疆因夏季多晴少雨和阶段性高温而偏重发生。

第3章 每月气象灾害事记

3.1 1月主要气候特点及气象灾害

3.1.1 主要气候特点

1月,全国平均气温较常年同期略偏低,平均降水量较常年同期明显偏少。月内,我国中东部地区大范围雾霾天气严重;南方部分地区遭受低温雨雪冰冻灾害,北方局地遭受雪灾;云南北部、贵州西部、四川南部等地气象干旱持续。

月降水量与常年同期相比,华北大部及内蒙古中东部、黑龙江西南部、吉林中西部、山东北部、青海东南部和西北部、甘肃西部、新疆东部部分地区、西藏西南部等地普遍偏多2成至2倍,部分地区偏多2倍以上;全国其余大部地区偏少2~8成,其中华南地区东部及江西北部、四川南部、云南西北部、西藏中部、南疆大部、内蒙古西部、甘肃部分地区、关中西部等地偏少8成以上(图3.1.1)。

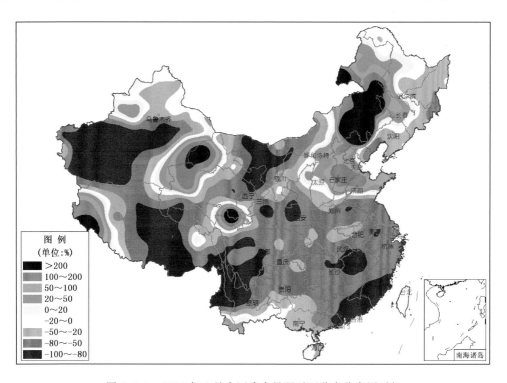

图 3.1.1 2013 年 1 月全国降水量距平百分率分布图(%)

Fig. 3.1.1 Precipitation anomalies over China in January 2013 (unit:%)

月平均气温与常年同期相比,东北大部及内蒙古东部、河北中南部、山东西北部、河南中北部、新疆中部、西藏西部等地偏低1~4℃,局部偏低4℃以上;北疆部分地区、内蒙古中西部、宁夏大部、陕北北部等地偏高 1～2℃；全国其余大部地区接近常年（图 3.1.2）。

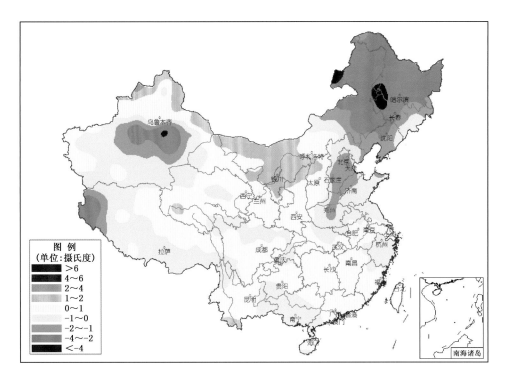

图 3.1.2　2013 年 1 月全国平均气温距平分布图（℃）

Fig. 3.1.2　Mean air temperature anomalies over China in January 2013（unit：℃）

3.1.2　主要气象灾害事记

1 月，我国雾霾天气十分频繁，中东部地区大范围雾霾天气严重。全国雾霾平均日数为 4.4 天，比常年同期偏多 1.4 天，为 1961 年以来最多。月内，全国共出现了 4 次较大范围的雾霾天气过程，涉及 25 个省（区、市），部分地区能见度不足 100 米，其中 1 月 7—13 日的过程持续时间长、范围广、强度强。

1 月上半月，我国南方多低温阴雨（雪）天气，大部地区气温较常年偏低 2～4℃，部分地区偏低 4℃以上；贵州、湖南、江西大部地区出现 1～6 天、局部 6～9 天的冻雨天气，普遍比常年同期偏多 1～4 天，部分地区偏多 4 天以上。月内，我国北方普遍出现降雪，其中东北大部及内蒙古东部、新疆北部等地降雪日数有 6～15 天，新疆局部地区超过 15 天。黑龙江、新疆、内蒙古及西藏的局部地区发生雪灾。

2012 年 10 月至 2013 年 1 月，我国西南大部地区降水量不足 100 毫米，四川西南部和云南北部仅 10～50 毫米。其中，1 月西南大部降水量不足 10 毫米，普遍较常年同期偏少 5 成以上，部分地区气象干旱持续发展。1 月底，云南北部、四川南部、贵州西部存在中到重度气象干旱。

3.2　2 月主要气候特点及气象灾害

3.2.1　主要气候特点

2 月，全国平均气温较常年同期偏高，平均降水量较常年同期偏少。我国中东部地区出现大范围雾霾天气；江苏、安徽、湖北等省遭受雪灾；云南中北部、四川南部、贵州西部等地气象干旱持续。

月降水量与常年同期相比，除东北大部、内蒙古东部、华北东南部以及江苏大部、安徽大部、青海东南部、宁夏南部、甘肃中部、西藏西南部、新疆东部和中部部分地区偏多2成至2倍,部分地区偏多2倍以上以外,全国大部地区偏少或接近常年,其中西南地区东部、华南大部及江西南部、湖南南部、湖北西部、内蒙古中西部、宁夏北部、青海西北部、新疆西南部等地偏少5成以上(图3.2.1)。

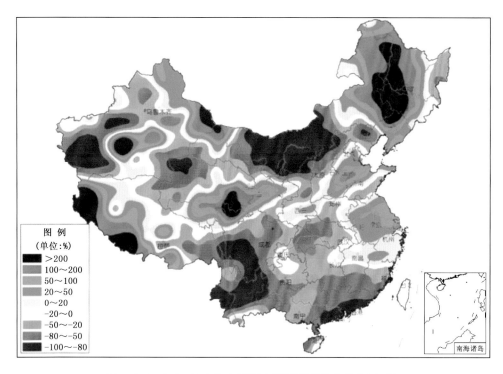

图例
(单位:%)
>200
100~200
50~100
20~50
0~20
-20~0
-50~-20
-80~-50
-100~-80

图 3.2.1 2013 年 2 月全国降水量距平百分率分布图(%)
Fig. 3.2.1 Precipitation anomalies over China in February 2013(unit:%)

月平均气温与常年同期相比,除东北大部、内蒙古中东部、华北中北部以及新疆北部、西藏西部等地偏低 1~4℃,局部偏低 4℃以上外,全国大部地区接近常年或偏高,其中西北大部、西南大部、华南、江南南部及山西等地偏高 1℃以上,云南大部、四川南部、青海大部、广东大部、福建大部、江西南部等地偏高 2~4℃,局部偏高 4℃以上(图3.2.2)。

3.2.2 主要气象灾害事记

2月,我国雾霾天气十分频繁。全国雾霾平均日数为 3.4 天,比常年同期偏多 1.4 天。雾霾天气主要出现在我国中东部地区,与常年同期相比,大部地区雾霾日数偏多,其中华北南部、黄淮、江淮、江南东北部及重庆西部、四川东南部等地一般偏多 3~10 天,江苏北部、河南中部部分地区偏多 10 天以上。

2月18—19日,江淮、江南北部及湖北等地出现明显雨雪天气,安徽、江苏两省淮河以南地区及湖北、安徽等省局部地区出现大到暴雪,降雪量普遍在 10 毫米以上。其中,安徽含山最大积雪深度达 22 厘米,创 1961 年以来 2 月极值。此次过程持续时间短,但降雪强度大,对部分地区设施农业和越冬作物造成较大危害。

2012 年 10 月至 2013 年 2 月,四川西南部、云南北部降水量仅 10~50 毫米,比常年同期偏少 5~8 成。其中,2 月云南大部、贵州西部、四川大部降水量不足 10 毫米,比常年同期偏少 5 成以上。同时,四川西南部、云南大部、贵州西部气温偏高 2~4℃。降水持续偏少,气温偏高,导致云南中北部、四川南部、贵州西部等地气象干旱持续发展,普遍出现了中到重度气象干旱,局部地区出现特旱。截至 2 月底,干旱共造成云南、四川两省 513.9 万人受灾,58.4 万头大牲畜饮水困难;农作物受

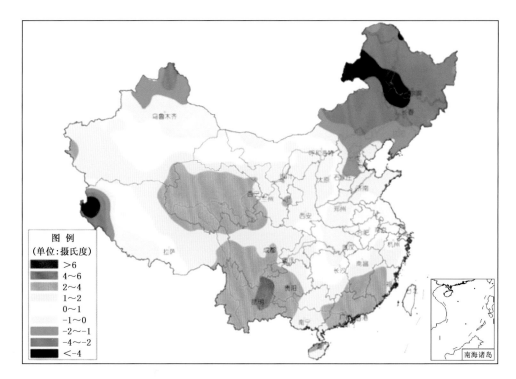

图 3.2.2 2013 年 2 月全国平均气温距平分布图(℃)

Fig. 3.2.2 Mean air temperature anomalies over China in February 2013 (unit:℃)

灾面积 47.4 万公顷,其中绝收面积 6.6 万公顷;直接经济损失 20.5 亿元。

3.3 3月主要气候特点及气象灾害

3.3.1 主要气候特点

3月,全国平均气温较常年同期偏高,平均降水量较常年同期偏少。月内,我国雾霾天气为1961年以来同期最多;南方强对流天气为近 15 年来同期最多;北方出现 3 次沙尘天气过程;云南中北部、四川南部、贵州西部气象干旱有所缓和,西北地区东部及河南、山西等地气象干旱发展;东北大部降雪偏多。

月降水量与常年同期相比,西北大部、华北大部、黄淮、江淮大部、江汉北部、四川盆地大部以及内蒙古中部和西部、西藏部分地区、云南大部、福建大部、江西南部等地偏少 2 成以上,其中华北西部和南部、西北大部及内蒙古西部等地偏少 8 成以上;内蒙古东部大部、黑龙江西部、四川部分地区、贵州大部、湖南西南部、广西东部、广东西部、海南等地偏多 2 成至 2 倍,局部偏多 2 倍以上;全国其余大部地区接近常年(图 3.3.1)。

月平均气温与常年同期相比,除东北大部及内蒙古东部偏低 1~4℃,局部偏低 4℃ 以上外,全国大部地区接近常年或偏高,其中华南西部和北部、江南中部和西部、江淮西部、江汉、西南地区东部、西北大部、黄淮西部、华北西部及内蒙古中部和西部普遍偏高 2~4℃,新疆北部和东部、甘肃大部、宁夏、内蒙古西部、陕西西部、四川东部、贵州中部等地偏高 4~6℃,北疆北部偏高达 6℃ 以上(图 3.3.2)。

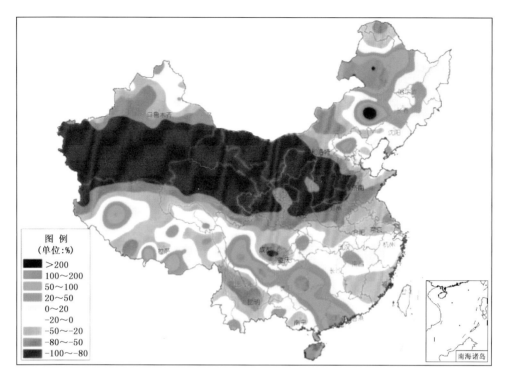

图 3.3.1　2013 年 3 月全国降水量距平百分率分布图(%)

Fig. 3.3.1　Precipitation anomalies over China in March 2013（unit：%）

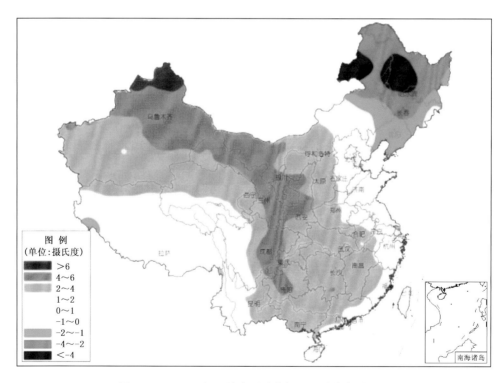

图 3.3.2　2013 年 3 月全国平均气温距平分布图(℃)

Fig. 3.3.2　Mean air temperature anomalies over China in March 2013（unit：℃）

3.3.2　主要气象灾害事记

3月,全国雾霾日数为3.4天,比常年同期偏多1.2天,为1961年以来历史同期最多。雾霾天气主要出现在我国中东部地区,雾霾日数普遍在3天以上,其中华北部分地区、黄淮东南部与西部、江淮中东部、江汉西部、江南北部与西部、华南中东部部分地区及重庆西部、四川东南部、云南西南部等地在5~15天,江苏大部超过15天。与常年同期相比,上述地区雾霾日数普遍偏多2~8天,其中江苏、浙江中北部等地偏多8天以上。

3月,我国南方地区强对流天气频繁,平均强对流日数为5.2天,是近15年来同期最多。18—20日,湖南、贵州、广西、江西、福建、广东6省(区)共有150多个县(市、区)遭受风雹袭击;22—24日,湖南、贵州、福建、广西、江西、广东6省(区)又有140多个县(市、区)遭受风雹袭击。

3月,北方地区出现3次沙尘天气过程,较2000—2012年同期偏少1.2次。其中,有2次扬沙过程,1次沙尘暴过程。8—11日,受强冷空气影响,北方地区出现2013年以来最强沙尘天气过程,覆盖范围约280万平方千米。

西南大部地区自2012年10月至2013年3月上旬降水量不足150毫米,较常年同期偏少3~8成,气温普遍偏高1~2℃,导致云南、四川和贵州西部等地气象干旱持续发展。3月中下旬,西南地区东部普遍出现10~50毫米降雨,云南中北部、四川南部、贵州西部气象干旱有所缓和。西北地区东部及河南、山西等地入春以来降水稀少,降水量不足10毫米,普遍较常年同期偏少5成以上,加之气温明显偏高,致使春旱露头并持续发展。

月内,东北大部及内蒙古东部等地降雪日数有3~9天,部分地区达9~15天。东北三省平均降水量达16.7毫米,比常年同期偏多22.2%。黑龙江全省平均最大积雪深度为28.2厘米,比常年同期偏多17.8厘米,居1961年以来第1位。降雪比较频繁,有利于增加水资源、降低森林火险气象等级,但对交通运输、设施农业和城市设施维护等有不利影响。

3.4　4月主要气候特点及气象灾害

3.4.1　主要气候特点

4月,全国平均气温与常年同期持平,平均降水量较常年同期略偏少。月内,东北3省持续低温且多雨雪天气;南方强对流天气较频繁;北方冬麦区出现1月以来最强降水;北方地区出现2次沙尘天气过程;云南、四川部分地区气象干旱持续发展,北方冬麦区大部气象干旱缓和;部分省(区、市)遭受暴雨袭击。

月降水量与常年同期相比,内蒙古东部、吉林西南部、辽宁西北部、新疆中部与天山一带、甘肃西部与南部部分地区、青海南部与东北部、西藏中北部与东部部分地区、四川南部部分地区、贵州东北部、湖南西南部、广西南部与北部部分地区、广东西南部与东南部等地一般偏多2~5成,部分地区偏多5成以上;全国其余地区接近常年或偏少,其中东北地区北部、西北大部、华北大部、黄淮大部及内蒙古中部和西部、江苏、安徽、福建北部、广西中西部、云南大部、重庆北部等地一般偏少2~8成,部分地区偏少8成以上(图3.4.1)。

月平均气温与常年同期相比,东北及内蒙古中东部、河北大部、山东北部、广东中东部等地一般偏低1~4℃,部分地区偏低4℃以上;西北大部、四川盆地及云南中西部、西藏西北部等地一般偏高1~2℃,部分地区偏高2℃以上;全国其余大部地区接近常年(图3.4.2)。

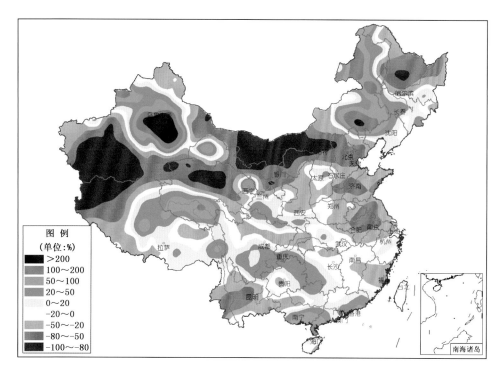

图 3.4.1 2013 年 4 月全国降水量距平百分率分布图(%)

Fig. 3.4.1 Precipitation anomalies over China in April 2013 (unit:%)

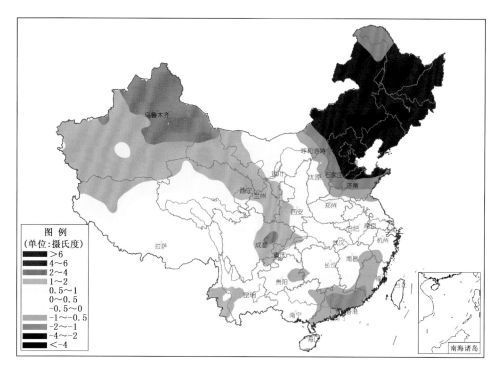

图 3.4.2 2013 年 4 月全国平均气温距平分布图(℃)

Fig. 3.4.2 Mean air temperature anomalies over China in April 2013 (unit:℃)

3.4.2 主要气象灾害事记

2012 年 12 月以来,东北地区气温持续偏低。2013 年 4 月东北 3 省平均气温仅为 4.5℃,为

1961 年以来历史同期第三低(1980 年最低,平均气温为 4℃,2010 年次低,平均温度为 4.2℃),导致土壤化冻推迟。与此同时,东北地区多雨雪天气,2012 年 11 月至 2013 年 4 月全区平均降水量达 120.7 毫米,较常年同期偏多 66.5%,为 1961 年以来最多,导致部分地区土壤过湿。低温和春涝"双碰头"对东北农区春耕备耕和适时春播造成不利影响。

4 月,我国南方地区强对流天气频繁,大部地区强对流日数较常年同期偏多。17—21 日,南方地区出现较大范围的强对流天气,湖南、贵州、广西、江西、福建 5 省(区)共有 50 多个县(市、区)遭受雷雨大风、冰雹或龙卷风袭击。

4 月 18 日夜间开始至 20 日,北方冬麦区出现 1 月以来最强的一次降水天气过程,其中陕西东北部、山西、河北中南部和山东北部等地出现雨转雪、降雪或雨夹雪,局部出现暴雪,河北中南部 35 县(市)、山西 4 县(市)突破历史最晚终雪日期。此次降水为冬麦区增加水资源约 129 亿吨,土壤增墒补墒作用明显,对缓解部分地区旱情、降低森林草原火险气象等级和净化空气等都十分有利。但受雨雪天气影响,华北、黄淮等地出现较大范围霜冻,河北、山东、山西等省农作物遭受低温冻害或雪灾。

4 月,北方地区出现 2 次沙尘天气过程,较 2000—2012 年同期(5.2 次)明显偏少,其中 1 次扬沙,1 次沙尘暴过程。17—18 日,新疆南疆盆地、内蒙古西部、甘肃中西部、宁夏大部、陕西中部、河南中部等地陆续出现沙尘天气,其中南疆、甘肃、宁夏、内蒙古的局地出现沙尘暴,新疆民丰出现强沙尘暴。

3.5 5 月主要气候特点及气象灾害

3.5.1 主要气候特点

5 月,全国平均气温较常年同期偏高,平均降水量较常年同期偏多。月内,南方暴雨频发,湖南、江西、广东、福建等省部分地区洪涝灾害较重;全国 20 个省(区、市)遭受风雹袭击,其中云南、贵州、湖北、江西、山东、甘肃、山西等省局部受灾较重;西南、西北、华北南部等地气象干旱缓和,华北北部等地气象干旱持续或发展;北方地区出现 1 次沙尘天气。

月降水量与常年同期相比,内蒙古东北部、东北北部、西北地区南部、四川盆地、黄淮、华北西南部、江汉大部、江淮大部、华南东部及江西南部、贵州中部、云南东部、西藏东部和北部等地偏多 2 成至 1 倍,部分地区偏多 1 倍以上;华北中部和北部、东北南部及内蒙古中部和西部、陕西北部、甘肃西部、新疆东部和中部、西藏西南部、浙江中部等地偏少 2~8 成,局部偏少 8 成以上;全国其余大部地区接近常年(图 3.5.1)。

月平均气温与常年同期相比,除新疆北部偏低 1℃左右外,全国大部分地区接近常年或偏高,其中东北大部、华北大部、西北中东部偏北地区、黄淮西部及浙江、内蒙古西部等地偏高 1~2℃,内蒙古中部和东部、黑龙江大部、吉林西北部、山西北部偏高 2℃以上(图 3.5.2)。

3.5.2 主要气象灾害事记

5 月,我国南方暴雨过程十分频繁。据统计,南方地区 5 月平均降水量为 188.1 毫米,较常年同期偏多 32.2 毫米,为 1976 年以来第二多。月内,南方出现 4 次大范围强降水天气过程(5 月 6—10 日、14—17 日、19—22 日、25—27 日),其中前 3 次过程降雨强度较大,影响范围较广,湖南、江西、广东、福建等省部分地区受灾较为严重。

5 月 6—10 日,南方出现大范围强降雨过程,重庆中部、湖北中南部、安徽中南部、湖南、江西、贵州中东部、广西北部和中东部、广东中西部等地的部分地区累计降雨量有 100~200 毫米,局地超过

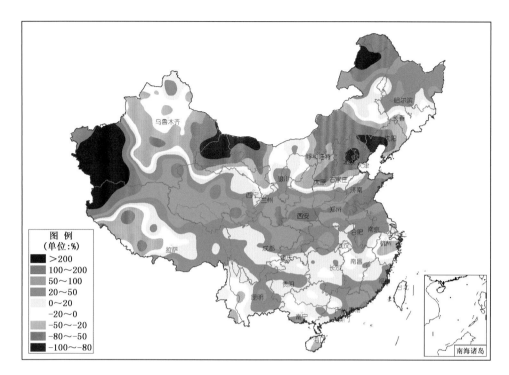

图 3.5.1 2013 年 5 月全国降水量距平百分率分布图(%)

Fig. 3.5.1 Precipitation anomalies over China in May 2013 (unit:%)

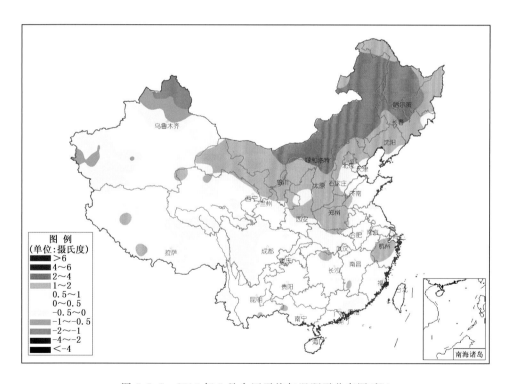

图 3.5.2 2013 年 5 月全国平均气温距平分布图(℃)

Fig. 3.5.2 Mean air temperature anomalies over China in May 2013 (unit:℃)

200 毫米。5 月 14—17 日,南方地区再次出现大范围强降雨天气,其中湖南东部和南部、江西部分地区、广西东北部、广东北部和东部沿海、福建南部沿海、江苏南部等地累计降水量有 120～220 毫米,广东清远、韶关、汕尾及湖南株洲、永州等地达 250～409 毫米。此次过程局地降雨强度强,14 日,湖南湘潭、韶山、马坡岭、湘乡日雨量分别为 145.6 毫米、141.7 毫米、127.7 毫米、128.9 毫米,刷新当地历史同期最大日雨量记录;15—16 日,湖南永州市江永县 1 小时、2 小时最大降雨量分别为 128.3 毫米、216.3 毫米,降雨强度创永州市气象记录;15 日,广东有 11 个乡镇出现特大暴雨,其中佛冈县水头镇降雨量达 333.2 毫米,创 1957 年以来日降雨量新高。5 月 19—22 日,华南、江南南部及云南等地出现大到暴雨,福建、广东等省局部出现大暴雨或特大暴雨。其中,18 日 20 时至 19 日 17 时福建永定降雨量为 120.6 毫米,打破该站 1961 年以来 5 月日雨量历史纪录;22 日,广东珠海日降雨量达 331 毫米,1 小时降雨量达 118.7 毫米。

5 月,全国共有 20 个省(区、市)遭受雷雨大风、冰雹袭击,其中云南、贵州、湖北、江西、山东、甘肃、山西等省局部受灾较重。

5 月,西南地区大部、西北地区东部、华北南部、黄淮、江淮等地普遍出现了 50～200 毫米的降水,使大部分旱区的旱情得到缓和,特别是 25—27 日我国中东部大范围的强降雨过程显著改善了冬麦区的土壤墒情。但华北北部及辽宁西部、内蒙古中部等地月内雨水持续稀少,降水量普遍不足 10 毫米,气象干旱持续或发展。

5 月,我国北方地区出现了 1 次扬沙天气过程,较 2000—2010 年同期(3.2 次)偏少,且强度偏弱。18 日,内蒙古西部、宁夏北部出现沙尘天气,其中内蒙古拐子湖、吉兰太和阿拉善左旗出现沙尘暴。

3.6　6 月主要气候特点及气象灾害

3.6.1　主要气候特点

6 月,全国平均气温较常年同期偏高,平均降水量接近常年同期。月内,全国发生 5 次大范围强降雨过程,部分地区洪涝灾害较重;全国 21 个省(区、市)遭受风雹灾害,新疆、山西、河北、黑龙江等地局部受灾较重;南方出现 2013 年首次大范围高温天气过程;中东部地区雾霾天气偏多;华北及内蒙古、辽宁等地气象干旱得到缓解;热带风暴"贝碧嘉"登陆我国,登陆时间接近常年。

月降水量与常年同期相比,黄河以北地区偏多为主,以南地区偏少为主。其中,西北地区西部、华北大部及宁夏、内蒙古大部、黑龙江南部、吉林中部、四川中北部、西藏大部、浙江北部等地降水量偏多 2 成至 2 倍,部分地区偏多 2 倍以上;云贵高原大部、华南大部、江南中西部、黄淮及山西西南部、陕西中部、青海大部、辽宁西北部、黑龙江中部等地偏少 2～8 成,黄淮局部偏少 8 成以上(图 3.6.1)。

月平均气温与常年同期相比,除新疆、内蒙古的部分地区偏低 1～2℃外,全国大部地区偏高或接近常年,其中西南大部、江南地区西部及青海、陕西南部和中部、吉林东北部、黑龙江东部等地偏高 1～2℃,部分地区偏高 2℃以上(图 3.6.2)。

3.6.2　主要气象灾害事记

6 月,我国暴雨过程十分频繁,出现 5 次大范围强降水天气过程(5 月 31 日至 6 月 2 日、6 月 5—7 日、8—10 日、23—25 日、26—28 日),局地遭受洪涝、滑坡、泥石流以及城市内涝等灾害,部分地区重复受灾,四川、甘肃、湖南、安徽、新疆、江西等地损失较重。5 月 31 日夜间至 6 月 2 日,江南、西南出现强降水,其中浙江中部和南部、江西东部局部地区过程降水量 110～152 毫米。6 月 5—7 日,长江中下游地区、华南中东部及贵州西部等地出现强降水,其中安徽黄山过程降水量最大达 274.6 毫米。6 月 8—10 日,南方大部地区和西北、华北、东北部分地区出现一次大范围的强降水过程,其中

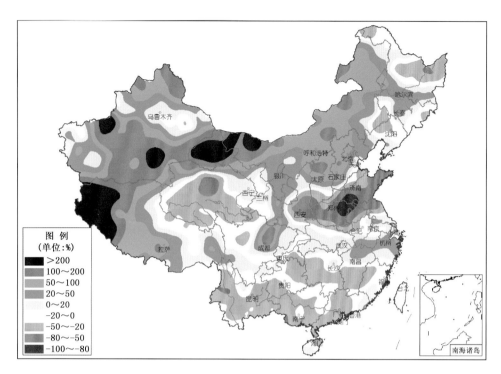

图 3.6.1　2013 年 6 月全国降水量距平百分率分布图(%)

Fig. 3.6.1　Precipitation anomalies over China in June 2013 (unit:%)

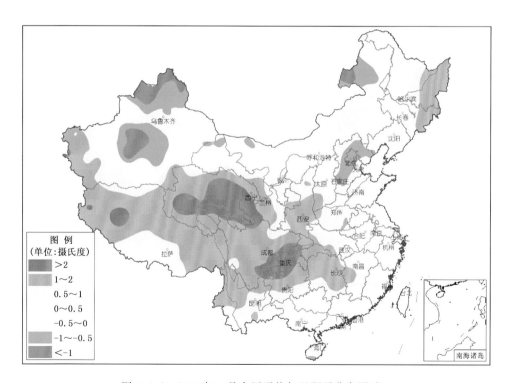

图 3.6.2　2013 年 6 月全国平均气温距平分布图(℃)

Fig. 3.6.2　Mean air temperature anomalies over China in June 2013 (unit:℃)

广西融安过程降水量最大为 307.6 毫米。6 月 23—25 日,长江中下游地区、华南地区及陕西南部、四川东北部、重庆东部出现强降雨过程,其中广东斗门过程降水量最大达 350.0 毫米。6 月 26—28

日，广西北部至长江中下游地区出现强降水过程，其中湖南新化、江西余江累计降水量分别达 368 毫米和 387 毫米。

6月，全国共有 21 个省（区、市）遭受雷雨大风、冰雹袭击，其中新疆、山西、河北、黑龙江等地局部受灾较重。

6月 16—21 日，我国南方出现 2013 年首次大范围高温天气过程，高温范围广，部分地区持续时间长，突破历史极值多。重庆、湖北、湖南和江西 4 省（市）平均高温日数为 4.1 天，为 1961 年以来历史同期最多。持续高温造成湖北、江西、湖南、重庆等地用电负荷猛增。

6月，全国平均雾霾日数为 1.4 天，较常年同期（1.1 天）偏多 0.3 天，为 1961 年以来同期最多。从空间分布看，华北大部、黄淮、江淮、江南东部及四川中东部、重庆南部等地雾霾日数普遍有 5～15 天，局部超过 15 天；与常年同期相比，华北大部、黄淮大部及江苏、浙江北部等地一般偏多 3～9 天，其中河南北部和江苏大部偏多 9 天以上。

6月，东北大部、华北大部及内蒙古中东部、甘肃中部和南部等地出现了 50 毫米以上降水，使前期气象干旱得到缓解。6月底，仅在云南西部部分地区存在轻度到中度气象干旱。

6月 22 日 11 时 10 分，第 5 号热带风暴"贝碧嘉"在海南省琼海市登陆。登陆时中心附近最大风力有 9 级（23 米/秒），中心气压为 984 百帕。登陆时间接近常年初台登陆平均时间（6月 25 日）。此次台风造成海南和广西部分地区受灾。

3.7　7月主要气候特点及气象灾害

3.7.1　主要气候特点

7月，全国平均气温较常年同期偏高，平均降水量为 1951 年以来同期第 4 多。月内，四川、陕西、甘肃、山西等省部分地区发生暴雨洪涝及滑坡泥石流灾害；江南、江淮、江汉及重庆等地出现持续高温天气；贵州、湖南等地伏旱露头并迅速发展；全国有 21 个省（区、市）遭受风雹灾害；台风"温比亚"、"苏力"和"西马仑"先后登陆我国。

月降水量与常年同期相比，华北大部、西北地区东部、黄淮东北部、东北大部及内蒙古东北部、新疆西北部和西南部、甘肃西部大部、青海南部、四川北部和东部、福建南部、广东西南部、广西南部、海南等地普遍偏多 2 成至 2 倍，其中陕北南部、晋中西部等地偏多 2 倍以上；黄淮西南部、江淮东南部、江汉大部、江南、华南西北部及贵州、重庆、云南东部等地偏少 2～8 成，其中贵州中东部、湖南中部、浙江中西部等地偏少 8 成以上（图 3.7.1）。

月平均气温与常年同期相比，除陕北、北疆的部分地区偏低 1～2℃外，全国大部地区气温偏高或接近常年，其中黄淮大部、江淮、江汉、江南大部、西南地区东北部及青海南部等地普遍偏高 1～2℃，部分地区偏高 2℃以上（图 3.7.2）。

3.7.2　主要气象灾害事记

7月，我国暴雨十分频繁且强度大，部分地区出现较为严重的洪涝或滑坡、泥石流等地质灾害。8—13 日，四川盆地、西北地区东部部分地区、华北南部及黄淮北部出现强降水过程，四川都江堰最大累计雨量达 751.5 毫米（其中 9 日日雨量达 416.0 毫米）。受持续强降雨影响，四川多地发生山洪、滑坡、泥石流等灾害，有 12 条河流出现超警戒水位，岷江、沱江、涪江、青衣江等暴发大洪水并造成洪峰叠加。7月下半月，东北地区连续 4 次遭受强降水袭击。

7月，黄淮大部、江淮、江汉、江南以及重庆、新疆南部等地相继出现高温天气。湖南、上海的平均高温日数分别为 20.8 天和 20.5 天，均为 1951 年以来同期最多；浙江、重庆平均高温日数分别为

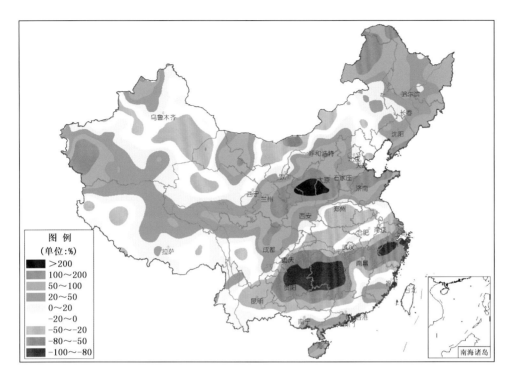

图 3.7.1　2013 年 7 月全国降水量距平百分率分布图(%)

Fig. 3.7.1　Precipitation anomalies over China in July 2013 (unit:%)

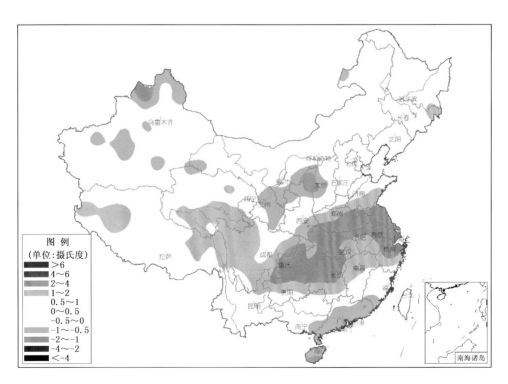

图 3.7.2　2013 年 7 月全国平均气温距平分布图(℃)

Fig. 3.7.2　Mean air temperature anomalies over China in July 2013 (unit:℃)

20.9 天和 19.1 天,均为 1951 年以来同期次多。持续高温对上述地区的人体健康、电力供应、水资源、农业生产等产生一定不利影响。

7月,江南大部及贵州、重庆南部等地持续少雨,降水量普遍在100毫米以下,较常年同期偏少5成以上。同时,江南西部与北部、西南地区东北部气温较常年同期普遍偏高1~2℃,部分地区偏高2~4℃。降水持续偏少,气温持续走高,致使贵州、湖南、重庆等地伏旱露头并迅速发展。

7月,全国有21个省(区、市)相继遭受风雹灾害,其中内蒙古、新疆、甘肃、河北、湖北、云南等地局部受灾较重。

7月,共有3个台风(8级以上)在我国登陆,登陆个数比常年同期(1981—2010年平均登陆2.0个)偏多。3个登陆台风造成江南、华南等地部分地区受灾,直接经济损失超过60亿元。

3.8 8月主要气候特点及气象灾害

3.8.1 主要气候特点

8月,全国平均气温较常年同期明显偏高,平均降水量较常年同期偏少。月内,东北及山东、甘肃、青海等省部分地区发生暴雨洪涝及滑坡泥石流灾害;我国中东部及新疆等地出现持续高温天气;上半月江南大部及贵州干旱持续发展,下半月旱区降水增多,干旱缓解;全国有23个省(区、市)遭受风雹灾害;台风"飞燕"、"尤特"和"潭美"先后登陆我国。

月降水量与常年同期相比,除华南大部、东北地区中部和北部,以及内蒙古东北部、湖南南部、云南西南部、西藏西部部分地区、青海西北部、新疆北部等地偏多2成至1倍,局部地区偏多1倍以上外,全国大部地区接近常年或偏少,其中西北大部、华北南部、黄淮大部、江淮、江南北部、江汉东部及重庆大部、四川大部、西藏中部、内蒙古西部、辽宁南部等地偏少2~8成,局部偏少8成以上(图3.8.1)。

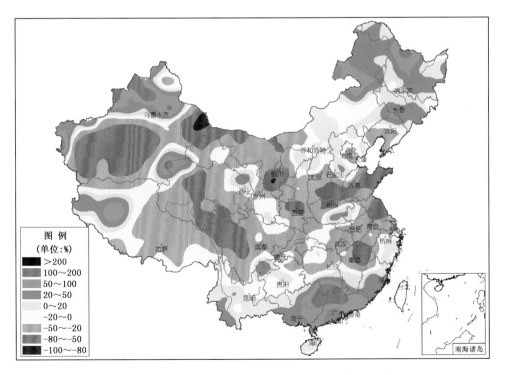

图 3.8.1 2013 年 8 月全国降水量距平百分率分布图(%)

Fig. 3.8.1 Precipitation anomalies over China in August 2013 (unit:%)

月平均气温与常年同期相比,全国大部地区偏高或接近常年,其中华北南部至江南北部地区,以及青海大部、陕西中部等地偏高 2~4℃(图 3.8.2)。

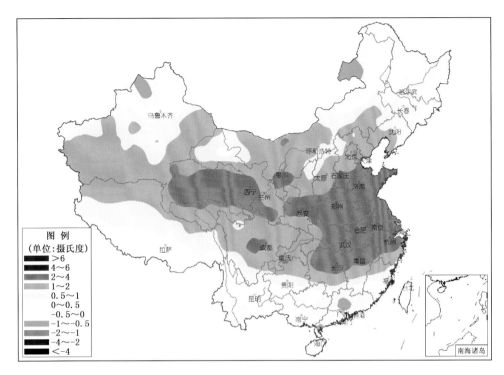

图 3.8.2　2013 年 8 月全国平均气温距平分布图(℃)

Fig. 3.8.2　Mean air temperature anomalies over China in August 2013 (unit:℃)

3.8.2　主要气象灾害事记

8 月,我国东北、华南及内蒙古东部等地暴雨过程频繁,给部分地区带来较为严重的洪涝或滑坡、泥石流等地质灾害。东北地区先后出现 5 次明显的降水过程,松花江干流发生 1998 年以来最大洪水,嫩江上游发生超 50 年一遇特大洪水,第二松花江上游发生超 20 年一遇大洪水,嫩江中下游及松花江干流发生 10~20 年一遇的较大洪水;黑龙江发生 1984 年以来的最大洪水,中游发生超 30 年一遇大洪水,下游同江至抚远江段发生超 100 年一遇特大洪水;辽河流域浑河上游发生超 50 年一遇特大洪水。

8 月,我国中东部出现大范围高温天气,高温持续时间长,覆盖范围广,强度大,影响重。黄淮西部、江淮大部、江汉、江南以及广西北部、重庆、贵州东部、四川东部、新疆南部和东部最高气温普遍达 38~40℃,部分地区超过 40℃。江南、江淮、江汉、黄淮西部以及重庆、四川东部、贵州东部、两广北部、新疆部分地区 35℃ 以上的高温日数普遍有 10~20 天,局部地区超过 20 天。受高温影响,中暑或心脑血管病患者、意外事故人数明显增加。

8 月上半月,黄淮西部、江淮、江汉、江南、华南北部及贵州、重庆南部等地降水量普遍在 50 毫米以下,部分地区不足 10 毫米。同时,江南、江淮、江汉、黄淮大部气温较常年同期普遍偏高 2~4℃,湖南、安徽、江苏等地部分地区偏高达 4~6℃。由于降水明显偏少、气温持续走高,致使江南及贵州等地伏旱迅速发展。下半月,上述旱区雨水明显增多,累计降雨量普遍有 50~100 毫米,部分地区达 100~200 毫米,局部超过 200 毫米。充沛的降水使南方旱区大部分旱情基本得到缓解。

8 月,有 3 个台风在我国登陆,登陆个数比常年同期(1981—2010 年平均登陆 1.9 个)偏多。受台风影响,华南、江南部分地区海陆空交通受阻,部分城镇出现内涝,农田被淹,渔排养殖受损,直接经济损失超过 250 亿元。

8 月,全国有 23 个省(区、市)相继遭受风雹灾害,其中安徽、山西、辽宁、陕西、河北、山东、甘肃、河南、内蒙古、云南等省(区)局部受灾较重。

3.9 9月主要气候特点及气象灾害

3.9.1 主要气候特点

9 月,全国平均气温较常年同期略偏高,平均降水量较常年同期偏多。月内,强台风"天兔"登陆我国,广东损失严重;华西部分地区秋雨明显,甘肃、四川等省局地发生暴雨洪涝灾害;河南北部等地有中到重度气象干旱;17 个省(区、市)发生风雹灾害,甘肃、陕西、山东等省局地受灾较重;中东部地区出现雾霾天气。

月降水量与常年同期相比,华北北部、西北地区东北部及内蒙古中部和东北部、黑龙江西北部、辽宁中部、苏皖北部、湖北大部、湖南大部、广西东部和南部、海南东部、贵州东部、重庆南部、四川中部、西藏东北部等地偏多 2 成至 1 倍,部分地区偏多 1 倍以上;东北地区中部和东部、华北南部、黄淮北部、江南中部和东部,以及陕西东南部、甘肃西部、青海中部、内蒙古西部和东南部、新疆大部、西藏西部、贵州西南部、云南中部等地偏少 2~8 成,部分地区偏少 8 成以上;全国其余大部地区接近常年(图 3.9.1)。

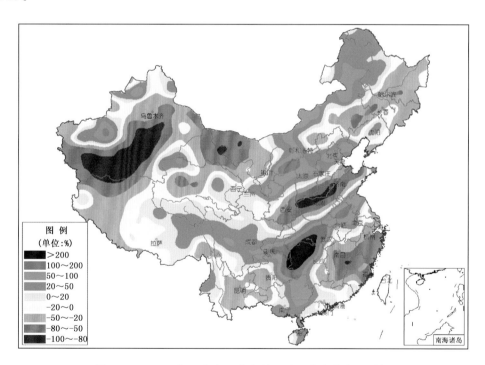

图 3.9.1 2013 年 9 月全国降水量距平百分率分布图(%)

Fig. 3.9.1 Precipitation anomalies over China in September 2013 (unit:%)

月平均气温与常年同期相比,陕西中部、山西南部、河南北部和西部、山东西南部和中北部、浙江中部以及内蒙古、新疆两区西部部分地区偏高 1~2℃;重庆中东部、湖北西南部偏低 1~2℃;全国其余大部地区接近常年(图 3.9.2)。

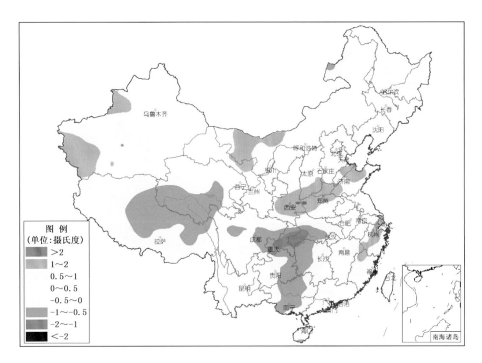

图 3.9.2　2013 年 9 月全国平均气温距平分布图(℃)

Fig. 3.9.2　Mean air temperature anomalies over China in September 2013（unit：℃）

3.9.2　主要气象灾害事记

9 月,有 1 个台风在我国登陆,登陆个数比常年同期(1981—2010 年平均登陆 1.8 个)偏少。第 19 号强台风"天兔"于 9 月 22 日 19 时 40 分在广东省汕尾市沿海登陆,登陆时中心附近最大风力有 14 级(45 米/秒),中心气压为 935 百帕。"天兔"发展快、强度大;登陆时又恰逢天文高潮,风暴潮与天文大潮叠加,给广东、福建、湖南、江西、广西等地带来较严重影响,直接经济损失超过 260 亿元。

9 月,华西部分地区出现明显秋雨天气。西北地区东部、西南地区大部及湖北、湖南等地月降水量普遍在 50 毫米以上,部分地区达 100～200 毫米,局部超过 200 毫米。秋雨多,增加了水库、池塘及冬水田蓄水,对抑制来年的春旱有利,但对秋收和冬作物播种有不利影响。同时,阴雨时间长,降水强度大,导致甘肃、四川等省局地发生暴雨洪涝及滑坡泥石流灾害。

9 月,华北南部、黄淮北部、江南中部及陕西东南部等地降水量不足 50 毫米,普遍比常年同期偏少 5～8 成,局部地区偏少 8 成以上。由于长时间降水偏少,加之气温较常年同期偏高,土壤失墒较快,致使部分地区出现旱情,对秋收作物后期生长发育及秋播造成不利影响。

9 月,全国有 17 个省(区、市)局地遭受风雹灾害,其中甘肃、陕西、山东等省局地受灾较重。

9 月,我国中东部出现雾霾天气,华北大部、黄淮西部和东部、江淮东部、江南东北部及湖南中部、重庆西南部等地雾霾日数在 5 天以上,部分地区达 10～15 天,局部超过 15 天。雾霾天气给大气环境、群众健康、交通安全均带来了较严重的影响。

3.10　10 月主要气候特点及气象灾害

3.10.1　主要气候特点

10 月,全国平均气温较常年同期偏高,平均降水量较常年同期偏少。月内,强台风"菲特"登陆我国,损失严重;江南中部及河南等地气象干旱持续或发展;中东部地区出现雾霾天气。

月降水量与常年同期相比,东北大部及内蒙古东部大部、河北东北部、江苏南部、浙江大部、青海西南部、西藏大部、四川中西部、云南中部等地偏多2成至2倍;全国其余大部地区接近常年或偏少,其中西北大部、华北大部、黄淮、江汉、江淮大部、江南大部、华南大部及贵州大部、重庆大部、四川中北部、黑龙江西北部、内蒙古中西部等地一般偏少2~8成,华南中部和东部及湖南东北部、湖北东部、山东东南部、甘肃西部、青海西北部、新疆南部等地偏少8成以上(图3.10.1)。

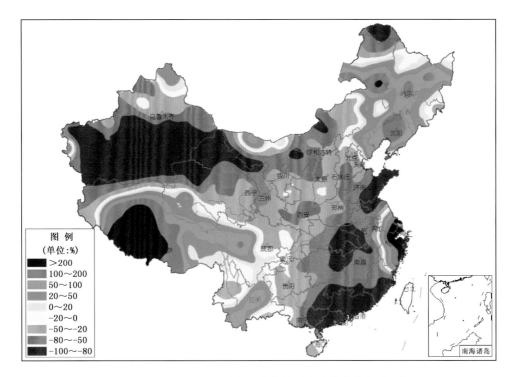

图3.10.1 2013年10月全国降水量距平百分率分布图(%)

Fig. 3.10.1 Precipitation anomalies over China in October 2013 (unit:%)

月平均气温与常年同期相比,除云南中东部和贵州西南部偏低1~2℃外,全国大部地区接近常年或偏高,其中西北大部及内蒙古西部、西藏西部、山西西南部、河南西部、湖北东南部、湖南东北部、四川东北部等地偏高1~4℃(图3.10.2)。

3.10.2 主要气象灾害事记

10月,有1个台风在我国登陆,登陆个数比常年同期(1981—2010年平均登陆0.5个)略偏多。2013年第23号强台风"菲特"于10月7日01时15分在福建省福鼎市沙埕镇沿海登陆,登陆时中心附近最大风力有14级(42米/秒),中心气压为955百帕,是2001年以来10月登陆我国大陆地区强度最强的台风。受"菲特"影响,浙江、福建、江苏、上海4省(市)直接经济损失超过630亿元。

10月,东北中部和北部、华北、西北、黄淮、江淮、江汉、江南中西部、华南大部及内蒙古、西藏中西部、四川中北部等地降水量不足50毫米,部分地区不足10毫米。受降水持续偏少影响,江南中部及河南、陕西和山东的部分地区干旱持续或发展,出现中到重度气象干旱。

10月,全国平均雾霾日数为4.7天,较常年同期偏多2.3天,为1961年以来最多;黑龙江、辽宁、河北、山东、山西、河南、安徽、湖南、湖北、浙江、江苏、重庆、天津均为1961年以来历史同期最多。雾霾天气使上述部分地区航班延误或取消,高速公路封闭,同时也对人体健康产生不利影响。

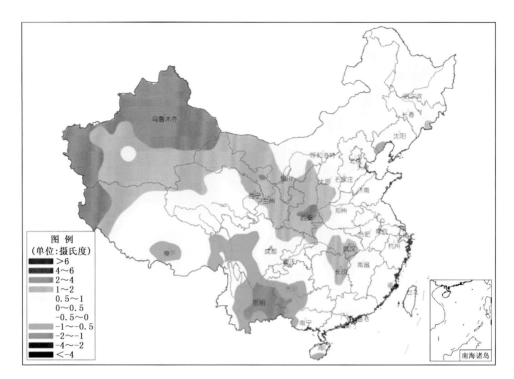

图 3.10.2　2013 年 10 月全国平均气温距平分布图(℃)

Fig. 3.10.2　Mean air temperature anomalies over China in October 2013(unit:℃)

3.11　11月主要气候特点及气象灾害

3.11.1　主要气候特点

　　11月,全国平均气温较常年同期偏高,平均降水量较常年同期偏多。月内,东北地区出现立冬以来最强降雪;台风"海燕"给我国带来较大风雨影响;北方冬麦区及江南大部出现明显降水,干旱缓解;中东部地区出现雾霾天气。

　　月降水量与常年同期相比,东北大部、黄淮北部、江南南部和西部、华南大部、四川盆地部分地区以及贵州东部、甘肃中南部、青海大部、新疆中西部、内蒙古中部等地偏多 2 成至 2 倍,部分地区偏多 2 倍以上;西南大部、江淮、江汉大部、江南地区东北部、华北大部以及内蒙古西部和东南部、新疆大部、甘肃西北部、陕西北部等地偏少 2~8 成,部分地区偏少 8 成以上;全国其余大部地区接近常年(图 3.11.1)。

　　月平均气温与常年同期相比,除新疆西南部、青海局部气温偏低 1~4℃外,全国大部地区气温接近常年或偏高,其中东北、华北东北部以及内蒙古东部、新疆北部、云南南部、贵州东部、湖南西部、江西西北部等地普遍偏高 1~4℃,黑龙江西北部和内蒙古东北部偏高 4℃以上(图 3.11.2)。

3.11.2　主要气象灾害事记

　　11月下半月,东北地区出现两次暴雪、大暴雪天气过程,多地日降水量突破 11 月日降水量历史记录。16—20 日,黑龙江中东部、吉林中东部和辽宁北部出现降雪或雨夹雪天气,累计降水量有 10 ~40 毫米,部分地区超过 40 毫米;24—26 日,东北地区中东部地区再次出现明显降雪过程,累计降水量有 10~30 毫米,最大降水量出现在黑龙江双鸭山(60.4 毫米)。强降雪天气导致部分地区高速公路封闭,民航停飞,并对设施农业和畜牧业生产造成不利影响。

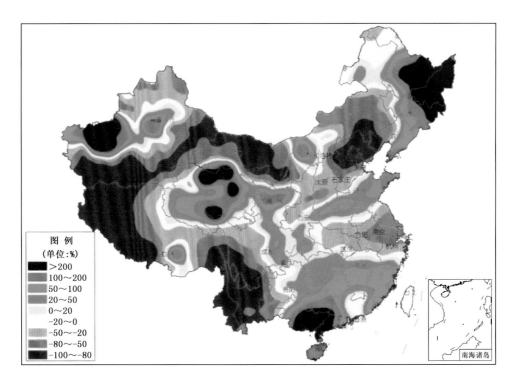

图 3.11.1　2013 年 11 月全国降水量距平百分率分布图(%)

Fig. 3.11.1　Precipitation anomalies over China in November 2013 (unit:%)

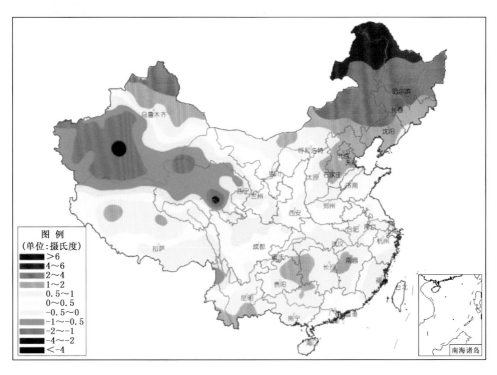

图 3.11.2　2013 年 11 月全国平均气温距平分布图(℃)

Fig. 3.11.2　Mean air temperature anomalies over China in November 2013 (unit:℃)

　　11 月,虽无台风直接登陆我国,但台风"海燕"登陆越南后移入我国,带来较大风雨影响,使华南部分地区遭受严重损失,直接经济损失超过 40 亿元。

11月,北方冬麦区先后出现4次降水过程,大部地区累计降水量有10~50毫米,有效改善了土壤墒情,旱情得到缓解。月内,江南地区出现两次明显降水过程,江西等地前期的干旱得到明显缓解。

11月,全国平均雾霾日数为4.3天,较常年同期偏多1.6天,为1961年以来最多;江苏、山东、天津、浙江等省(市)平均雾霾日数均为1961年以来历史同期最多。受连续雾霾天气影响,上述部分地区接诊呼吸系统疾病和心脑血管疾病患者较同期明显增多。

3.12 12月主要气候特点及气象灾害

3.12.1 主要气候特点

12月,全国平均气温较常年同期偏高,平均降水量较常年同期偏多。月内,南方地区出现大范围强降水和持续低温天气;中东部地区出现雾霾天气;长江以北大部降水稀少,部分地区气象干旱发展。

月降水量与常年同期相比,江南南部、华南、云贵高原大部及四川、西藏、甘肃、青海、新疆、内蒙古的部分地区偏多2成以上,其中华南大部及江西南部、云南南部等地偏多2倍以上;东北大部、华北、黄淮、江淮、江汉、江南地区西北部、西北地区大部及内蒙古大部、西藏大部、四川东部和北部、重庆东部等地偏少2成以上,其中华北大部、黄淮大部、江汉大部及辽宁西部、陕西大部、宁夏北部、甘肃西部和陇东地区、内蒙古中西部、新疆东南部和西南部、西藏西部等地偏少8成以上(图3.12.1)。

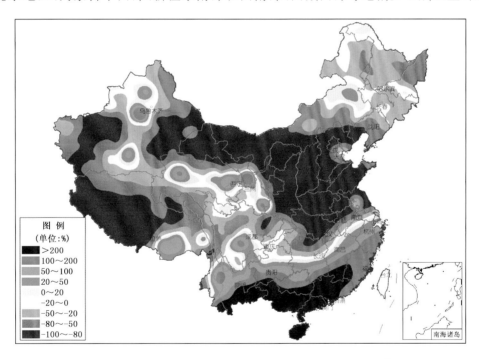

图 3.12.1　2013年12月全国降水量距平百分率分布图(%)

Fig. 3.12.1　Precipitation anomalies over China in December 2013 (unit:%)

月平均气温与常年同期相比,总体呈现"北暖南冷"分布。江南地区东南部、华南大部以及云南东部、贵州西部、四川中北部、青海中部、黑龙江东南部等地气温普遍较常年同期偏低1℃以上,其中广东大部、广西南部、海南、云南东部偏低2~4℃;东北地区西北部以及内蒙古东部和中西部偏北地区、新疆东部和北部、西藏西部等地气温偏高1℃以上,其中新疆北部、内蒙古东北部、黑龙江西部、吉林西北部等地气温偏高 2～4℃,局地偏高 4℃以上(图 3.12.2)。

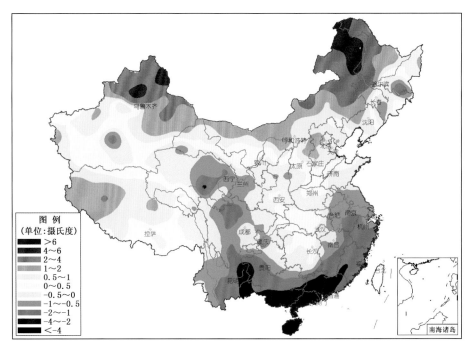

图 3.12.2　2013 年 12 月全国平均气温距平分布图(℃)

Fig. 3.12.2　Mean air temperature anomalies over China in December 2013（unit：℃）

3. 12. 2　主要气象灾害事记

　　12 月 13—17 日,我国南方出现一次大范围强降水过程,西南地区东南部、江南大部、华南大部过程降水量在 50 毫米以上,其中云南东南部、广西东部、海南东部、广东大部、江西南部、福建西部有 100～250 毫米,海南局部超过 250 毫米。强降水使南方部分地区的旱情得到明显缓解,但也使海南及云南局部遭受洪涝和雪灾,广西局地发生山体崩塌和滑坡地质灾害。此次强降水过后仍不断有冷空气影响,导致中下旬华南、江南及西南东部地区气温持续偏低,云南、广西、贵州等地出现大范围霜冻,部分地区发生低温冷(冻)害,给农业生产造成不同程度损失。

　　12 月,我国中东部出现了两次较大范围的雾霾天气,分别出现在 1—7 日和 22—25 日,主要影响了华北中南部、黄淮、江淮、江南北部、华南西部及四川盆地等地。江苏、上海、安徽北部、浙江北部部分地区最小能见度不足 500 米,其中上海、杭州、南京等地不足 50 米。雾霾天气造成空气污染,引起呼吸道疾病多发,尤其对抵抗力较差人群的健康产生较大危害。

　　12 月,长江以北大部地区降水稀少,降水量普遍不足 5 毫米,其中华北、黄淮大部及陕西大部、甘肃西部、内蒙古中西部等地基本没有降水,普遍较常年同期偏少 8 成以上。由于降水持续稀少,导致部分地区干旱露头或发展。12 月底,华北部分地区、黄淮西南部、江汉大部、江淮西北部和东北部,以及陕西东南部、甘肃西北部等地有中等以上程度气象干旱。

第4章 分省气象灾害概述

4.1 北京市主要气象灾害概述

4.1.1 主要气候特点及重大气候事件

2013 年北京市平均气温为 11.3℃,接近常年 11.4℃(图 4.1.1);年平均降水量为 508.4 毫米,比常年(545.9 毫米)偏少 6.9%(图 4.1.2)。年内,2012/2013 冬季和春季气温偏低,夏季和秋季气温接近常年同期。冬季降水偏多,春季降水偏少,夏秋季降水接近常年同期。大范围强降水过程主要集中在 7 月前半月,年降水日数接近常年。

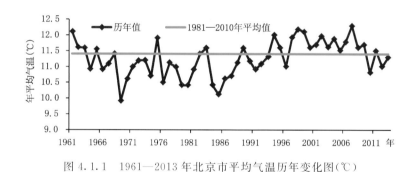

图 4.1.1 1961—2013 年北京市平均气温历年变化图(℃)

Fig. 4.1.1 Annual mean temperature in Beijing during 1961—2013 (unit:℃)

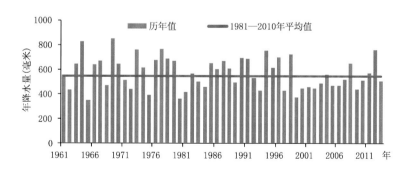

图 4.1.2 1961—2013 年北京市年降水量历年变化图(毫米)

Fig. 4.1.2 Annual precipitation in Beijing during 1961—2013 (unit:mm)

2013 年主要天气气候事件有大风、冰雹、暴雨和低温等。2013 年北京市因气象灾害造成受灾人口 21.1 万人,死亡 1 人,直接经济损失达 4.8 亿元。总的来看,2013 年属气象灾害较轻年景。

4.1.2 主要气象灾害及影响

1. 暴雨洪涝

2013年暴雨洪涝共造成受灾人口8.9万人,受灾面积1万公顷,直接经济损失1.8亿元,其中有三次暴雨过程造成较大的影响。

7月1日夜间,大兴区局地大到暴雨,并伴有4级左右大风,造成部分农田出现积水、水淹现象,受灾面积910.1公顷。7月15—16日,密云县出现暴雨过程,农作物受灾面积616.6公顷。7月31日—8月1日,大兴区暴雨,有25083人受灾,受灾面积达5032.5公顷,经济损失达4733.9万元。

2. 局地强对流

2013年北京局地强对流天气频发,共造成12.2万人受灾,1人死亡,农作物受灾1.7万公顷,经济损失3.0亿元。

3月9日大兴区出现大风天气,造成184.2公顷农业设施损坏、家禽死亡1600只,经济损失1384.6万元。

6月11日北京市城区普遍降雨,昌平、怀柔区发生冰雹灾害,昌平区80公顷果木受灾,直接经济损失265万元;怀柔区10737人受灾,农作物受灾面积744.2公顷,林果受灾142.7万余株,直接经济损失1722.4万元。

6月24日,大兴区出现冰雹,造成设施及农作物受损,受灾总面积1743.3公顷,经济损失1750.2万元。

8月4日,大兴、平谷区出现雷雨大风天气,受灾面积达6194.1公顷,经济损失5846.7万元。

8月11日,北京全市出现大面积雷电,8:00—9:00全市共发生闪电332次,其中在首都机场及其附近约52平方千米内,共发生闪电48次,一名保洁员不幸遭雷击身亡。

4.1.3 气象防灾减灾工作概述

2013年北京市气象局创新预报预警机制,开展分区县气象预警,创新建立分强度、分区域、分时段的"渐进式预警"、"递进式预报"、"跟进式服务"的"三维三进"预警服务模式,获得中国气象局创新工作奖。重大天气过程无漏报、汛期暴雨预警平均提前量达到38.3分钟,最低气温、晴雨预报准确率稳步上升,暴雨(雪)、高温预报准确率创新高。发布气象灾害预警信息139期,与市国土局联合制作并对外发布地质灾害气象风险预警服务产品24期,提供决策服务材料674期,得到中央和地方领导批示45次。汛期气象服务得到郭金龙、王安顺等领导高度赞扬。气象防灾减灾机制不断完善,10个区县将气象防灾减灾、气象为农服务相关工作纳入地方政府绩效考核。完善与多领域的信息共享、联合共建、预警信息发布等机制。实现山洪泥石流气象风险预警业务化。

4.2 天津市主要气象灾害概述

4.2.1 主要气候特点及重大气候事件

2013年天津市平均气温为12.8℃,比常年(12.6℃)偏高0.2℃(图4.2.1),降水量为424.9毫米,比常年(553.2毫米)偏少(图4.2.2),全市春季平均气温较常年偏低,夏、秋季均较常年偏高,冬季较常年显著偏低;与常年同期相比,春季降水显著偏少,夏季偏少,秋季接近常年,冬季显著偏多。

年内主要出现了雾霾、干旱、暴雨、大风、高温、低温、沙尘等灾害性天气气候事件,因气象灾害造成农作物受灾面积7821公顷,绝收面积767公顷;受灾人口达8.6万人;倒损房屋326间;直接经济损失近1亿元。2013年气象灾害对农业、交通等方面造成的影响和损失,都较往年有明显下降。农业气象条件总体较好,未发生影响较大的农业气象灾害,农作物为丰收年景,夏粮、秋粮均为丰产。

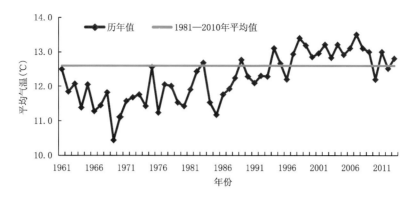

图 4.2.1　1961—2013 年天津市平均气温历年变化图(℃)

Fig. 4.2.1　Annual mean temperature in Tianjin during 1961—2013 (unit:℃)

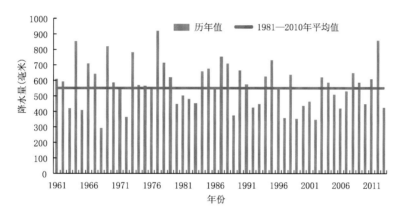

图 4.2.2　1961—2013 年天津市降水量历年变化图(毫米)

Fig. 4.2.2　Annual precipitation in Tianjin during 1961—2013 (unit:mm)

4.2.2　主要气象灾害及影响

1. 干旱

春季,全市平均降水量 21.0 毫米,较常年同期少 7 成,为 1961 年以来历史同期降水低值第 4 位。尤其 4—5 月降水异常偏少,全市平均降水量仅 10.9 毫米,为 1961 年以来历史同期最少值。4 月下旬,天津市大部地区出现中度以上气象干旱,北部地区出现特旱;5 月上旬,旱情持续,天津大部地区出现重度气象干旱;至 5 月中旬,天津全市出现特旱。气象卫星遥感监测显示,全市农田墒情较差,干旱面积占耕地面积 95% 左右,主要农业区县干旱面积超过 90%。

2. 暴雨

全市共出现两次局地暴雨,分别出现在 7 月 1 日和 8 月 11 日。7 月 1 日下午到夜间天津市普降大雨局部大暴雨,全市平均降雨量 42.3 毫米,其中,大港地区平均降水量 116.3 毫米,最大雨量 254.4 毫米,区域内三个站达到 200 毫米以上,10 个站达到 100 毫米以上。8 月 11 日武清区出现暴雨,降水量达 60.7 毫米,并伴有雷电大风(图 4.2.3)。

3. 雾霾

2013 年全市平均霾日数 133.9 天,为 1951 年以来最多值。各月均有霾出现。1 月出现了 4 次严重雾霾天气过程;12 月雾霾频发,22—26 日连续 5 天出现雾霾天气,天津市政府启动了重污染天气Ⅲ级响应,天津市交管局实行汽车自觉限号上路。

2013 年全市平均大雾日数 20 天。最多出现在 1 月,为 6.8 天,其中 22 日、29—31 日,多地出现

图 4.2.3　8月11日武清区受灾玉米地(天津市气象局提供)

Fig. 4.2.3　Maize damaged by floods in Wuqing District of Tianjin(By Tianjin Meteorological Bureau)

浓雾甚至强雾,最小能见度不足 50 米。受大雾天气影响,1 月 30 日,天津高速共出现 119 起交通事故,天津机场 63 个进出港航班延误,141 个进出港航班取消,数千名出港旅客滞留。

4.2.3　气象防灾减灾工作概述

　　2013 年天津市气象局气象防灾减灾工作有效开展。按照中共中央政治局委员、市委书记孙春兰"宁可备而无用、不可措手不及"的批示精神,组织召开了全市应急联络员工作会议,进一步完善了天津市应急救援气象保障组,认真做好汛期灾害性天气监测预报预警服务工作。汛期共完成决策气象服务产品 118 期,得到市领导批示 14 人次;发布暴雨、大雾、霾等 6 类气象灾害预警信号 53 期;启动天津市气象局暴雨Ⅳ级应急响应 2 次。由市政府办公厅印发了《关于进一步加强我市人工影响天气工作的意见》。汛期人工影响天气作业日 21 个,飞机增雨作业日 3 个,累计增加降水约 2.4 亿立方米,防雹作业有效控制区内未出现雹灾。

4.3　河北省主要气象灾害概述

4.3.1　主要气候特点及重大气候事件

　　2013 年河北省年平均气温为 11.9℃,接近常年平均(11.8℃)略偏高(图 4.3.1),冬季气温偏低,春季正常,夏、秋两季气温偏高。全省平均年降水量为 559.3 毫米,比常年(503.4 毫米)偏多 11.1%(图 4.3.2),冬、夏两季降水偏多,冬季异常偏多,春季显著偏少,秋季接近常年,汛期强降水时段提前,降水过程频繁。各地降水分布不均,降水量大于 500 毫米的地区主要集中在河北省东北部和中南部的大部分地区。

　　2013 年河北省气象灾害主要有冰雹、暴雨洪涝、低温冷冻害、干旱、大风、高温、雷电、雾和霾等气象灾害以及引发的局地山洪、滑坡泥石流等地质灾害。2013 年度河北省因灾造成农作物累计受灾面积 110.6 万公顷,绝收面积 9.4 万公顷,受灾人口 1709.6 万人,其中因灾死亡 19 人,因灾造成直接经济损失 113.3 亿元。2013 年河北省气象灾害发生的频率和损失程度接近 20 世纪 90 年代以来的平均水平,损失程度轻于 2012 年,属于中等偏轻年份。

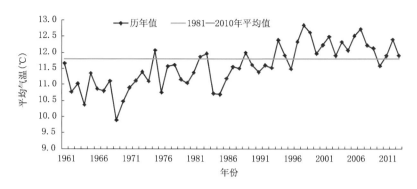

图 4.3.1 1961—2013 年河北省年平均气温历年变化图（℃）

Fig. 4.3.1 Annual mean temperature in Hebei during 1961—2013（unit：℃）

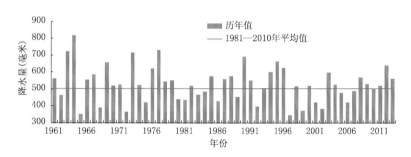

图 4.3.2 1961—2013 年河北省年降水量历年变化图（毫米）

Fig. 4.3.2 Annual precipitation in Hebei during 1961—2013（unit：mm）

4.3.2 主要气象灾害及影响

1. 冰雹

2013 年河北省因大风、冰雹和雷电造成受灾人口 702 万人，其中因灾死亡 8 人，转移安置 1.3 万人，农作物受灾面积 38.6 万公顷，其中绝收 2.9 万公顷，直接经济损失 48.1 亿元。

2013 年河北省共出现 27 个冰雹日，比常年偏少 41％，为 1981 年以来第 3 少。全年共出现冰雹 57 个站日，80％以上发生在 6—8 月，39％集中出现在 6 月 23—28 日，其中 6 月 25 日 13 个县（市）出现冰雹，为年内影响范围最大的一天，也是 2006 年以来冰雹出现范围最大的一次，当日冰雹最大直径达 15 毫米，出现在阜平。

2. 暴雨洪涝

2013 年，河北省因暴雨洪涝造成农作物累计受灾面积 31.1 万公顷，其中绝收 4.2 万公顷，610.3 万人受灾，因灾死亡 9 人，倒塌房屋 0.3 万间，损坏房屋 2.6 万间，直接经济损失 31.8 亿元。暴雨过程出现在 6 月 7 日和 9 日、7 月 1—2 日、7 月 8—11 日和 25—29 日、8 月 7—8 日和 11—12 日。

7 月 1 日，河北省出现大范围强降雨，秦皇岛、邢台北部、沧州、衡水、廊坊等地降雨量均在 50 毫米以上，宁晋县四芝兰镇降雨量达 409.2 毫米，宁晋和三河突破历史极值。强降雨致使邢台、秦皇岛、沧州、衡水、唐山、廊坊、石家庄等 7 个市的 18 个县（市、区）遭受洪涝灾害，共造成全省 47.5 万人受灾，因灾死亡 2 人，紧急转移安置 1127 人，农作物受灾面积 0.5 万公顷，倒塌房屋 134 间，因灾造成直接经济损失 4.3 亿元（图 4.3.3）。

3. 低温冷冻害

2013 年，河北省发生寒潮日数为 77 天，强寒潮日数 26 天，较常年偏少近 7 成。主要寒潮降温

图 4.3.3　2013 年 7 月 1 日强降水导致宁晋城区积水严重(邢台市气象局提供)

Fig. 4.3.2　The streets inundated by severe rainstorm in Ningjin on July 1, 2013

(by Xingtai Meteorological Service)

过程发生在冬季,但春季的寒潮影响范围最广、损失最重。据统计,2013 年低温冷冻灾害造成全省 277.5 万人受灾,农作物受灾面积 15.9 万公顷,绝收 1.6 万公顷,直接经济损失 30.7 亿元。

4. 干旱

2013 年,河北省以阶段性干旱为主,气象干旱主要发生在春、秋两季,年末干旱呈发展趋势。 2013 年全省因旱受灾人口 119.8 万人,饮水困难人口 1.1 万人,农作物受灾面积 25 万公顷,其中绝收面积 0.7 万公顷,直接经济损失 2.7 亿元,总体上旱情较轻。

春季降水偏少,部分地区出现旱象,特别是 3 月上旬至 5 月中旬全省平均降水仅为 21.8 毫米, 较常年偏少超过 6 成,78% 以上的县(市)出现重度干旱,4 月 4 日和 19 日的 2 次降水使旱情得到缓解,到 5 月 25 日以后,旱情逐步得到缓解或解除。

10 月中旬至 12 月中旬,张家口、保定、廊坊、唐山、承德等市的局部地区降水偏少,60 个县(市)最长连续无降水日数超过 40 天,涿州、易县、涞源超过 60 天。期间,全省平均降水量为 16.8 毫米, 比常年偏少 42%。降水主要集中在南部地区,北部地区降水偏少,气象干旱不断发展。

4.3.3　气象防灾减灾工作概述

2013 年,河北省气象局共完成 52 次重大天气过程的公共气象服务工作,向省委省政府主要领导及有关部门发布各种气象服务材料 490 多期,省委省政府主要领导和相关部门对公共服务工作的批示、表扬、引用达 16 人次。特别是在春季抗低温干旱、森林草原防火、保夏粮夺丰收、汛期等关键期的决策气象服务工作中卓有成效,省防办、省防火办、省麦收指挥部、省国土厅等部门先后发来表扬信或感谢信共 4 封,充分体现了政府领导和相关部门对气象预报和减灾服务工作的重视和肯定,为省领导指挥防灾减灾科学决策发挥了重要作用,受到政府领导和有关部门的高度赞扬。

4.4　山西省主要气象灾害概述

4.4.1　主要气候特点及重大气候事件

2013 年,山西省年平均气温为 10.8℃,较常年偏高 0.9℃,为 1961 年以来第四高值(图 4.4.1)。 全省年平均降水量为 565.5 毫米,较常年偏多 97.2 毫米,为 2004 年以来第二高值(图 4.4.2)。夏季,山西省平均季降水量为 394.1 毫米,较常年同期偏多 125.9 毫米;冬季,全省平均季降水量为 13.7 毫米,较常年同期偏多 0.7 毫米;春、秋季降水量偏少。

2013年山西省主要气象灾害及气候事件有暴雨、冰雹、大风、干旱、高温、寒潮、霜冻等,灾害性天气给工农业生产及人民生活造成了一定的影响,其中暴雨、冰雹、大风、干旱、低温冷冻害等造成的影响较为严重。全年因气象灾害造成农作物受灾面积159.2万公顷,绝收面积13.3万公顷,受灾人口1465.9万人,死亡50人,直接经济损失146.9亿元。

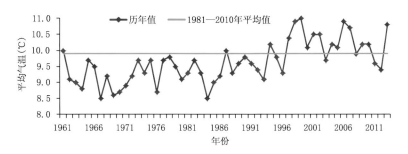

图 4.4.1　1961—2013 年山西省年平均气温历年变化图(℃)

Fig. 4.4.1　Annual mean temperature in Shanxi during 1961—2013 (unit:℃)

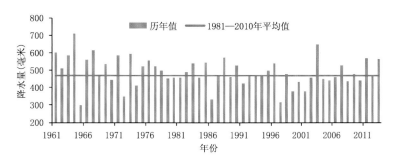

图 4.4.2　1961—2013 年山西省年降水量历年变化图(毫米)

Fig. 4.4.2　Annual precipitation in Shanxi during 1961—2013 (unit:mm)

4.4.2　主要气象灾害及影响

1. 雪灾和低温冷冻害

2013年,山西省因雪灾和低温冷冻害造成314.9万人受灾,农作物受灾面积28.4万公顷,绝收面积5.9万公顷,直接经济损失55.3亿元。

4月19日,晋城市出现雨夹雪天气,20日早晨气温降至零下,全市出现低温冻害天气,果树受灾面积290.1万公顷,设施蔬菜受灾15.5万公顷,露地蔬菜受灾146.3万公顷,小麦受灾418.7万公顷。

2. 暴雨洪涝

2013年,山西省因暴雨洪涝造成344.3万人受灾,死亡47人,倒塌房屋3.6万间,损坏房屋26.5万间,农作物受灾面积14.5万公顷,绝收面积1.9万公顷,直接经济损失37.8亿元。

7月8—23日,长治市出现三次暴雨天气过程,降水持续时间长、降水强度大,对水利、交通、农业生产、建筑、物流等行业造成了极为不利的影响,给人民群众生命和财产带来较大的损失。

3. 局地强对流

2013年,山西省局地强对流天气共造成16.1万公顷农作物受灾,其中绝收面积2.1万公顷,受灾人口259.6万人,死亡1人,倒塌房屋0.2万间,损坏房屋1.3万间,直接经济损失29.6亿元。尤其夏季,频繁出现的局地大风、冰雹(图4.4.3)等灾害性天气,给工农业生产及人民生活财产等造成较大损失。

图 4.4.3　2013 年 7 月 31 日娄烦县遭受冰雹灾害（娄烦县气象局提供）

Fig. 4.4.3　Hail occurred in Loufan County on July 31，2013（by Loufan Meteorological Service）

4. 干旱

2013 年，山西省因旱造成 547.1 万人受灾，14.6 万人饮水困难，农作物受灾面积 100.2 万公顷，绝收面积 3.4 万公顷，直接经济损失 24.2 亿元。

4.4.3　气象防灾减灾工作概述

2013 年，山西省气象局对各类重大天气气候事件，采取了及时预警、密切跟踪的方式，制作发布各类服务材料，并及时通过传真、函送等方式报省委、省政府领导，还通过报纸、电台、电视、手机短信、传真等及时向社会公众、专业服务单位发布，气象服务在山西省抗旱、防汛工作中起到了重要的作用。另外还针对农事生产活动提供了专题服务材料。2013 年山西省气象局共向社会和政府部门提供决策服务材料 490 期，其中得到省委省政府领导批示 30 余次，发布各类气象灾害预警信息 59 期，提供天气快报 134 期，专题气象预报 158 期，重大突发事件报告 29 篇，多次召开新闻发布会，为山西省防灾减灾工作做出了重要贡献。

4.5　内蒙古自治区主要气象灾害概述

4.5.1　主要气候特点及重大气候事件

2013 年，内蒙古年平均气温 5.5℃，较常年偏高 0.4℃（图 4.5.1）；年降水量 377.9 毫米，较常年偏多 59.3 毫米（图 4.5.2）。1 月上旬部分地区出现极端低温事件；春季全区大范围的沙尘天气较少；夏季全区大部地区出现阶段性暴雨、洪涝、冰雹、雷暴等灾害性天气；另外，全区大部地区还遭受了干旱、雪灾、低温冷冻等气象灾害的影响。综合分析，2013 年内蒙古自治区气候影响为利大于弊，农牧业气象年景正常偏丰。

2013 年内蒙古出现了暴雨洪涝、风雹、干旱、雪灾、大风沙尘、低温冷冻、病虫害等气象灾害和衍生灾害，造成 559.4 万人受灾，死亡 75 人，紧急转移安置 7.4 万人；农作物受灾面积 173.4 万公顷，绝收 23.2 万公顷，倒塌和损坏房屋 4.1 万间，直接经济损失 113.3 亿元，其中农业损失 84 亿元。暴雨洪涝、风雹灾害造成的损失最为严重。

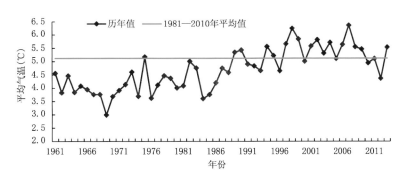

图 4.5.1 1961—2013 年内蒙古年平均气温历年变化图(℃)

Fig.4.5.1 Annual mean temperature in Inner Mongolia during 1961—2013（unit：℃）

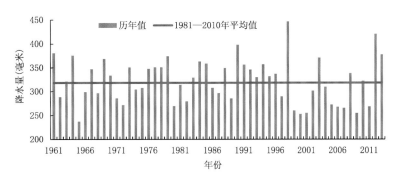

图 4.5.2 1961—2013 年内蒙古年降水量历年变化图(毫米)

Fig.4.5.2 Annual precipitation in Inner Mongolia during 1961—2013（unit：mm）

4.5.2 主要气象灾害及影响

1. 暴雨洪涝

2013 年内蒙古出现多次大范围强降雨天气,造成严重洪涝灾害。强降水发生时间为 6 月下旬末、7 月和 8 月中下旬,呼伦贝尔市灾情最为严重。全区因暴雨洪涝造成受灾人口 164.2 万人,紧急转移安置 6.5 万人,因灾死亡 48 人;农作物受灾面积 54.9 万公顷,其中绝收 13.1 万公顷;因灾倒塌房屋 6295 间,严重损坏房屋 26387 间,一般损坏房屋 59571 间,部分农牧业基础设施和公共设施也遭到严重破坏,灾害造成的直接经济损失 60.6 亿元。

8 月 16 日,通辽市科左后旗境内普降暴雨,降水持续近 14 小时,最大降雨量达到了 175 毫米,导致发生严重洪涝灾害,造成全旗 15 个苏木镇场、169 个嘎查村(分场)不同程度受灾,受灾 15.1 万人,农作物受灾面积 4.6 万公顷,损坏房屋 54 户、154 间,直接经济损失 2.8 亿元。

2. 局地强对流天气

2013 年内蒙古先后发生 22 次强风雹灾害天气过程。风雹灾害共造成 128 万人受灾,紧急转移安置 7555 人,因灾死亡 26 人;农作物受灾面积 47 万公顷,其中绝收 7.7 万公顷;因灾倒塌房屋 2708 间,严重损坏房屋 5702 间,一般损坏房屋 3839 间,造成的直接经济损失 31.6 亿元。

8 月 25 日,通辽市奈曼旗东北部出现短时雷雨大风等强对流天气,其中瞬时最大风速达到 27.5 米/秒。由于风力大、波及面广,导致玉米、葵花等农作物倒伏、树木倒伏或折断,房屋、棚舍、输电线路等受损严重(图 4.5.3)。全旗有 9 个苏木乡镇场受灾,农作物受灾面积 6.0 万公顷,直接经济损失 5.8 亿元。

3. 干旱

2013 年内蒙古受旱灾影响人口 228.3 万人,25.3 万人、113 万头只牲畜出现不同程度的饮水困

图 4.5.3　2013 年 8 月 25 日通辽市奈曼旗遭遇雷雨大风（内蒙古气象局提供）

Fig. 4.5.3　Heavy rainfall and strong wind happened Naimanqi district on August 25，2013 in Tongliao

(By Inner Mongdia Meteordogical Bureau)

难，农作物受旱面积 58.3 万公顷，绝收 2.4 万公顷，草场受旱面积达 1682 万公顷，死亡大小牲畜 23791 头只，直接经济损失 18.2 亿元。

4. 雪灾

2012 年末到 2013 年初，共出现 8 次较大范围的寒潮降雪天气过程，主要影响区域为赤峰市、通辽市、锡林郭勒盟、呼伦贝尔市、乌兰察布市。降雪天气给全区农牧业生产、交通运输及群众生活带来较大影响，据统计雪灾共造成 13.2 万人受灾，1 人死亡，直接经济损失 2.9 亿元。

5. 大风沙尘

2013 年内蒙古共出现 3 次大范围沙尘天气过程，较常年和上年均明显偏少。灾害共造成 2.06 万人受灾，转移安置 309 人，一般损坏房屋 80 间，农作物受灾面积 168 公顷，直接经济损失 1413 万元。

4.5.3　气象防灾减灾工作概述

2013 年内蒙古自治区气象局全力以赴做好防灾减灾气象服务，开展了"神舟十号"飞船发射与回收、昭君文化节等重大社会活动气象保障服务。针对年内暴雨、大风、冰雹、干旱等灾害性天气频发特点，及时启动相关应急响应，积极组织开展各类气象服务工作。强化了灾前、灾中、灾后预报预警评估服务工作，组织召开了多部门联席会议和联合会商 50 余次，全区启动应急响应 4 次、累计 30 天，发布各类气象灾害预警信号 1173 次，其中自治区级 66 次、盟市和旗县级 1107 次，全区接收预警短信人次数 2703 万人次，预警短信发给政府及各部门决策人员人数 19 万多人。面对复杂多变的天气和诸多重大气象服务保障任务，全区各级气象部门精心组织，周密部署，有效减少了气象灾害造成的损失，气象服务能力和水平得到显著提升。

4.6　辽宁省主要气象灾害概述

4.6.1　主要气候特点及重大气候事件

2013 年，辽宁省年平均气温 8.8℃，比常年（8.5℃）偏高 0.3℃（图 4.6.1）；年平均降水量为 780 毫米，比常年（662 毫米）偏多约 2 成（图 4.6.2）；年日照时数为 2462 小时，比常年（2520 小时）偏少 58 小时。2 月，辽宁省中北部地区降水量异常偏多，比常年同期普遍偏多 1 倍以上；4 月 1—26 日，全省平均气温为 6.4℃，较常年同期（10.0℃）偏低 3.6℃，为 1961 年以来历史同期第一低值；5 月 1 日至 6 月 24 日，辽宁省平均降水量 64.5 毫米，较历史同期（114.0 毫米）偏少 43.4％，为 1961 年以来历史同期最少值。7月1—23日,辽宁省平均降水量226.7毫米,较历史同期(115.1毫米)偏多96.9%,为1961年以来历史同期次多值,仅次于1963年(290.9毫米)。2013年辽宁省主要气象灾害有暴雨洪涝、干旱、大雾、局地强对流等,共造成农作物受灾面积45.1万公顷,绝收面积8.2万公顷;受灾人口322万人,死亡168人,直接经济损失122亿元。

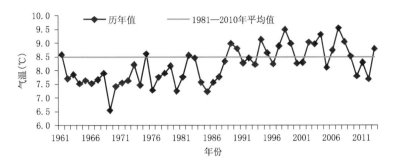

图 4.6.1　1961—2013 年辽宁年平均气温历年变化图(℃)

Fig. 4.6.1　Annual mean temperature in Liaoning during 1961—2013(unit:℃)

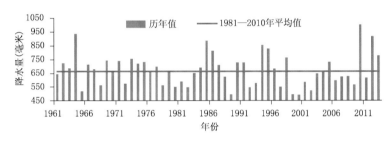

图 4.6.2　1961—2013 年辽宁平均年降水量历年变化图(毫米)

Fig. 4.6.2　Annual precipitation in Liaoning during 1961—2013(unit:mm)

4.6.2　主要气象灾害及影响

1. 暴雨洪涝

2013年,辽宁省共出现暴雨灾害10次,造成农作物受灾面积33.6万公顷,绝收面积5.8万公顷;受灾人口237.4万人,死亡失踪168人;倒塌房屋1.1万间,损坏房屋4.2万间;直接经济损失111.8亿元。

辽宁省主要有6次强降水过程,其中3次发生在7月。7月1—3日,辽宁省平均降水量70毫米,最大降雨量出现在丹东,为169毫米。全省有13个地区出现暴雨,部分地区出现大暴雨。7月15—16日,受蒙古气旋影响,辽宁省平均降水量59毫米,最大降水中心出现在阜新、宽甸,降水量分别为154,137毫米。全省有11个地区出现暴雨,部分地区出现大暴雨。7月23—24日,辽宁省东南部地区出现暴雨,最大降水量出现在宽甸为94毫米。

8月16—17日,辽宁省出现区域性暴雨到大暴雨天气,最大降雨量出现在清原及黑山,均为264毫米(图4.6.3)。8月28—29日,辽宁省东南部出现暴雨、局部大暴雨,最大降雨量出现在东港,为172毫米。9月23—24日,受较强冷空气影响,辽宁省大部地区出现中雨到大雨,局部暴雨天气,最大降雨量87毫米,出现在黑山。

2. 干旱

2013年辽宁省共出现干旱灾害5次,造成农作物受灾面积2.4万公顷,绝收面积0.4万公顷;受灾人口14.9万人;直接经济损失约1.6亿元。7月17日至9月4日,朝阳北票市遭受干旱灾害,

图 4.6.3　2013 年 8 月 17 日抚顺清原遭受洪水袭击(沈阳区域气候中心提供)

Fig. 4.6.3　Floods happened on August 17,2013 in Fushun City,Liaoning Province (By Shenyang Region of Climate Center)

造成 10 万人受灾。8 月 30 日朝阳凌源市遭受干旱灾害。

3. 局地强对流

2013 年,局地强对流天气造成辽宁省农作物受灾面积 9.1 万公顷,绝收面积 2.0 万公顷;受灾人口约为 69.7 万人;损坏房屋 0.2 万间;直接经济损失约 8.6 亿元。辽宁省共发生雷电灾害 25 起,造成 4 人死亡;直接经济损失 16.4 万元。辽宁省共发生大风灾害 15 次。其中 8 月 10—12 日,朝阳市朝阳县遭受大风灾害,受灾人口 2.2 万人;直接经济损失 3427 万元。辽宁省共发生冰雹灾害 14 次。其中 6 月 27—28 日,朝阳市朝阳县遭受冰雹袭击,约 7.5 万人受灾;直接经济损失 6100 万元(图 4.6.4)。

图 4.6.4　2013 年 6 月 28 日辽宁省朝阳地区出现乒乓球大冰雹(辽宁省气象局提供)

Fig. 4.6.4　Hail occurred on June 28,2013 in Chaoyang City,Liaoning Province (By Liaoning Meteorological Bureau)

4.6.3　气象防灾减灾工作概述

辽宁省气象局完成了全运会综合气象观测系统、赛事精细化预报系统、气象灾害预警与信息发布系统等 6 项重点工程建设任务。完成了圣火采集、火炬传递、开闭幕式、赛事活动等重大气象保障服务。气象服务官方网站浏览量达 25 万次,手机客户端下载量 9721 个,公众评价满意率达 94.9%。召开了 23 个部门参加的气象灾害防御部门联络员会议。与省防办建立了周会商制度，与省国土资源厅联合发布地质灾害风险预警，与省林业厅联合发布高森林火险天气警报，与省军区建立了周预报趋势通报制度，与省环保厅建立了重污染天气会商、预警联动机制，共同制作空气质量预报。

4.7 吉林省主要气象灾害概述

4.7.1 主要气候特点及重大气候事件

2013 年，吉林省年平均气温为 5.1℃，较常年偏低 0.3℃（图 4.7.1）；年平均降水量为 762.8 毫米，比常年多 25%（图 4.7.2），是 1961 年以来第三多。春季气温略低，降水略多，冷暖波动较大，尤其 4 月 1 日至 5 月 3 日，吉林省气温特低，突破历史极值，加之前期降水频繁，形成了有气象观测记录以来罕见的低温春涝灾害。夏季气温明显偏高，降水明显偏多，降水过程频繁，松嫩流域出现明显涝灾。秋季气温偏高，降水稍多，初霜与常年接近，对贪青晚熟作物有一定的影响。2013 年，气象灾害造成吉林省受灾人口 649.5 万人，死亡 23 人；农作物受灾总面积 62.3 万公顷，绝收面积 6.8 万公顷；直接经济损失 113.1 亿元。总体评价，吉林省 2013 年为气象灾害偏重年。

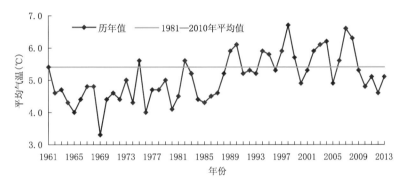

图 4.7.1　1961—2013 年吉林省年平均气温历年变化图（℃）

Fig. 4.7.1　Annual mean temperature in Jilin Province during 1961—2013（unit：℃）

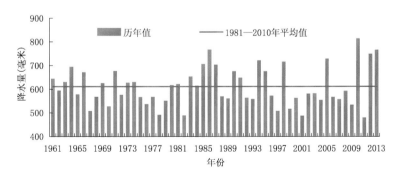

图 4.7.2　1961—2013 年吉林省年平均降水量历年变化图（毫米）

Fig. 4.7.2　Annual precipitation in Jilin Province during 1961—2013（unit：mm）

4.7.2 主要气象灾害及影响

1. 暴雨洪涝

2013 年夏季，吉林省平均降水量 502.3 毫米，比常年同期多 28%，为 1949 年以来历史同期第 5 多。降水过程频繁，暴雨天气多发，强降水集中，落区重复，导致嫩江流域、第二松花江流域、东辽河等多个流域和大中水库相继出现汛情、险情，嫩江流域出现仅次于 1998 年的大洪水，洪涝灾害严重。2013 年暴雨洪涝灾害导致吉林省62县市(次)受灾,受灾人口596万人,死亡20人;倒塌房屋1.6万间,损坏房屋14.8万间;农作物受灾面积42.7万公顷,绝收面积6.2万公顷;直接经济损失101.6亿元。

8月14—17日,吉林省平均降雨量66.7毫米,其中辽源、长白山保护区、桦甸市过程降雨量分别为174.2毫米、102.4毫米和213.5毫米,突破历史极值,集安阳岔村等4乡镇突破吉林省日最大降雨量纪录。此次暴雨天气过程导致中东部地区26县市(次)出现洪涝、山洪以及崩塌等灾害,造成117.0万人受灾,死亡14人;倒塌房屋2169间,损坏房屋7.3万间;农作物受灾面积20.3万公顷;直接经济损失60.9亿元(图4.7.3)。

图4.7.3 2013年8月16日吉林省靖宇县洪涝灾害(靖宇县气象局提供)

Fig. 4.7.3 Floods happened on August 16, 2013 in Jingyu County, Jilin Province (By Jingyu Meteorological Service)

2. 局地强对流

2013年5—9月,吉林省部分地区遭受雷雨大风、冰雹以及龙卷风等局地强对流天气的袭击,共有198县市(次)出现大风,22县市(次)出现冰雹,3县市出现龙卷,1326县市(次)出现雷暴天气。局地强对流天气造成吉林省49县市(次)受灾,受灾人口53.2万人,死亡、失踪3人;倒塌房屋0.1万间,损坏房屋0.9万间;农作物受灾面积19.6万公顷;直接经济损失10.7亿元。

8月5—10日,吉林省洮南、和龙、珲春等地出现雷雨大风等强对流天气,共造成5447人受灾;直接经济损失6484.3万元(图4.7.4)。

图4.7.4 2013年8月5日吉林省洮南市遭受雷雨大风袭击(洮南市气象局提供)

Fig. 4.7.4 Heavy rain and strong wind happened on August 5, 2013 in Taonan City, Jilin Province

(By Taonan Meteorological Service)

3. 雪灾

2013年2月和11月,吉林省暴雪过程频繁出现,造成6县市(次)出现雪灾。低温冷冻害和雪灾共造成吉林省 0.3 万人受灾,84 栋大棚损坏;直接经济损失 0.8 亿元。

2 月 28 日至 3 月 1 日,受地面气旋影响,吉林省出现暴雪、大风、寒潮天气过程,北大壶、白山等 12 站出现暴雪,大部分地区出现 7 级以上大风。由于降雪量大,积雪深度大,对白山市客运交通造成较大影响,部分中小学停课。

4.7.3 气象防灾减灾工作概述

2013 年吉林省接连经历暴雪严寒、低温春涝、强暴雨天气、松辽流域汛情、强雾霾天气等重大气象灾害,同时还有朝核试验、松嫩流域抗险救灾,松原地震灾区气象服务等重大事件的应急保障,先后启动朝核试验应急、暴雨应急、自然灾害救助应急、暴雪应急、地震灾害应急响应 15 次,特别是 8 月 16 日启动暴雨Ⅰ级应急响应,11 月 23 日地震灾害Ⅳ级、11 月 25 日暴雪应急Ⅲ级双应急响应,服务效果显著。全年为吉林省委、省政府及各职能部门提供各类决策气象服务 581 份,得到省级领导的批示 32 次,被省政府《值班报告》刊用 20 次。

4.8 黑龙江省主要气象灾害概述

4.8.1 主要气候特点及重大气候事件

2013 年黑龙江省年平均气温为 2.7℃,比常年偏低 0.3℃(图 4.8.1);平均年降水量为 683.2 毫米,比常年偏多 30%,为 1961 年以来历史最多(图 4.8.2)。2013 年 1 月黑龙江省气温为近 11 年来历史同期最低;夏季暴雨洪涝灾害严重,引发洪水;秋季发生罕见雾霾天气;11 月降水异常偏多,35 个台站出现历史极值,雪灾严重。全年因气象灾害共造成 666.9 万人受灾,死亡 23 人;农作物受灾面积 273.4 万公顷,绝收面积 82.9 万公顷;直接经济损失 325.2 亿元。总体评价,黑龙江省 2013 年属气象灾害较重年份。

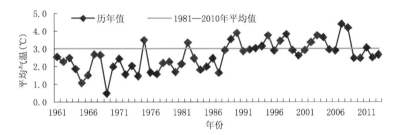

图 4.8.1 1961—2013 年黑龙江年平均气温历年变化图(℃)

Fig. 4.8.1 Annual mean temperature in Heilongjiang during 1961—2013(unit:℃)

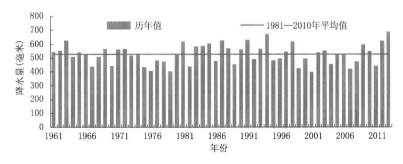

图 4.8.2 1961—2013 年黑龙江年降水量历年变化图(毫米)

Fig. 4.8.2 Annual precipitation in Heilongjiang during 1961—2013(unit:mm)

4.8.2 主要气象灾害及影响

1. 暴雨洪涝

2013 年黑龙江省暴雨洪涝频发,有 13 个市(地)的 63 个县(市、区)发生洪涝灾害,造成 588.9 万人受灾,死亡失踪 19 人;农作物受灾面积 265.4 万公顷;损坏房屋 20.1 万间;直接经济损失 313.7 亿元。

2013 年夏季,黑龙江省降水量为 1961 年以来最多,强降水主要集中在 7 月和 8 月,有 54 个站次降暴雨,3 个台站降大暴雨。强降水导致黑龙江、嫩江、松花江发生流域性特大洪水,多地村庄、沿江耕地被淹、铁路停运、学校停课、经济损失严重。其中 8 月 14 日,抚远县遭受洪涝灾害,导致 3.3 万人受灾;农作物受灾面积 8.2 万公顷;倒塌房屋 1.1 万间;直接经济损失 3.6 亿元(图 4.8.3)。

图 4.8.3　2013 年 8 月 24 日,暴雨洪涝导致抚远县农田、道路被淹(抚远县气象局提供)

Fig.4.8.3　Fields and road submerged by rainstorm in Fuyuan County on August 24,2013

(By Fuyuan Meteorological Service)

2. 局地强对流

2013 年,黑龙江省 12 个市(地)的 49 个县(市、区)发生局地强对流天气,造成受灾人口 41.8 万人;农作物受灾面积 6.6 万公顷;直接经济损失 9.4 亿元。7 月 31 日,绥化市北林区的 2 个乡镇遭受冰雹袭击,降雹过程持续 40 分钟,冰雹最大直径 0.6 厘米,造成 1.7 万人受灾;直接经济损失 520 万元。

3. 雾霾

2013 年 10 月 21—22 日,伊春、绥化、大庆、哈尔滨、佳木斯西部、七台河、鸡西等地发生大雾天气,能见度小于 100 米,哈尔滨市区部分地区能见度不足 50 米,其中哈尔滨、大庆同时伴有霾。雾霾导致高速公路封闭、航班延误、学校停课、呼吸道疾病患者增加。

4. 低温冷冻害和雪灾

2013 年 1—2 月,黑龙江气温特低,其中 1 月气温为近 11 年来历史同期最低,多个台站达到极端低温气候事件标准。2013 年雪灾主要出现在 3 月和 11 月。其中 11 月,黑龙江降水量异常偏多,为 1961 年以来历史同期最多,35 个台站出现历史极值,月内出现 2 次暴雪天气。低温冷冻害和雪灾共造成 36.2 万人受灾,死亡 4 人;农作物受灾面积 1.4 万公顷;直接经济损失 2.1 亿元。

11 月 16—20 日,黑龙江出现大范围降雪天气,有 7 个台站累计降水量超过 11 月历史极大值,5 个台站累计降水量超过 50 毫米,其中尚志最大为 65.5 毫米。24—25 日,强降雪主要集中在黑龙江东部地区,双鸭山市区累计降水量 60.1 毫米(图 4.8.4)。暴雪导致高速公路封闭、机场关闭、学校停课。

图 4.8.4   2013 年 11 月 25 日,双鸭山市特大暴雪(双鸭山市气象局提供)
Fig. 4.8.4   Blizzard occurred in Shuangyashan City on November 25,2013(By Shuangyashan Meteorological Service)

4.8.3   气象防灾减灾工作概述

2013 年黑龙江省气象灾害较多,极端气候事件频发,气象部门严密监测、提高预测预报的时效性和准确率,及时预警,气象服务能力显著提升。2013 年汛期,黑龙江省遭遇特大洪水,共制作发布《重大气象信息专报》、"汛期气象服务专题"86 期,给省领导提供专题决策服务材料 37 期,发布强降水天气警报 38 次,强对流天气警报 48 次,发布短时临近指导预报 476 次,暴雨诱发山洪、地质灾害、中小河流洪水气象风险预警产品 97 次,并及时派出应急指挥车、雷达车赴汛情严峻地区进行现场服务。防汛减灾气象服务保障工作取得显著成效,得到了各级领导的充分肯定和社会各界的广泛赞誉。

4.9   上海市主要气象灾害概述

4.9.1   主要气候特点及重大气候事件

2013 年上海市年平均气温 17.3℃,比常年偏高 1.0℃,比 2012 年高 0.7℃,为 2000 年以来连续第 14 年高于常年值(图 4.9.1)。夏季气温异常偏高,其中 7、8 月平均气温均创历史同期最高纪录,秋季气温偏高,冬季和春季气温正常略偏高。上海市中心城区的高温日数(日最高气温≥35℃)达 47 天,其中 8 月 6—9 日出现连续 4 天≥40℃的高温天气。年平均降水量 1092 毫米,比常年偏少 8%(图 4.9.2)。各区县年降水量一般有 885～1201 毫米,降水量呈现"西多东少"的分布。秋季降水显著偏多,冬季降水偏多,春季降水略偏少,夏季降水偏少。梅雨期降水量较常年偏少 2 成。2013 年上海市主要气象灾害有台风、暴雨洪涝、局地强对流和雾霾,共造成 12.1 万人受灾,3 人死亡;农作物受灾面积 2.8 万公顷,绝收 0.2 万公顷;直接经济损失 3.7 亿元。总体评价,上海市 2013 年属气象灾害正常略轻年份。

4.9.2   主要气象灾害及影响

1. 热带气旋

受台风"菲特"外围云系和冷空气的共同影响,10 月 6—8 日,上海市平均降水量 228.4 毫米,松江站最大为 289.2 毫米。其中 7 日 20 时至 8 日 20 时,上海市平均日降水量达到 160.0 毫米,打破 1961 年以来历史纪录。由于台风影响期间正值天文高潮位,影响城市排水。台风"菲特"造成上海

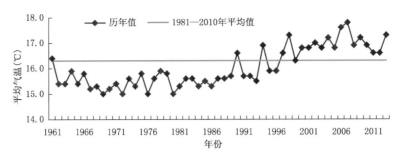

图 4.9.1　1961—2013 年上海市年平均气温历年变化图（℃）

Fig. 4.9.1　Annual mean temperature in Shanghai during 1961—2013（unit：℃）

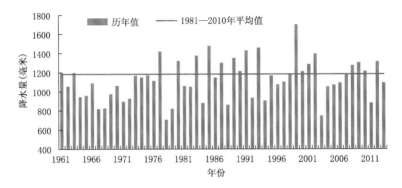

图 4.9.2　1961—2013 年上海市年降水量历年变化图（毫米）

Fig. 4.9.2　Annual precipitation in Shanghai during 1961—2013（unit：mm）

市 1177 条段道路积水，12.1 万人受灾，2 人死亡，紧急转移安置 9904 人；直接经济损失 3.7 亿元（图 4.9.3）。

图 4.9.3　2013 年 10 月 8 日台风"菲特"造成上海嘉定区金鼎路 1368 号道路积水（左图）和
青浦区仓库进水（右图）（上海市气象灾害防御技术中心提供）

Fig. 4.9.3　Road water-logging in Jiading District and flooded warehouse in Qingpu District induced
by typhoon Fitow on October 8，2013（By Shanghai Meteorological Disaster
Protection Technology Center）

2. 局地强对流

2013 年，上海市出现雷雨大风 3 起，造成 210.3 公顷农作物被淹或倒伏，1500 户居民断电，38 户人家的阳台窗户、围墙、屋瓦等不同程度受损；发生雷击事件 26 起，造成 1 人死亡。

3. 高温热浪

2013 年,上海市年平均高温日数 39.0 天,比常年偏多 30 天,其中在 7 月 20 日至 8 月 1 日和 8 月 3—17 日的两轮持续性强高温过程中,徐家汇站最高气温达 40.8℃,打破 1873 年以来的历史最高气温纪录;郊区各站的最高气温也均破历史纪录,最高为 41.2℃(松江站)。上海日最高用电负荷和中心城区供水量双双突破历史纪录,各大医院门诊量节节攀升,并发生多起高温中暑事件。

4. 暴雨洪涝

2013 年,上海市年平均暴雨日数 4.0 天,比常年偏多 1 天。暴雨天气过程主要出现在 6—10 月。9 月 13 日,上海市中心城区和浦东地区普降大雨局部大暴雨,以长宁区北虹路雨量最大(142.0 毫米),浦东地区最大小时雨量为 130.7 毫米。暴雨造成多条马路及立交桥积水,沪两机场 30 多航班延误。

5. 雾霾

2013 年 1—4 月、12 月上海市多次出现雾霾天气,严重影响交通。上海虹桥机场、浦东机场 450 个左右航班延误或取消;上海港至少 660 艘船舶推迟或取消航行计划;上海市区黄浦江轮渡及往返崇明方向的渡轮多次全线停航。大雾还造成多条高速公路临时封闭和上海长途总站、南站等 840 多班次客运车停发。

4.9.3　气象防灾减灾工作概述

2013 年上海市的气象灾害主要是由台风"菲特"造成的。上海市气象局在台风来临时主动做好决策服务,提前发布了台风警报、紧急警报、预警信号;共发布《重要气象信息市领导专报》8 期、3 小时 1 次专送的《台风快报》9 期、《气象灾害预警服务快报》2 期、《华东区域重要天气专题报告暨台风专报》3 期、《太湖流域重要天气专报》4 期。在全市范围内全网发布台风蓝色预警及防御指引短信,覆盖人群 2400 多万。利用 26000 多块户外电子显示屏、东方明珠移动电视向户外人群发布台风预警信息和实时动态,覆盖人群超过 1800 万。

4.10　江苏省主要气象灾害概述

4.10.1　主要气候特点及重大气候事件

2013 年,江苏省年平均气温 16.0℃,较常年(15.3℃)偏高 0.7℃(图 4.10.1);年平均降水量为 861.8 毫米,较常年(1025.3 毫米)偏少近 2 成(图 4.10.2)。降水时空分布不均,与常年相比大部分地区偏少。除冬季降水偏多外,其他时段基本持平或偏少。2013 年主要气象灾害有暴雨洪涝、干旱、高温热浪、低温冷冻害和雪灾、局地强对流等,共造成 590.7 万人受灾,死亡 11 人;农作物受灾面积 48.7 万公顷;直接经济损失 32.6 亿元。总体评价,江苏省 2013 年对农业、林业、旅游、水资源为较好的气候年景,对人体健康、交通、水产养殖业等行业气候年景正常或正常偏差。

4.10.2　主要气象灾害及影响

1. 暴雨洪涝

江苏省春季出现 2 次区域暴雨过程,夏季出现 5 次区域暴雨过程,秋季出现 1 次台风暴雨过程。暴雨洪涝灾害共造成 10.9 万人受灾;农作物受灾面积 1.2 万公顷;直接经济损失约 0.5 亿元。6 月 6—7 日,沿江苏南地区出现暴雨,部分地区大暴雨,江淮之间中到大雨局部暴雨,淮河以南地区伴有 7～8 级东南大风,沿海地区风力达 8～11 级(最大如东县太阳沙 29.8 米/秒)。6 月 25—27 日出现全省性降水过程,强降水主要集中在沿江中西部地区。共有 16 个站降水达暴雨级别,5 个站达大暴雨级别(图 4.10.3)。

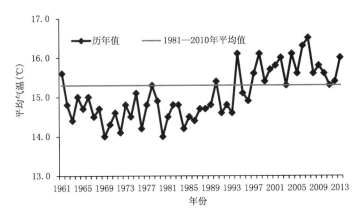

图 4.10.1　1961—2013 年江苏省年平均气温历年变化图（℃）

Fig. 4.10.1　Annual mean temperature in Jiangsu Province during 1961—2013（unit：℃）

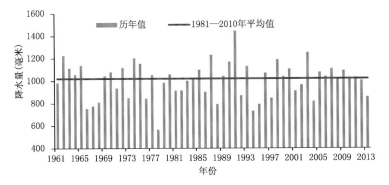

图 4.10.2　1961—2013 年江苏省年降水量历年变化图（毫米）

Fig. 4.10.2　Annual precipitation in Jiangsu Province during 1961—2013（unit：mm）

图 4.10.3　5 月 25—27 日暴雨造成兴化市陶庄镇焦舍村大片小麦倒伏（兴化市气象局提供）

Fig. 4.10.3　Winter wheat damaged by rainstorm during May 25—27 in Xinghua City

（By Xinghua Meteorological Service）

2. 干旱

2013 年，江苏省出现两段区域性干旱过程，主要发生在 4 月至 5 月中旬及 7 月中旬至 9 月上旬初。4 月至 5 月中旬沿淮地区及淮北东部地区降水量较常年偏少 5～8 成，部分地区发生气象干旱。

7月中旬出梅以后至9月上旬初,江苏省大部地区降水量偏少,高温少雨天气导致农田蒸发量大,部分地区出现了土壤水分亏缺或旱情。干旱共造成283.4万人受灾;农作物受灾面积22.3万公顷;直接经济损失10.9亿元。

3. 高温热浪

2013年7月1日至8月中旬,江苏省出现1961年以来罕见的大范围持续性高温天气,有27站日最高气温创本站历史最高纪录;34站累计高温日数超本站历史极值;26站持续高温日刷新本站历史记录。全省共有51站连续高温日数和45站极端最高气温达到极端气候事件。持续高温天气造成中暑人数明显增多,社会最大用电负荷屡创新高。

4. 低温冷冻害和雪灾

2013年,江苏省出现8次寒潮天气过程,低温冷冻害和雪灾造成57.7万人受灾,死亡2人;农作物受灾面积5.6万公顷;直接经济损失约9.8亿元。

2月18日下午至19日凌晨,江苏省淮河以南地区出现大范围暴雪天气,对交通运输和人民生活影响很大(图4.10.4)。截至19日上午10时,南京禄口机场进出港航班延误及取消多达120班,影响人数1万人左右。截至19日上午7时,京沪、沪宁高铁共有34趟高铁停运。

图 4.10.4　2月19日晨南京市街边树木被积雪压倒(江苏省气象局提供)

Fig. 4.10.4　Broken trees by snow on February 19 in Nanjing City(By Jiangsu Meteorological Bureau)

5. 局地强对流

2013年,强对流天气共造成江苏省179.7万人受灾,9人死亡;农作物受灾面积16.4万公顷;直接经济损失8.4亿元。

2013年全省雷灾94起,造成5人死亡,直接经济损失约205.1万元。雷击引发火灾或爆炸事故1起;雷击建筑物受损7起。雷电灾害事故发生在电力行业5起,交通行业1起,其余均发生在一般民居或办公场所。

4.10.3　气象防灾减灾工作概述

2013年,江苏省气象部门严密监视,准确预报,主动服务,圆满完成了汛期气象服务各项工作。2013年汛期,江苏省气象局共发布重要天气报告19期、决策气象服务专报12期、强降水快报3期、专项天气报告4期、一周天气19期;省委、省政府领导先后9次做出批示,并多次对江苏省气象局的决策气象服务工作表示肯定和表扬。8月16—24日,亚洲青年运动会气象服务中心每天两次发布《亚青会每日天气通报》,共发布服务产品800多期。精细周到的亚洲青年运动会气象服务得到各级领导肯定和表扬。

4.11 浙江省主要气象灾害概述

4.11.1 主要气候特点及重大气候事件

2013 年浙江省平均气温 17.9℃,较常年偏高 0.7℃(图 4.11.1)。年平均降水量 1442.8 毫米(图 4.11.2),与常年基本持平,但降水时空分布极不均衡,全省出现大暴雨及以上有 88 站次,特大暴雨 11 站次,均破历史最高纪录。大暴雨最高频率发生在杭嘉湖及宁波部分地区。

全年气候异常多变,1 月 10—15 日,大雾频繁,全省平均能见度不足 5 千米,严重影响交通。1—2 月频现降雪天气,积雪冰冻明显,影响交通。3 月遭受寒潮袭击,绍兴等地早发茶绝收。4 月受强冷空气影响,大部地区出现霜冻,茶叶受损严重。6 月梅汛期短时降雨强度大、暴雨时空分布集中,部分地区洪涝灾害严重。7—8 月出现 60 余年最严重高温热浪少雨天气,多地旱情严重。台风"苏力"、"潭美"及热带风暴"康妮"等缓解了高温及旱情。10 月强台风"菲特"来袭,风雨屡破纪录,给浙江省造成重大损失。12 月上旬遭遇 1951 年以来持续时间最长、影响范围最广、强度最强的一次雾霾过程。此外,2013 年共发生 3 起重特大雷灾,总计 3 人死亡,21 人受伤。全年气象灾害造成农作物受灾面积 132.7 万公顷,绝收 14.3 万公顷;受灾人口 1702.2 万人,死亡(或失踪)17 人;直接经济损失 695.9 亿元。

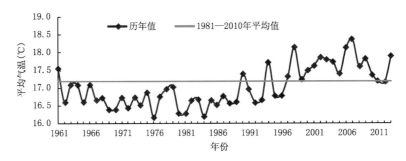

图 4.11.1 1961—2013 年浙江省年平均气温历年变化图(℃)

Fig. 4.11.1 Annual mean temperature in Zhejiang Province during 1961—2013(unit:℃)

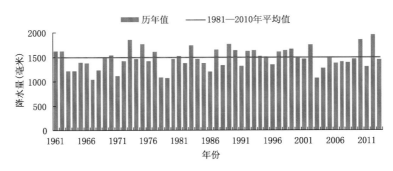

图 4.11.2 1961—2013 年浙江省年降水量历年变化图(毫米)

Fig. 4.11.2 Annual precipitation in Zhejiang Province during 1961—2013(unit:mm)

4.11.2 主要气象灾害及影响

1. 热带气旋

2013 年共有 5 个台风影响浙江,分别为 1307 号台风"苏力"、1312 号台风"潭美"、1315 号强热带风暴"康妮"以及 1319 号台风"天兔"、1323 号强台风"菲特"。热带气旋共造成浙江省 11 个市 1078 个乡镇受灾,1234.7 万人受灾,转移人口 160.9 万人,因灾死亡 9 人,失踪 1 人;农作物受灾面积 61.3 万公顷,直接经济损失 609.0 亿元。

强台风"菲特"10 月来袭,给浙江省带来罕见风雨,其综合影响强度为特重,是继 5612 号台风以来影响最强的台风。"菲特"带来的狂风暴雨突破历史极值,苍南石砰山最大风力 76.1 米/秒,破浙江省瞬时大风历史纪录;7 日浙江省面雨量 149 毫米,达 120 年一遇,为浙江省有记录以来最大日面雨量,其中余姚日降水量达 394 毫米;过程雨量全省平均 207 毫米,浙北地区 14 个县(市、区)超过或接近百年一遇。"菲特"带来的狂风暴雨和风暴潮,给浙江造成重大损失,对人民生活造成严重影响(图 4.11.3)。

图 4.11.3 "菲特"导致宁波余姚城区一片汪洋(余姚市气象局提供)

Fig.4.11.3 Ningbo submerged by rainstorm from typhoon "Fitow" (By Yuyao Meteorological Service)

2. 高温干旱

7—8 月,浙江省出现 60 余年最严重的高温热浪少雨天气。全省平均气温、高温日数、极端最高气温均破 1951 年以来的最高纪录。平均气温 30.2℃,比常年同期偏高 2.1℃;平均高温日数 38 天,比常年同期多出 1 倍以上,其中 40℃以上有 6 天;35 县(市、区)极端最高气温破历史同期最高纪录,新昌 44.1℃超过百年一遇,破浙江省极端最高气温历史纪录(原纪录为 2003 年丽水 43.2℃)。罕见持续的高温热浪少雨天气导致浙江省发生严重干旱。据气象干旱监测显示,干旱最严重时(8 月 18 日)全省中度以上气象干旱面积达 8.1 万平方千米,其中特旱面积 1.3 万平方千米,重旱面积 2.4 万平方千米。干旱导致居民缺水,农作物枯萎,共 11 市 801 个乡镇受灾,397.5 万人受灾,农作物受灾面积 63.6 万公顷;直接经济损失为 78.1 亿元。

3. 霾

2013 年全省出现霾天气以 12 月最多,1 月次之,7 月最少。

12 月 4—9 日,浙江省中北部地区出现历史罕见的重度霾,能见度为 1～3 千米,7—8 日能见度甚至不足 500 米,杭州、嘉兴、湖州和绍兴等地低于 50 米(图 4.11.4)。据监测,5—9 日全省日平均 $PM_{2.5}$ 浓度均在 200 微克/米^3 以上,7—8 日大部地区甚至超过 300 微克/米^3,空气长时间处于重度到严重污染,其中金华、绍兴、宁波和湖州等地高达 400～450 微克/米^3,杭州地区最高值为 391 微克/米^3(出现在 8 日)。期间,浙江省气象台首次发布霾橙色预警信号,杭州等地中小学叫停户外活动。严重霾天气致使空气质量差,影响人体健康。

4. 暴雨洪涝

暴雨洪涝共造成浙江省 149 个乡镇受灾,受灾人口 34.9 万人,死亡 3 人,农作物受灾面积 2.9 万公顷,直接经济损失 4.8 亿元。

图 4.11.4　2013 年 12 月 7 日雾霾笼罩杭州城(浙江省气候中心提供)

Fig. 4.11.4　Hangzhou City trapped in fog and haze on December 7，2013 (By Zhejiang Climate Center)

除台风暴雨洪涝外,全省暴雨洪涝主要出现在梅汛期。梅汛期两次暴雨主要集中在浙中北地区。6 月 7 日,浙中北地区普降暴雨,局部大暴雨,杭州市面雨量达 110 毫米。6 月 26—29 日,浙江省出现连续性暴雨天气,全省面雨量 84 毫米;全省共有 370 个乡镇 1 小时雨量超过 30 毫米。两场区域性暴雨致使杭州、衢州、绍兴、宁波、台州、丽水、舟山、嘉兴等地局部出现内涝、山洪、泥石流、滑坡等灾害,造成城乡积水、农田受淹、交通受阻、房屋倒塌、堤坝冲毁等灾情。

5. 局地强对流

2013 年浙江省共发生雷电灾害 964 起,较 2012 年同比下降 21.4%。全省全年共发生 3 起重特大雷灾,12 起人员伤亡事故,总计 3 人死亡,21 人受伤。9 月 14 日 13 点 23 分许,宁波市北仑区九峰山景区"九峰之巅"一凉亭被雷电击穿,在此躲避雷雨的 17 名游客不幸被雷击,造成 1 人死亡、16 人受伤。

6. 雪灾

2013 年冬季,浙江频现 4 场降雪天气,积雪天数位居 1961 年以来第二多,其中 2 场降雪影响较大。1 月 3—4 日,浙中北地区出现持续 48 小时中到大雪天气,杭州城区积雪达 12 厘米,对交通影响较严重,中小学因积雪和道路结冰停课。2 月 7—8 日,杭州、绍兴、宁波的部分地区积雪深度超过 10 厘米,灾害发生正值春节前夕,由于政府灾前防御措施得力,没有发生重大交通事故及大面积长时间人员滞留现象。雪灾造成直接经济损失 1.3 亿元,其中农业损失 9600 万元。

7. 低温冰冻

入春后,浙江省经历两次强冷空气影响,对农业生产尤其是茶叶影响较大。3 月 1—2 日,浙江遭受入冬以来最大范围寒潮袭击,共 29 县市达到寒潮及以上级别,其中新昌、嵊州等 5 县市达到强寒潮级别,日平均气温 48 小时降温幅度平均达 9.2℃,低温致使绍兴等地早发茶树遭受冻害而绝收。4 月 5—7 日,受强冷空气影响,日平均气温 48 小时降温幅度平均达到 8.7℃,7 日早晨全省气温较低,部分地区最低气温在 0℃ 以下,大部分县市出现霜冻,低温导致绍兴、衢州、金华、杭州、丽水等地正值采收期的茶叶受损严重(图 4.11.5)。

4.11.3　气象防灾减灾工作概述

在梅汛期、台风、高温热浪和气象干旱影响期间,浙江省气象局 6 次进入气象灾害应急响应累计时间达 886.5 小时,为近年之最。其中,7—8 月高温干旱期间,全省持续 24 天处于应急响应状态。除舟山外,全省 10 市 55 个县市(区)开展人工增雨作业,规模空前,共作业 399 轮次,发射火箭

图 4.11.5 嵊州明山茶厂茶芽枯黄发干,萎蔫卷曲(新昌县气象局提供)

Fig. 4.11.5 Tea trees damaged by low temperature in Shengzhou City (By Xinchang Meteorological Service)

弹 1323 枚,有效缓解高温干旱。共发布各类气象灾害预警信号 2774 次;向省委省政府和有关部门报送决策气象服务材料 103 期,重大气象灾害评估 7 期。累计发送气象服务短信共 7.5 亿条,通过彩信平台向 7 万多用户发布彩信 47 次。

4.12 安徽省主要气象灾害概述

4.12.1 主要气候特点及重大气候事件

2013 年,安徽省年平均气温 16.6℃,较常年偏高 0.7℃,仅低于 2006 年和 2007 年,与 1998 年并列为 1961 年以来第三高(图 4.12.1)。冬季气温偏低;春、夏、秋三季气温偏高,其中夏季偏高 1.7℃,为 1961 年以来历史同期最高。

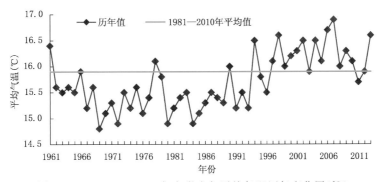

图 4.12.1 1961—2013 年安徽省年平均气温历年变化图(℃)

Fig. 4.12.1 Annual mean temperature in Anhui Province during 1961—2013 (unit:℃)

2013 年安徽省平均降水量 1014 毫米,较常年偏少近 2 成,为 2005 年以来最少(图 4.12.2)。年内冬季降水偏多,春、夏、秋三季降水偏少,其中夏季降水为 2005 年以来最少,梅雨期偏短、梅雨量偏少。

2013 年,安徽省遭遇雾霾、低温雨雪、倒春寒、高温、干旱、强降水、强对流等极端天气气候事件。全省因气象灾害造成农作物受灾面积 177.0 万公顷,其中绝收面积 13.8 万公顷;受灾人口 2855.9 万人,因灾死亡 36 人;直接经济损失 206.4 亿元。全年灾损为 2009 年以来最重。利用气候年景等级评估,2013 年安徽省属较差气候年景。

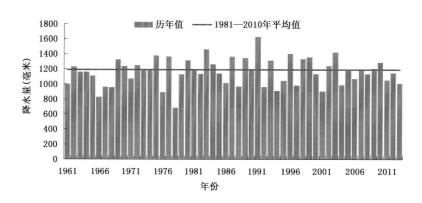

图 4.12.2　1961—2013 年安徽省年降水量历年变化图(毫米)

Fig.4.12.2　Annual precipitation in Anhui Province during 1961－2013 (unit:mm)

4.12.2 主要气象灾害及影响

1. 干旱

年内安徽省阶段性干旱频发,以 7 月下旬至 8 月中旬的淮河以南伏旱最为严重。7 月 23 日至 8 月 18 日淮河以南平均降水量 15 毫米,为 1961 年以来最少;平均无降水日数达 25 天,为 1961 年以来同期最多;平均蒸发量 241 毫米,为 1961 年以来同期最多。受高温、少雨和蒸发量大叠加影响,淮河以南出现不同程度的干旱。2013 年因干旱灾害全省农作物受灾面积 116.5 万公顷,绝收面积 11.8 万公顷;受灾人口 1711.6 万人,饮水困难人口 154.4 万人;直接经济损失 83.8 亿元。

2. 暴雨洪涝

年内安徽遭受多次暴雨过程。6 月 30 日江南有 137 个乡镇出现暴雨,38 个乡镇出现大暴雨,最大黄山龙门乡 209 毫米;歙县洽舍乡 1 小时雨量达 83 毫米,许村 3 小时雨量达 165 毫米,均超歙县站历史极值纪录。强降水造成水位迅速上升,诱发山洪、塌方等灾害,宣城、黄山市 7 个县区受灾。7 月 5—7 日,雨带位于淮河以南,6 日降水强度最大(图 4.12.3),有 377 个乡镇暴雨,238 个乡镇大暴雨,1 个乡镇特大暴雨,最大潜山龙湾(257 毫米),为潜山站历史第二位。2013 年因暴雨洪涝灾害全省农作物受灾面积 31.7 万公顷,绝收面积 1.1 万公顷;受灾人口 580.5 万人,因灾死亡失踪人口 24 人;倒塌房屋 0.7 万间,损坏房屋 2.9 万间;直接经济损失 65.3 亿元。

图 4.12.3　2013 年 7 月 6 日,安徽省青阳县暴雨洪涝造成部分乡镇多处被淹(安徽省气象局提供)

Fig.4.12.3　Qingyang submerged by rainstorm on July 6，2013 (By Anhui Meteorological Bureau)

3. 低温雪灾

冬季多低温雨雪天气,春季气温冷暖波动大。2月17—18日出现入冬后最强一次降雪过程,19日有73个县(市)出现积雪,含山最大积雪深度(22厘米)创2月极值。2月28日至3月2日、4月18—20日降温过程达寒潮标准,3月9—11日达强寒潮标准。4月7日38个县(市)出现霜或霜冻,造成安庆、黄山、砀山等地茶桑作物和果园大面积减产(图4.12.4)。2013年因低温雪灾全省农作物受灾面积24.9万公顷,绝收面积0.5万公顷;受灾人口319.8万人;倒塌房屋0.1万间,损坏房屋0.2万间;直接经济损失41.3亿元。

图4.12.4 2013年4月7日,安徽省亳州市大部地区出现霜和霜冻(安徽省气象局提供)

Fig. 4.12.4 Frost happened in Bozhou City, Anhui Province on April 7, 2013 (By Anhui Meteorological Bureau)

4. 局地强对流

春夏季雷雨大风、冰雹、龙卷等强对流时有发生。3月21日晚宿松县凉亭镇等地遭受风雹袭击,冰雹直径约1至3厘米,持续时间约2分钟。4月29—30日,安徽省南部出现大风、冰雹及短时强降水等强对流天气。7月7日16时左右,天长秦栏镇遭受龙卷袭击,龙卷风所经的400米宽、10千米长的地带基础设施损毁较重。2013年因大风、冰雹及雷电灾害全省受灾面积3.9万公顷,绝收面积0.4万公顷;受灾人口238.7万人,因灾死亡人口12人,其中雷击死亡5人;倒塌房屋0.3万间,损坏房屋2.6万间;直接经济损失15.9亿元。

5. 高温

夏季出现5段高温天气,其中第5段高温过程(7月23日至8月18日)为1961年以来最强;淮河以南平均高温日数37天,与1967年并列为1961年以来最多。与典型高温年相比,2013年仅极端最高气温不及1966年,单日超过40℃县(市)数(27个)、超过40℃累计县(市)数(159个)及高温综合指数达最强等级县(市)数(75个)均创历史极值。

6. 雾霾

年内全省平均雾霾日数60天,为历史最多,以霾日数偏多最明显,对交通运输和人民生活造成不利影响。1月24—31日,雾霾天气影响范围较广,25日9时许,沪渝高速芜宣段发生一起4车追尾事故,致8人死亡。12月5—9日,全省主要高速公路和多个县(市)出现能见度低于50米的强浓雾,来安最低能见度为0米(9日)。

4.12.3 气象防灾减灾工作概述

2013年,面对夏季全省大范围、持续性高温少雨天气,首次由安徽省气象局牵头召开省政府持续高温天气应对工作会议,并及时开展小麦抢收专题气象服务,抗旱造墒保苗增雨作业广受好评,累计增水达7亿多吨。全年安徽省气象局启动应急响应7次,累计发布预警信号537条、决策服务预警信息

4473万人次。省领导对气象工作做出批示和指示17次,决策气象服务满意率达100％,公众气象服务满意度城市和农村分别提高至84.9％和91.5％。全国人大常委会副委员长吉炳轩视察时指出:"安徽气象部门做了大量富有成效的工作,全省气象事业发展呈现出全面发展的好势头"。

4.13 福建省主要气象灾害概述

4.13.1 主要气候特点及重大气候事件

2013年,福建省年平均气温19.9℃,比常年偏高0.4℃(图4.13.1);平均年降水量1564.1毫米,较常年偏少5％(图4.13.2)。冬季温高雨少日照少,春季和秋季温高雨少日照多,夏季温高雨多日照多。

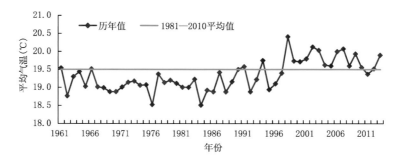

图 4.13.1 1961—2013 年福建省年平均气温历年变化图(℃)

Fig. 4.13.1 Annual mean temperature in Fujian Province during 1961—2013(unit:℃)

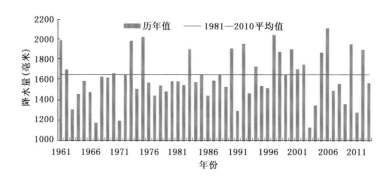

图 4.13.2 1961—2013 年福建省年降水量历年变化图(毫米)

Fig. 4.13.2 Annual precipitation in Fujian Province during 1961—2013(unit:mm)

年内重大气候事件有:1—2月大部分县(市)频受大雾影响;3月中南部出现较重气象干旱;3—4月内陆地区强对流天气频发;雨季开始期接近常年,结束期偏早;7—8月福建大部出现高温干旱天气过程。年内气象灾害种类多,局部地区灾情较重,共出现6次寒潮、5次强对流和24场暴雨天气过程,有11个台风登陆或影响福建省,其中4个登陆,属异常偏多。

2013年主要气象灾害造成福建省403.8万人受灾,因灾死亡38人,直接经济损失达120.4亿元,气象灾害偏重。总体而言,2013年福建省气候属正常偏差年景。

4.13.2 主要气象灾害及影响

1. 暴雨洪涝

2013年,福建省共出现24次暴雨过程,暴雨洪涝灾害共造成35.4万人受灾,因灾死亡失踪14

人,直接经济损失 9.4 亿元。主要特点是:雨季暴雨南部强、北部弱;夏秋台风暴雨多;12 月出现罕见强降水;暴雨过程最早出现在 3 月 23 日,最迟出现在 12 月 15—17 日。其中,5 月 19 日龙岩出现强降水,永定累计降水量 120.6 毫米,打破本站 1961 年以来 5 月份日降水量历史纪录,强降水致使永定境内多处受灾(图 4.13.3)。

图 4.13.3　2013 年 5 月 19—22 日强降水致使永定多处受灾(福建省气象局提供)

Fig. 4.13.3　Strong rainstorm attacked Yongding on May 19—22,2013(By Fujian Meteorological Bureau)

2. 热带气旋

2013 年,共有 11 个台风登陆或影响福建省,其中"苏力"(超强台风)、"西马仑"(热带风暴)、"潭美"和"菲特"(强台风)4 个台风登陆,登陆个数比常年(1.6 个)异常偏多。台风特点主要有两个方面:其一,登陆或影响时段集中,8 月和 10 月分别有 4 个、3 个台风登陆或影响福建省,个数明显偏多;其二,灾害影响整体偏重,台风造成福建省 313.2 万人受灾,因灾死亡失踪 6 人,直接经济损失103.6 亿元,台风致灾直接经济损失占全年各类主要气象灾害损失的 86%。

3. 局地强对流

2013 年,福建省共出现 5 次强对流天气过程,造成 24.7 万人受灾,因灾死亡失踪 16 人,直接经济损失 5.9 亿元。强对流天气过程主要集中在 3 月下旬至 4 月中旬。其中 3 月 19—20 日,出现入春以来首场较大范围强对流天气过程,三明、龙岩、南平等市的 17 个县(市)出现冰雹,部分县(市)受灾。3 月 20 日上午,南平市延平区境内遭遇突发强对流天气袭击,市区境内昼如黑夜,瞬间狂风暴雨,"闽南平渡 4195"号渡船被暴风掀翻,15 人遇难。

4. 低温冷冻害和雪灾

2013 年,受冷空气影响,福建省共出现 8 次低温阴雨(雪)天气过程,其中 6 次为寒潮天气过程。全年低温灾害共导致 3.6 万人受灾,受灾面积达 7710 公顷,直接经济损失 3711.8 万元。1 月有 2次大范围的低温雨雪天气过程,3—4 日夜里起,中北部地区 18 个县(市)出现小到中雪,局部大雪,其中,邵武积雪深度达 7.0 厘米;21—25 日,出现持续性低温雨雪天气过程,30 个县(市)过程降温≥5.0℃,北部部分县(市)出现小到中雪、局部大雪,并伴有结冰和积雪现象。

5. 高温热浪

2013 年,福建省共出现 9 次(7 月 4 次,8 月 4 次,9 月 1 次)高温过程,其中 6 月 27 日至 7 月 5日、8 月 4—13 日为持续性高温过程。

8 月 4—13 日,福建省出现持续性高温过程,综合高温强度位列 1961 年以来的第 4 位。全省大部分县(市)极端最高气温≥37.0℃,其中≥39℃的区域主要位于三明东部、福州北部和南平的大部分地区,最高为 40.6℃,8 月 8 日出现在福州。

4. 13. 3 气象防灾减灾工作概述

2013 年,福建省各级气象部门围绕重大灾害性天气过程及时启动应急响应,上下联动,加强监测预警,全力以赴做好气象减灾服务工作。全年共启动应急响应 9 次。报送决策气象服务材料 491份,获省委省政府和中国气象局领导批示 26 人次;发布警报 1204 次;全省各级气象部门共发布预警信号 8665 次,预警短信 19077 条,接收达 2.7 亿余人次。开展人工增雨作业 257 次,发射火箭弹1262 枚;跨省飞机人工增雨作业 4 架次,增雨量 1 亿立方米。准确及时的预报服务为省委、省政府提前部署和防御灾害性天气提供科学有效的决策依据,取得了显著的社会和经济效益。

4. 14 江西省主要气象灾害概述

4. 14. 1 主要气候特点及重大气候事件

2013 年江西省平均气温 18.9℃,较常年偏高 0.9℃,仅次于 2007 年,居历史第 2 高(图4.14.1);年降水量为 1459 毫米,较常年偏少 1.3 成(图 4.14.2)。年内各季气温均偏高,其中夏季气温创新高,春季为次高;7 月至 11 月上旬,全省降水持续偏少,累积降水量较常年同期偏少 4.7成,为历史同期第二少。

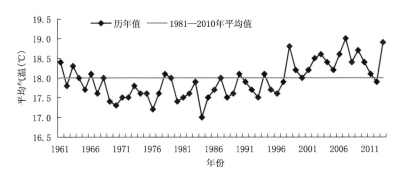

图 4.14.1　1961—2013 年江西省年平均气温历年变化图(℃)

Fig. 4.14.1　Annual mean temperature in Jiangxi Province during 1961—2013 (unit:℃)

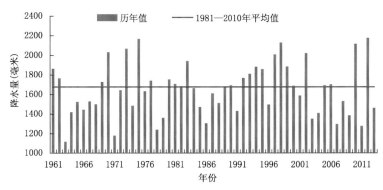

图 4.14.2　1961—2013 年江西省年降水量历年变化图(毫米)

Fig. 4.14.2　Annual precipitation in Jiangxi Province during 1961—2013 (unit:mm)

年内江西先后遭遇雨雪冰冻、局地强对流、暴雨洪涝、高温、干旱、热带气旋、雾和霾等气象灾害,致灾严重的主要有干旱和洪涝,占总灾损 88%,其中旱灾又重于涝灾,没有出现流域性的洪涝灾害。全年因气象灾害或由气象引发的次生灾害导致江西省 1160.3 万人受灾,因灾死亡 35 人,农作物受灾面积 105 万公顷,绝收面积 8.5 万公顷;直接经济损失 90.2 亿元。总体来看,2013 年气象灾害属于中等年份,农业气象年景总体为丰产年景。

4.14.2 主要气象灾害及影响

1. 干旱

夏秋(7月至11月上旬),江西气温异常偏高,降水异常偏少,全省出现明显的伏旱和秋旱,其中伏旱致灾严重(图4.14.3);鄱阳湖水域面积也为近10年历史同期最小。全年因干旱灾害共造成江西省736.7万人受灾;饮水困难184.8万人;农作物受灾面积57.6万公顷,绝收面积6.9万公顷;直接经济损失39.2亿元。

图4.14.3　2013年8月9日,干旱导致农田开裂、禾苗干枯(乐安县气象局提供)

Fig.4.14.3　Farmland and crop damaged by drought on August 9,2013 (By Le'an Meteorological Service)

2. 暴雨洪涝

年内全省暴雨过程频繁,各个季节均出现过不同程度的暴雨过程(图4.14.4),其中主汛期(4—6月)出现9次。据统计,全年洪涝灾害(含山体崩塌、滑坡)共造成江西省305.9万人受灾,死亡失踪23人,紧急转移安置9.6万人;农作物受灾面积29.2万公顷,绝收面积0.8万公顷;倒塌房屋7056间,损坏房屋1.8万间;因灾直接经济损失38.4亿元。

图4.14.4　2013年6月29日,贵溪市遭受洪涝灾害(贵溪市气象局提供)

Fig.4.14.4　Floods submerged in Guixi City on June 29，2013 (By Guixi Meteorological Service)

3. 热带气旋

年内主要有5个热带气旋影响江西,影响较大的是"苏力"和"潭美",整体影响利大于弊。全年热带气旋共造成全省 37.5 万人受灾,死亡 2 人,紧急转移安置人口 1.7 万人;农作物受灾面积 2.5 万公顷,绝收面积 0.4 万公顷;倒塌房屋 1000 间,直接经济损失约 5.4 亿元。

4. 局地强对流

年内强对流过程主要集中在 3 月中下旬,3 月 19—20 日、22—24 日分别出现较大范围的强对流天气。全年因风雹灾害造成全省 44.3 万人受灾,9 人死亡失踪,紧急转移安置 3.3 万人;农作物受灾面积 2.5 万公顷;倒塌房屋 984 间,损房 6.3 万间;因灾直接经济损失 5.8 亿元。

年内雷电灾害比较频繁,且出现时间偏早,在 3 月 16 日就开始出现雷电灾害,雷灾高发期集中在 3—6 月。据统计,全省因雷击死亡 28 人,受伤 49 人。

5. 高温热浪

夏季,江西出现了历史少见的高温热浪天气,高温出现早,过程持续时间长,且强度大。全年 35℃ 以上高温日数全省平均达 50.3 天,较常年偏多 20.8 天,创历史新高;全省有 115 站日最高气温突破 40℃,9 站日最高气温突破历史极值,高温强度仅次于 2003 年。持续高温导致全省用电负荷猛增,电力输配电设备的故障率增加;中暑人数急增。

6. 雾霾

年内雾霾天气频繁,全年共出现 32 次区域性的雾霾天气过程,全省大雾出现 1470 站日,较常年偏少;而霾出现 3883 站日,较常年明显偏多。大范围的雾霾过程主要出现在秋、冬季节。雾霾天气致使能见度低、空气污染现象严重,给高速公路、民航、人体健康等带来严重影响。

4. 14. 3 气象防灾减灾工作概述

2013 年江西天气气候继续异常,面对一次又一次的气象灾害,江西省气象部门立足天气气候异常,严密监视天气变化,准确预报、及时预警。全年共启动气象灾害应急Ⅳ级响应 5 次,Ⅲ级 5 次,Ⅱ级 3 次,应急天数达 42 天,向联动单位发送气象灾害预警信息 17 次。全年共向省委省政府领导及有关部门报送《气象呈阅件》78 期、专题气象服务材料《气象情况反映》131 期,针对 2013 年全省出现的各种重大气象灾害事件,制作灾害影响评估材料 13 期。为党政领导和重点用户发布各类气象短信约 82 万人次,向公众发送预警短信 237 次,共计 45515 万人次,通过绿色通道全网发送预警信息 7900 万人次;通过省卫视各频道、电台各频率、南昌市电视台等媒体滚动插播预警信息约 1200 余次。

4. 15 山东省主要气象灾害概述

4. 15. 1 主要气候特点及重大气候事件

2013 年,山东省年平均气温为 13.7℃,较常年偏高 0.3℃(图 4.15.1);平均年降水量为 687.9 毫米,较常年偏多 7.2%(图 4.15.2)。冬、春季气温偏低,夏、秋季气温偏高;冬、春、夏季降水量均较常年偏多,秋季降水量偏少。主要天气气候事件包括:7 月强降雨频繁,内涝严重;8 月持续高温,多地突破历史极值;5 月下旬罕见大风暴雨;9 月中旬鲁中遭受风雹袭击;春季低温雨雪,大风天气多;夏末秋初少雨干旱,影响秋播;冬、春气温波动幅度大,沿海遭受海冰灾害;秋、冬雾霾天气多。全年因气象灾害及其衍生灾害共造成 1157.5 万人次受灾,3 人死亡,转移安置人口 3.0 万人,农作物受灾面积 146.2 万公顷,成灾 73.0 万公顷,绝收 14.5 万公顷,直接经济损失 88.3 亿元,其中农业经济损失 78.8 亿元。总体而言,2013 年度气象灾害影响属中等偏轻年份。

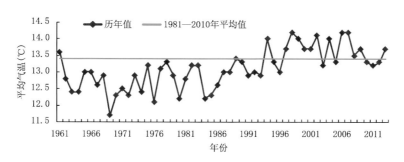

图 4.15.1　1961—2013 年山东省年平均气温历年变化图（℃）

Fig. 4.15.1　Annual mean temperature in Shandong Province during 1961—2013（unit：℃）

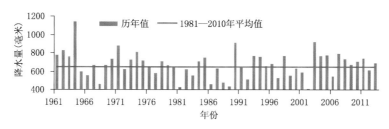

图 4.15.2　1961—2013 年山东省年降水量历年变化图（毫米）

Fig. 4.15.2　Annual mean precipitation in Shandong Province during 1961—2013（unit：mm）

4.15.2　主要气象灾害及影响

1. 暴雨洪涝

2013 年，山东共出现 16 次暴雨过程，具有持续时间长、强度大、局地性强的特点。降水主要集中在 7 月（图 4.15.3），多地日降水量突破历史极值，其中 8 日 17 时至 12 日 21 时，鲁西北、鲁中北部和半岛地区出现暴雨，部分地区大暴雨，全省平均降水量为 73.9 毫米，部分地区遭受严重洪涝灾害。全年有 116 个县（市、区）共 1265 个乡镇先后受到暴雨洪涝影响，受灾人口 803.9 万人，因灾死亡 2 人，伤 2 人，转移安置人口 2.1 万人，损坏房屋 3.3 万间，倒塌房屋 1.2 万间，农作物受灾面积 90.1 万公顷，成灾面积 57.5 万公顷，绝收面积 14.2 万公顷，直接经济损失 58.1 亿元，其中农业经济损失 51.6 亿元。

图 4.15.3　2013 年 7 月 27 日章丘市遭暴雨袭击（山东省气象局提供）

Fig. 4.15.3　Heavy rainstorm attracted Zhangqiu City on July 27，2013

（By Shandong Meteorological Bureau）

2. 低温冻害

4月19日下午至20日,山东省普遍出现低温冷冻和雨雪天气(图4.15.4),局地积雪厚度达11厘米,大部地区的最低气温为0~2℃,栖霞最低为−0.7℃,多个县(市)降雪刷新了有气象记录以来4月终雪日纪录。全省受灾人口167.7万人;作物受灾面积24.3万公顷,成灾面积6.8万公顷,绝收面积2300公顷;直接经济损失13.8亿元,其中农业损失13.5亿元。

图4.15.4　2013年4月20日莱州市低温冻害果树受灾(莱州市气象局提供)

Fig.4.15.4　Fruit trees damaged by low-temperature freezing injury attracted Laizhou City on April 20,2013

(By Laizhou Meteorological Service)

3. 局地强对流

2013年,山东省共发生12次强对流大风、冰雹、雷电灾害过程,具有次数多、局部损失重的特点。其中,9月15日下午,受局地强对流天气影响,济宁、泰安部分县镇突遭风雹袭击,造成灾区房屋、农作物及基础设施严重受损,大面积停电。全年造成受灾人口166.9万人,因灾死亡失踪1人,受伤192人,转移安置人口8445人,损坏房屋2.2万间,倒塌房屋806间,农作物受灾面积11.2万公顷,绝收面积1000公顷,直接经济损失15.2亿元,其中农业损失10.3亿元。

4. 干旱

2013年干旱主要发生在夏末秋初,鲁南、半岛等地出现旱情。其中,8月12日至9月17日莱西市37天无有效降雨,降水远少于周边县市,由于正是秋作物发育期和成熟期,持续干旱造成了农作物大面积减产,部分绝产。造成受灾人口19.0万,农作物受灾面积20.7万公顷,成灾面积2.6万公顷,直接经济损失1.2亿元,全部为农业损失。

4.15.3　气象防灾减灾工作概述

2013年,山东省气象部门针对暴雨、强对流、雾霾、高温、干旱等重大天气气候事件和春运、春节、国庆等节假日,启动应急响应2次,多次召开新闻发布会和全省视频天气会商。全年共向省委、省人大、省政府等有关部门报送《呈阅件》10期、《重要天气预报》114期、《雨情简报》29期、《春运气象服务简报》40期,向省领导发送决策气象服务短信170万余条;气象服务为领导决策提供了有效依据,得到了山东党政部门和公众的认可和肯定,省长郭树清、副省长赵润田、孙伟等先后在决策气象服务材料上做出9次批示。

4.16 河南省主要气象灾害概述

4.16.1 主要气候特点及重大气候事件

2013年,河南省年平均气温15.5℃,较常年(14.7℃)偏高0.8℃,为1961年以来气温最高年(图4.16.1);四季中,仅冬季气温偏低,春、夏、秋季气温均偏高。8月高温频发,多个站点日最高气温、连续高温日数创历史极值。年平均降水量为558.2毫米,较常年偏少24.1%,为近10年来降水最少年(图4.16.2);全年仅春季降水偏多,冬、夏、秋季均偏少;年降水日数为1961年以来最少。

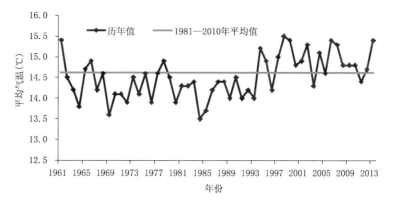

图4.16.1 1961—2013年河南省年平均气温历年变化图(℃)

Fig. 4.16.1 Annual mean temperature in Henan Province during 1961—2013 (unit:℃)

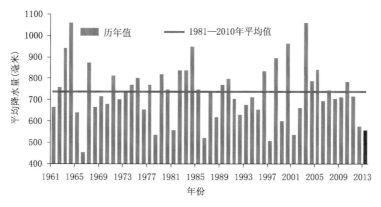

图4.16.2 1961—2013年河南省年降水量历年变化图(毫米)

Fig. 4.16.2 Annual precipitation in Henan Province during 1961—2013 (unit:mm)

2013年河南省雾霾日数多;春季部分地区出现低温冻害;春、夏、秋三季均出现了不同程度的干旱;夏季高温日数多,强度大,范围广;汛期部分地区遭受雷雨、大风、冰雹等强对流袭击和暴雨洪涝灾害。据省民政厅统计,2013年河南因气象灾害造成农作物受灾面积118万公顷,绝收面积9.4万公顷;受灾人口2587.8万人,死亡人口20人;直接经济损失为109.6亿元。总体来看,2013年河南省气象灾害较常年偏轻。

4.16.2 主要气象灾害影响

1. 干旱

2013年春、夏、秋季均出现了不同程度的气象干旱,干旱时段主要出现在3月至4月中旬、7月下旬至8月下旬及10月,其中以信阳夏旱影响最重。全年河南农作物受灾面积84.8万公顷,绝收面积 7.2 万公顷,受灾人口 1623.2 万人,饮水困难人口为 34.5 万人;直接经济损失 62.9 亿元。与常年相比,干旱灾害偏轻。

2. 暴雨洪涝

2013 年夏季,河南降水偏少 3 成,5—8 月仅出现了 2 次大范围强降水过程。河南全年因暴雨洪涝造成农作物受灾面积 6.1 万公顷;受灾人口 484.6 万人,因灾死亡失踪 10 人;倒塌房屋 0.3 万间,严重损坏 0.9 万间,造成直接经济损失 17.1 亿元。与往年相比,洪涝灾害偏轻。

3. 低温冻害

2013 年 4 月 19—21 日,河南省出现大范围降温天气,同时伴有雨雪和冰雹。低温冻害给农作物生长带来不利,致使商丘、濮阳、安阳、三门峡等地部分经济作物和瓜果出现轻度霜冻灾害,农作物受灾面积 7.2 万公顷,绝收面积 0.1 万公顷,受灾人口 43.6 万人,直接经济损失约 1.1 亿元。

4. 局地强对流

2013 年,河南省因风雹造成农作物受灾面积 19.9 万公顷,绝收面积 2.1 万公顷;受灾人口 436.4 万人,因灾死亡 10 人;倒塌房屋 0.3 万间,严重损坏 1.4 万间,造成直接经济损失 28.5 亿元(图 4.16.3)。其中,2013 年 8 月 7 日 17 时 20 分河南嵩县出现局地强对流天气,伴有大风、冰雹及强降水,冰雹最大直径 40 毫米,持续时间 5 分钟。

图 4.16.3 卢氏农作物(左)和睢县小麦(右)受大风冰雹袭击倒伏(卢氏、睢县气象局提供)

Fig. 4.16.3 Lodging Crops in LuShi (left) and wheat in SuiXian by gale and hail

(By LuShi and SuiXian Meteorological Service)

2013 年河南共发生雷电灾害 22 起。雷电造成 1 人身亡(2013 年 7 月 4 日 17 时,平顶山市叶县辛店乡辛店村在田间务农的吴某(男、18 岁));1 间民房受损;办公电子电器受损 10 起,损坏设备 530 件;家用电子电器受损 11 起,损坏设备 2113 件。雷电灾害共造成直接经济损失 523.1 万元。

5. 高温热浪

2013 年 8 月,河南省多次出现高温天气,平均高温日数达 13.1 天,较常年偏多 11.4 天,为 1961 年以来同期最多年。4 个站点日最高气温达到或突破高温的历史极值,8 个站点连续高温日数达到或突破历史极值。高温天气致使电力负荷加重,河南省电网供电负荷再创历史新高。因高温造成的中暑或意外事故人数明显增加。

4.16.3 气象防灾减灾工作概述

河南省气象减灾服务效益显著。全年重大天气过程无一漏报,全省发布气象灾害预警信息 2449 次。各级气象部门严密监测天气变化,提前预报、快速反应,为各级党委政府提供了科学决策依据。春运、三夏、三秋、第八届中博会等重大气象服务保障受到春运指挥部、活动组委会等部门和组织的表扬奖励。气象服务、人工影响天气为河南省夏粮"十一连增"、粮食总产"十连增"做出积极贡献,受到汪洋副总理、农业部韩长赋部长等领导称赞,中国气象局领导批示表扬 2 次,省领导批示表扬肯定 18 次。

4.17 湖北省主要气象灾害概述

4.17.1 主要气候特点及重大气候事件

2013 年湖北省年平均气温 17.2℃,较常年偏高 0.5℃(图 4.17.1)。冬季气温偏低,为 21 世纪以来第四个冷冬,其余三季气温偏高。春季冷暖变幅大,出现倒春寒天气;夏季持续大范围晴热高温,气温异常偏高。年降水量 1088 毫米,较常年偏少 9%(图 4.17.2)。入梅(6 月 23 日)偏晚,出梅(7 月 8 日)偏早,主汛期降水偏少、强度弱、局部地区降雨集中。夏季长时间干旱少雨,特旱县市集中在鄂西北中南部、鄂北岗地、鄂中丘陵及鄂东东部,干旱损失近 10 年最重。强对流天气出现早、次数多。秋冬季霾频次高、范围广。

本年度湖北省主要受高温干旱、暴雨及气象地质灾害、强对流、雪灾及低温冷冻、连阴雨和霾影响。据民政部门统计,各种气象灾害(未计病虫害)共造成受灾人口 2353.9 万人,死亡 46 人;农作物受灾面积 248.8 万公顷,绝收 14.1 万公顷;造成直接经济损失 145 亿元;总体评价属中等气象灾害年份。

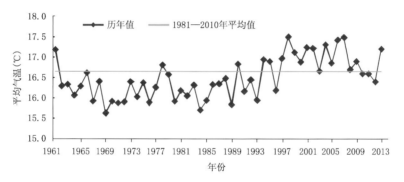

图 4.17.1 1961—2013 年湖北省年平均气温历年变化图(℃)

Fig.4.17.1 Annual mean temperature in Hubei Province during 1961—2013 (unit:℃)

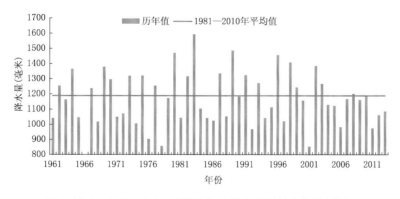

图 4.17.2 1961—2013 年湖北省年降水量历年变化图(毫米)

Fig.4.17.2 Annual precipitation in Hubei Province during 1961—2013 (unit:mm)

4.17.2 主要气象灾害及影响

1. 高温干旱

2013年1—4月中旬,鄂北及江汉平原大部降水偏少3~6成;7月下旬至8月中旬,省内大部无雨日数30~40天、降水偏少5~9成。夏季出现3段大范围高温天气,平均气温为1961年以来同期第一高;17县(市)持续高温日数、13站最高气温40℃以上的连续日数居历史首位。高温与干旱叠加,一度52县(市)出现重旱,其中30县(市)为特旱(图4.17.3)。据统计,全省因高温干旱1579.5万人受灾,367万人饮水困难,186.2万公顷农作物受灾,11.0万公顷农作物绝收,直接经济损失100.6亿元。

图4.17.3 (a)2013年8月13日襄阳市农作物旱情;(b)2013年8月20日黄冈罗田县农作物旱情;(c)2013年8月17日宜昌兴山玉米旱情;(d)2013年8月19日宜昌枝江水稻旱情(以上图片分别由襄阳市、黄冈市和宜昌市气象部门提供)

Fig. 4.17.3 (a)Drought influenced in Xiangyang City on August 13,2013, (b)Drought influenced in Luotian County of Huanggang City on August 20,2013, (c)Drought in Yichang City on August17, 2013, (d)Drought influenced in Yichang City on August 19,2013(By Xiangyang,Huanggang and Yichang Meteorological Service)

2. 暴雨洪涝

全省共出现8次区域性暴雨过程(过程中单日暴雨10站以上),其中6月5—7日暴雨范围最广。6月23—24日暴雨造成宣恩城区积水,紧急转移2000人。7月5—7日连续暴雨29县(市、区)受灾,死亡2人,直接经济损失6.8亿元;武汉3天暴雨,过程雨量江夏达316毫米,严重内涝近10年少见。据统计,全省因暴雨及滑坡、泥石流等灾害造成555万人受灾,农作物45.6万公顷受灾、2.3万公顷绝收,死亡失踪32人,倒塌和损坏房屋3.8万间,直接经济损失32.3亿元。

3. 局地强对流

局地强对流灾害出现早、频次高,以8月、7月和3月居多。3月9—10日,利川、咸丰局部遭冰雹袭击,京山、孝感、黄梅局部遭受雷雨大风灾害,转移安置62人,直接经济损失1778万元。7月16日三峡坝区因雷击2名游客死亡,6人受伤。8月18日下午雷雨大风造成郧西,武汉市江岸区、新洲区各1人死亡。据统计,全省因强对流天气造成153.6万人受灾,12人死亡,农作物7.0万公顷受灾、0.7万公顷绝收,倒塌和损坏房屋3.6万间,直接经济损失10.2亿元。

4. 低温冷冻害和雪灾

冬季出现3次大范围雨雪冰冻过程,分别有30、47、52站积雪。据统计,全省因低温冷冻和雪灾造成65.8万人受灾,农作物10.0万公顷受灾、0.2万公顷绝收,损坏房屋0.2万间,直接经济损失1.9亿元。

5. 霾

全省共出现6次大范围(一日30站以上)、持续性霾天气。霾日最多武汉达78天,其中12月有15天重度污染、5天严重污染。武汉曾两次启动雾霾应急预案三级响应。

4.17.3 气象防灾减灾工作概述

2013年湖北省气象局共向省委、省政府及相关部门提供310期气象服务材料,被引用、转发和批示达61次,圆满完成了各项防灾减灾气象保障服务工作。首先是密切关注春运期天气气候变化,加强监测分析,敏感捕捉降温和雨雪天气过程,认真做好春节假日和春运气象保障服务工作。二是投入专业人力、专项财力,大力开展流域气象服务,三峡防汛和蓄水气象服务受赞扬。三是加强与水务、民政、国土资源、农业、交通等部门合作、会商,提前预报、前瞻服务,预警信息显成效。四是坚持开展高温、干旱动态监测与影响评估分析,适时开展有效人工增雨作业,奋力做好抗旱保丰收气象服务工作。五是双管齐下,一手抓霾、雾监测分析、预报预警,一手抓报纸、电视台等媒体科普宣传,推进霾、雾认识度。

4.18 湖南省主要气象灾害概述

4.18.1 主要气候特点及重大气候事件

2013年湖南省年平均气温18.4℃,较常年偏高1.0℃,为1961年以来最高(图4.18.1);2013年湖南省年平均降水量1271.6毫米,较常年偏少9.4%(图4.18.2)。年内湖南省出现了低温冷冻害、春季强对流、夏季高温热浪、干旱、暴雨洪涝、雾霾等气象灾害,给人民群众生产生活造成一定影响。据不完全统计,2013年湖南省各种气象灾害造成3344万人受灾,因灾死亡50人,紧急转移安置40.9万人;农作物受灾面积304.7万公顷,绝收49.6万公顷;直接经济损失282.7亿元。其中,旱灾严重,其他灾害相对往年较轻,但多灾连发,部分地区反复受灾,局地受灾严重。

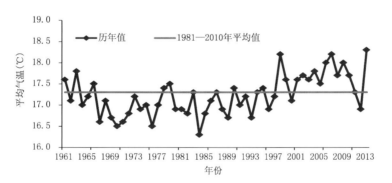

图4.18.1 1961—2013年湖南省年平均气温历年变化图(℃)

Fig.4.18.1 Annual mean temperature in Hunan Province during 1961—2013 (unit:℃)

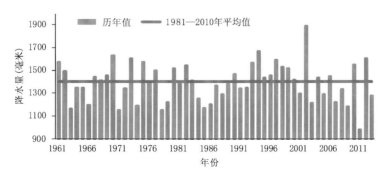

图4.18.2 1961—2013年湖南省年降水量历年变化图(毫米)

Fig.4.18.2 Annual precipitation in Hunan Province during 1961—2013 (unit:mm)

4.18.2 主要气象灾害及影响

1. 高温热浪

2013年湖南省年平均高温日数47.3天,较常年偏多24.7天。6月29日—8月19日,湖南省出现了年内范围最广、强度最强的高温天气过程,全省平均高温日数(35.1天)、单站高温最长持续时间(48天,出现在衡山、长沙)、40℃以上高温范围均突破历史同期最高纪录,有93县(市)出现高温热害,其中51县(市)达重度高温热害标准。根据湖南省卫生厅卫生应急办公室的评估报告,大面积持续高温干旱天气,导致肠道传染病、食物中毒、高温中暑等公共卫生风险增加。

2. 干旱

2013年夏旱始于6月中旬中期,6月底强度迅速加重,7月底至8月中旬中为最强盛时段,重旱范围在50%以上(图4.18.3)。干旱造成全省1849.4万人受灾,饮水困难人口445.7万人,农作物受灾面积207.6万公顷,绝收面积42.5万公顷,直接经济损失170.3亿元,农业直接经济损失162.7亿元。

图4.18.3　2013年8月1日,湖南省醴陵市万宜村一季稻农田开裂(湖南省气候中心提供)

Fig.4.18.3　Cracked rice farmland caused by drought in Hunan Province on August 1, 2013

(By Hunan Climate Center)

3. 暴雨洪涝

2013年共出现10次较强降水过程,其中暴雨范围最广、强度最强的降水过程出现在9月23—25日,其次出现在8月22—24日,年内强降水天气过程共造成全省763.7万人受灾,死亡失踪23人,倒塌房屋1.3万间,损坏房屋5.8万间,农作物受灾面积44.7万公顷,绝收面积2.7万公顷,直接经济损失46.9亿元。

4. 局地强对流

2013年湖南省共出现大风124站次,雷暴969站次。3月19—20日,湘中以南多地出现冰雹和大风,冰雹直径最大达50毫米(靖州),道县最大风速达到11级。据不完全统计,2013年强对流天气共造成全省254.5万人受灾,死亡失踪12人,紧急转移安置3.6万人;农作物受灾面积18.1万公顷,绝收面积1.7万公顷;倒塌房屋0.5万间,损坏房屋17.6万间;直接经济损失21.4亿元。

5. 低温冷冻害

2013年冬季共出现3次低温雨雪冰冻天气过程;4月中下旬有63县市出现春寒(倒春寒)天气;9月25—27日出现全省性寒露风天气,55县市达到重度寒露风标准。低温雨雪冰冻天气共造成全省154.8万人受灾,农作物受灾面积16.7万公顷,绝收面积0.8万公顷,直接经济损失5.4亿元。

6. 森林火灾

夏季极端高温干旱天气导致全省森林火灾频发,据林业部门统计,全省共发生森林火灾134起,过火面积1.46万亩,成灾1.13万亩。

7. 霾

2013年湖南省平均霾日数55.4天,以12月霾日最多,其次是10月,全省平均霾日数分别达10.9天、9.3天,其中12月20—26日,连续7天有超过50%的县(市)出现霾。雾霾天气对交通、人体健康等都造成了较大的影响。

4.18.3 气象防灾减灾工作概述

2013年湖南省气象局共启动各类气象灾害应急响应7次,应急天数50天;发布决策服务材料185期、气象灾害预警信号236期;向社会公众免费群发重大天气短信18.5万人次。其中,4月1日—9月30日,湖南共向全省发送各类气象灾害预警3527县次,发送人次共计2786.9万,其中发送红色预警信号360县次,累计发送人次184.8万;向社会公众免费群发天气消息、天气实况等短信1.1734亿人次,预警信息发送人次创近5年新高。6月底至8月上半月,湖南省经历了极端高温少雨天气,省气象部门及时将服务重点调整到抗旱上来,及时启动高温干旱双Ⅱ级应急响应,加强滚动监测预警预报和灾情评估,受到各级党政领导和社会公众的高度肯定。

4.19 广东省主要气象灾害概述

4.19.1 主要气候特点及重大气候事件

2013年,广东省平均气温21.9℃,与常年持平(图4.19.1),但年内气温变化起伏大:2月、3月气温显著偏高,4月、7月、12月显著偏低;全省平均降水量2124.5毫米,较常年偏多近2成(图4.19.2),各月降水量分布异常,1月、2月、10月降水显著偏少,8月、11月、12月降水显著偏多。3月28日全省开汛,较常年偏早9天,汛期强降水多,影响大;年内共9个热带气旋登陆或影响广东,其中3个登陆,且有两个达到强台风级别,历史罕见,台风造成的灾损程度也为近20年最重。年内气候呈现"该冷不冷、该热不热、入汛早、雨量大、台风强、灾害重"的特点。据省民政厅资料统计,2013年广东省各种气象灾害造成受灾人口2464万人,死亡186人;农作物受灾面积113.4万公顷,绝收12万公顷;直接经济损失489.8亿元。

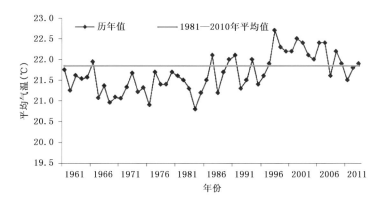

图4.19.1 1961—2013年广东省年平均气温历年变化图(℃)

Fig.4.19.1 Annual mean temperature in Guangdong Province during 1961—2013 (unit:℃)

4.19.2 主要气象灾害及影响

1. 热带气旋

2013年登陆和影响广东省的热带气旋达9个,较常年明显偏多。7月2日强热带风暴"温比亚"在湛江登陆,为年内登陆广东的首个热带气旋。8月14日,强台风"尤特"登陆阳江,粤西、粤东和珠

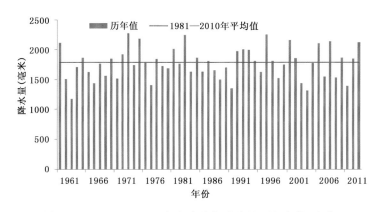

图 4.19.2　1961—2013 年广东省年降水量历年变化(毫米)

Fig. 4.19.2　Annual precipitation in Guangdong Province during 1961—2013 (unit:mm)

江三角洲大部地区出现暴雨到大暴雨,局地特大暴雨。9 月 22 日,强台风"天兔"登陆汕尾,粤东和珠江三角洲普降暴雨到大暴雨,粤东沿海普遍出现 11~13 级大风(图 4.19.3)。年内热带气旋共造成全省 2147.7 万人受灾,紧急转移 204.4 万人,95 人死亡失踪,农作物受灾面积 98.4 万公顷,绝收10.5 万公顷,直接经济损失约 421.8 亿元,灾损程度异常严重。

图 4.19.3　2013 年 9 月 22 日"天兔"登陆粤东(广东省气候中心提供)

Fig. 4.19.3　"Usagi" landed on eastern of Guangdong Province on September 22，2013 (By Guangdong Climate Center)

2. 暴雨洪涝

2013 年广东省暴雨主要特点是"频次多,影响大",汛期共出现 24 次暴雨过程。5 月中旬末到下旬初连续出现两次大暴雨过程,对粤北山区造成严重影响。8 月 14—18 日,受强台风"尤特"和强烈南海西南季风接连影响,全省出现历史罕见的持续性特大暴雨降水过程,对全省造成严重影响。2013 年暴雨洪涝共造成全省 296.8 万人受灾,74 人死亡失踪,农作物受灾面积 13.6 万公顷,绝收1.3 万公顷,直接经济损失 58.1 亿元。

3. 局地强对流

2013 年春季,广东省强对流天气频繁发生。3 月 19—20 日,多地先后出现冰雹、龙卷、雷雨大风和短时强降水等灾害性天气,东莞市有 9 人因简陋厂房倒塌致死。4 月 2—3 日,广东多地出现冰雹、雷电大风、强降水等灾害,其中清远市受灾最为严重。年内风雹雷电等天气造成全省 18.7 万人受灾,17 人死亡失踪,农作物受灾面积 0.6 万公顷,直接经济损失约 9.8 亿元。

4. 低温寒害

2013 年全省平均年低温日数(日最低气温≤5℃)为 9.5 天,较常年偏少 0.2 天。1 月初低温和降雪导致粤北山区道路结冰,对交通造成一定影响;12月中旬受高空槽和冷空气共同影响全省出现罕见的冬季暴雨,全省平均雨量达135.4毫米。

4.19.3　气象防灾减灾工作概述

2013年,广东省气象部门发布《重大气象信息快报》196期、《重大气象信息专报》17期,为领导决策提供了有效依据。针对春节、高考、强台风"尤特"、强台风"天兔"、中秋、国庆和元旦等共举行了15次新闻发布会。省委、省政府领导在决策服务产品上做出24次重要批示,并在多种场合对广东省气象服务工作表示了肯定。2013年全省气象部门共开展飞机作业19架次、作业飞机46小时,地面火箭人工增雨14次,发射火箭62枚,取得了较好的增雨抗旱效果。

4.20　广西壮族自治区主要气象灾害概述

4.20.1　主要气候特点及重大气候事件

2013年,广西年平均气温21.1℃,较常年偏高0.4℃(图4.20.1);年降水量1694.8毫米,较常年偏多1成(图4.20.2)。年内主要气象灾害有热带气旋、暴雨洪涝、局地强对流、低温雨雪霜(冰)冻等。其中3月发生的强对流天气过程是近十年来最频繁的,灾情21世纪以来同期最严重;5月强降水频繁,部分地区出现洪涝;年内有9个热带气旋影响广西(8个台风、1个热带低压),较常年偏多5个,影响个数为1974年以来最多;11月中旬第30号超强台风"海燕"给广西带来历史同期少见的严重影响。此外,高温、干旱、寒露风、雾霾等气象灾害也给广西造成不同程度的影响。

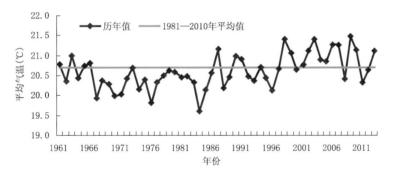

图4.20.1　1961—2013年广西年平均气温历年变化图(℃)

Fig.4.20.1　Annual mean temperature in Guangxi during 1961—2013 (unit:℃)

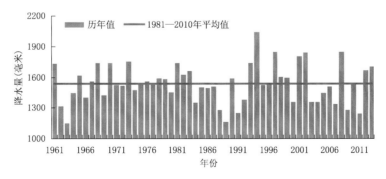

图4.20.2　1961—2013年广西年降水量历年变化图(毫米)

Fig.4.20.2　Annual precipitation in Guangxi during 1961—2013 (unit:mm)

全年因气象灾害共造成农作物受灾面积69.5万公顷,绝收面积2.0万公顷,受灾人口764万人次,死亡96人,直接经济损失62.4亿元。

4.20.2 主要气象灾害及影响

1. 热带气旋

2013年,进入广西影响区(19°N以北,112°E以西地区)的热带气旋有9个(8个台风、1个热带低压),比常年偏多5个,是1974年后热带气旋影响个数最多的一年。其中,8月中旬超强台风"尤特"影响时间长,致灾严重,台风"潭美"紧随"尤特"而来,加重原已受灾地区的灾情;11月中旬超强台风"海燕"给广西造成的影响最为严重,灾情之重历史同期少见,也是1949年来影响时间排位第8晚的台风,比常年偏晚52天(图4.20.3)。全年台风灾害共造成445.9万人受灾,死亡失踪36人,倒塌房屋2.5万间,农作物受灾45.3万公顷,绝收6000公顷,直接经济损失40.2亿元。

图4.20.3 2013年11月11日广西宾阳县遭台风"海燕"袭击(宾阳县气象局提供)

Fig.4.20.3 Binyang was attacked by "Haiyan" on November 11,2013(By Binyang Meteorological Service)

2. 暴雨洪涝

2013年广西暴雨总站日为566站日,比常年偏多47站日。除热带气旋引起的暴雨洪涝外,由其他天气系统引起的暴雨洪涝主要出现在4月末和5—6月,给广西造成了不同程度的损失,其中4月末和5月上旬末、中旬中的强降水天气过程引发的洪涝和地质灾害造成的经济损失和人员伤亡最大。全年暴雨洪涝共造成160.2万人受灾,死亡失踪43人,倒塌房屋5000间,损坏房屋1.4万间,农作物受灾面积7.4万公顷,绝收面积1000公顷,直接经济损失9.7亿元。

3. 低温冷冻害和雪灾

2013年1月至3月初及12月下半月,低温雨雪霜(冰)冻给广西造成了不同程度的影响,其中1月上旬的过程受灾较严重,给农业、林业、交通运输、电力和人民生活等方面造成了不利影响;12月出现了2007年以来持续时间最长的霜(冰)冻天气过程,对部分县、区的农业生产带来不利影响。全年低温雨雪霜(冰)冻共造成29.3万人受灾,农作物受灾面积6.7万公顷,绝收面积1000公顷,直接经济损失1.5亿元。

4. 局地强对流

2013年,广西因大风、冰雹及雷电等局地强对流天气共造成81.3万人受灾,死亡15人,倒塌房屋1000间,损坏房屋10.9万间,农作物受灾面积4.9万公顷,绝收面积7000公顷,造成直接经济损失8.3亿元;其中雷击事件96起,死亡9人,伤1人。

4.20.3 气象防灾减灾工作概述

2013年广西气象部门认真做好监测预报预警服务工作,自治区气象局共启动气象应急响应11次,各级气象部门共发布各类决策服务材料8155期,发布预警和预警信号6496次,联合发布地质灾害预警预报信息 46 天次,通过手机预警短信接收人数达 5.4 亿人次,气象防灾减灾和服务成效显著。特别是在防御恭城县"5·16"特大暴雨泥石流灾害过程中,气象预报准、预警早、信息灵,避免了人员伤亡。全年开展飞机增雨作业 15 架次,作业飞行 38 小时;开展火箭人工增雨防雹作业 380次,发射火箭弹 1214 枚。地方各级领导和社会各界对气象服务给予高度评价,6 位自治区领导年内在气象相关材料上做出 25 次批示。

4.21 海南省主要气象灾害概述

4.21.1 主要气候特点及重大气候事件

2013 年海南省年平均气温 24.5℃,较常年偏高 0.1℃,为 1961 年以来第 14 位高值(图4.21.1)。冬季平均气温偏高;春、夏和秋季平均气温正常。全省平均年降水量 2183.4 毫米,较常年偏多 20%(图 4.21.2)。冬季降水偏多,春、夏和秋季降水接近常年同期。年内有 12 个热带气旋影响海南省,影响个数较常年偏多 1 倍,为 1949 年以来影响个数最多的年份之一。登陆海南的热带气旋个数为 3 个,比常年同期偏多 1 个。热带气旋的活动时间偏长,开始影响时间正常,结束时间偏晚2 旬,造成的灾害重于常年;年内还发生多起雷击、大雾和强对流等气象灾害事件。全年因气象灾害造成 366.3 万人次受灾,死亡 79 人;农作物受灾面积 16.4 万公顷,绝收面积 5.7 万公顷;直接经济损失 37.5 亿元。总体评价,气象灾害属于偏重年景。

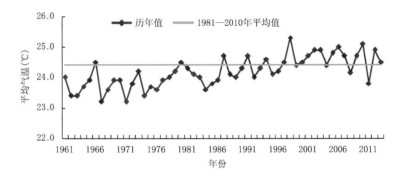

图 4.21.1 1961—2013 年海南年平均气温历年变化图(℃)

Fig.4.21.1 Annual mean temperature in Hainan during 1961—2013(unit:℃)

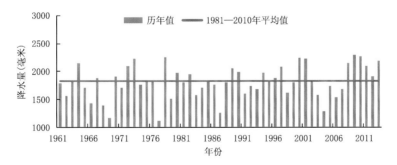

图 4.21.2 1961—2013 年海南省年降水量历年变化图(毫米)

Fig.4.21.2 Annual mean Precipitation in Hainan Province during 1961—2013(unit:mm)

4.21.2 主要气象灾害及影响

1. 热带气旋

2013 年海南省先后受 12 个热带气旋影响,影响个数较常年偏多 1 倍,为 1949 年以来影响个数最多的年份之一。登陆气旋个数为3个,比常年同期偏多1个。热带气旋的活动时间偏长,开始影响时间正常,结束时间偏晚2旬,造成的灾害重于常年。1330号台风"海燕"影响相对较重(图4.21.3)。11月9—11日,受"海燕"影响,海南省三沙市大部分岛礁出现10～12级的大风,最大为北礁岛12级(34.7米/秒),同时各岛礁普降中到大雨;海南岛南部沿海陆地普遍出现9～11级大风、阵风达12～14级,其余沿海陆地普遍出现6～7大风,阵风8～9级。全岛普降暴雨到大暴雨,共有56个乡镇过程雨量超过200毫米,22个乡镇过程雨量超过300毫米,8个乡镇过程雨量超过400毫米,最大为保亭毛感乡570.6毫米。全年因热带气旋导致全省19个市(县)345.2万人次受灾,死亡失踪77人;农作物受灾面积15.9万公顷,绝收面积5.7万公顷,倒塌(损坏)房屋1000间;直接经济损失34.8亿元。热带气旋灾害属于偏重影响年份。

图4.21.3 2013年11月11日'海燕'带来的强降雨造成琼中县桥梁被淹(琼中县气象局提供)

ig.4.21.3 Bridge submerged by heavy rain from typhoon "Haiyan" in Qiongzhong County on November 11, 2013

(By Qiongzhong Meteorological Service)

2. 暴雨洪涝

2013年,海南省出现的暴雨洪涝灾害相对较少。12月中旬中期,受冷空气和高空槽共同影响,海南省出现大范围强降水天气过程,引发部分市县暴雨洪涝灾害(图4.21.4)。12月13—17日,全省共有8个市县过程雨量超过100毫米,2个市县过程雨量超过200毫米,最大为万宁市352.0毫米。其中,14日万宁降水量177.5毫米和15日琼海150.9毫米均突破当地30年日最大降水量极值。强降水造成万宁、琼海严重洪涝灾害。

图4.21.4 2013年12月17日强降雨造成万宁市大棚冬种瓜菜被淹(海南省气象局提供)

Fig.4.21.4 The greenhouses submerged by flood on December 17,2013

(By Hainan Meteorological Bureau)

3. 局地强对流

2013年,海南省发生局地强对流天气(雷雨大风、冰雹、雷电等)过程18次(图4.21.5)。强对流天气共造成全省受灾人口21.1万人,死亡2人,紧急转移安置6500人;农作物受灾面积5000公顷,绝收面积370公顷,直接经济损失2.7亿元。受弱冷空气和暖湿气流影响,3月29日上午,海南省12个市县先后出现强对流天气,其中27个乡镇出现8级以上雷雨大风,最大为定安县雷鸣镇10级(26.3米/秒);36个乡镇出现50毫米以上短时强降水,最大为儋州光村镇88.9毫米。此次强对流造成1.3万人受灾,1人死亡,直接经济损失达1.3亿。

图4.21.5　2013年3月29日东方市农作物遭受雷雨大风袭击(东方市气象局提供)

Fig.4.21.5　Crops damaged by rain and strong wind in Dongfang City on March 29,2013

(By Dongfang Meteorological Service)

4. 大雾

2013年2月海南省北部地区多次出现大雾天气,持续时间最长达16小时,加之时处春运高峰,影响程度远比往年严重。2月15日,大年初六正值海南自驾游旅客回程高峰,一场大雾笼罩海口,造成秀英港和南港码头滞留千辆车。当日,海口首次启动应急预案最高级别响应。

4.21.3　气象防灾减灾工作概述

2013年,海南省天气气候复杂多变,重大灾害天气过程频繁,气象灾害偏重。先后有13个热带气旋登陆或影响本省,12月出现罕见大范围强降水,年内还发生多起雷击、大雾、强对流、高温和低温阴雨等灾害性天气过程。省气象局严格按照预报、预警相关规定和要求,及时向社会发布预警、警报和预警信号。全年累积发布各类天气预警976次、预警信号242次;向省委、省政府和相关部门累计报送《重要气象信息专报》94期、《重要气象信息快报》72期;每周按时发布"一周天气报告",为"春运"、"环海南岛国际大帆船赛"、"博鳌亚洲论坛年会"、"西沙群岛附近海面搜救"、"环海南岛国际公路自行车赛"等重大活动以及法定节假日和"高考"等制作专题气象服务报告。

4.22　重庆市主要气象灾害概述

4.22.1　主要气候特点及重大气候事件

2013年,重庆市年平均气温18.5℃,较常年偏高1℃(图4.22.1),春季气温为1951年以来最高,夏季为第2高,高温严重程度仅次于2006年。年降水量1071.5毫米,接近常年(图4.22.2)。2013年重庆市暴雨天气出现较早,暴雨洪涝灾害严重;夏季阶段性高温天气突出,且出现较早,伏旱灾害偏重;大风冰雹主要出现在春季3—4月及8月,频次不多,但灾情较重。

2013 年重庆市气象灾害或由气象灾害引发的次生灾害导致全市受灾近 1082.7 万人,死亡失踪 30 人;农作物受灾面积 45.5 万公顷,绝收 3.8 万公顷;直接经济损失 50.8 亿元。总体来看,2013 年气象灾害属于中等年份。

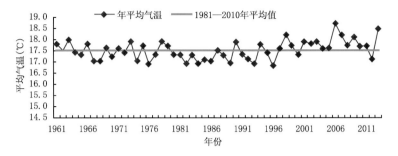

图 4.22.1　1961—2013 年重庆市年平均气温历年变化图(℃)

Fig. 4.22.1　Annual mean temperature in Chongqing during 1961—2013 (unit:℃)

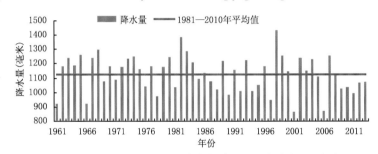

图 4.22.2　1961—2013 年重庆市年降水量历年变化图(毫米)

Fig. 4.22.2　Annual mean precipitation in Chongqing during 1961—2013 (unit:mm)

4.22.2 主要气象灾害及影响

1.暴雨洪涝

2013 年重庆市的暴雨天气频繁,且出现较早,先后出现了 10 次区域性暴雨天气过程(图 4.22.3)。频繁出现的暴雨、强降水天气造成重庆市 30 个区(县)发生了 76 站次暴雨洪涝灾害。全年暴雨洪涝灾害共造成 438.1 万人受灾,死亡失踪 18 人;农作物受灾 9.9 万公顷,绝收 0.9 万公顷;房屋损坏 3.3 万间,倒塌 0.7 万间;直接经济损失 25.8 亿元。

图 4.22.3　2013 年 6 月 8 日暴雨造成重庆市沙坪坝区严重内涝(沙坪坝区气象局提供)

Fig. 4.22.3　The severe waterlogging in Shapingba District of Chongqing City On June 8, 2013

(By Shapingba Meteorological Service)

2.干旱

2013 年夏季,重庆市先后出现了 4 次高温天气,造成 20 个区县出现了伏旱,部分地区达重伏旱(图 4.22.4)。干旱灾害共造成全市 470.1 万人受灾,166.9 万人饮水困难;农作物受灾 30.9 万公顷,绝收 2.7 万公顷;直接经济损失 18.1 亿元。

图 4.22.4　2013 年 9 月 2 日秀山县农作物因干旱受损(秀山县气象局提供)

Fig. 4.22.4　The crops damaged by drought in Xiushan County of Chongqing City On September 2，2013

(By Xiushan Meteorological Service)

3.局地强对流

2013 年重庆市的强对流天气过程不多,但造成的灾害较重,主要出现了"3·10"渝东北风雹、"3·22"局部风雹、"4·19"风雹、"8·17"局部风雹等。2013 年风雹灾害共造成 118.8 万人受灾,死亡 10 人;农作物受灾面积 1.9 万公顷,绝收 0.2 万公顷;房屋损坏 6.9 万间,倒塌 0.2 万间;直接经济损失 5.7 亿元。

4.低温冷冻害

2013 年,仅秀山未出现低温,其余各地在 1 月上旬出现一般性低温。低温冷冻害共造成 55.7 万人受灾;农作物受灾面积 2.8 万公顷,绝收 0.1 万公顷;直接经济损失 1.2 亿元。

4.22.3　气象防灾减灾工作概述

2013 年,重庆市出现了 10 次区域暴雨、2 次强降温、4 段连晴高温及 4 段连阴雨天气。面对复杂多变的天气,重庆市气象局加密天气会商,准确预报灾害性天气过程,及时发布气象预警预报,服务主动及时,为防灾减灾提供科学有效的科学依据,受市委、市政府的高度好评。市委市政府领导在决策服务材料上批示 11 次。

4.23　四川省主要气象灾害概述

4.23.1　主要气候特点及重大气候事件

2013 年四川省平均气温 15.8℃,较常年偏高 0.9℃,与 2006 年并列为有完整气象记录以来最高年份(图 4.23.1);降水量 1062.3 毫米,较常年偏多 105.5 毫米,偏多 11%(图 4.23.2)。冬季干暖,平均气温偏高 0.7℃,降水较常年同期偏少 51%,为 1961 年以来最少;春夏两季平均气温均异常偏高 1.5℃,同为 1961 年以来第 2 高位,春季平均降水偏多 14%,夏季平均降水偏多 15%;秋季气温正常偏高 0.1℃,降水偏多 10%。年内,冬干春旱重,夏伏旱一般;汛期全省共出现 6 次区域性暴雨天气过程,其中盆地西部暴雨过程较为频繁,暴雨发生范围广、频次多、强度大,造成灾害重,属暴雨偏重年份；大风冰雹灾害次数少；盛夏盆地高温天气明显。全省因气象及其衍生灾害共造成4321.6万人次不同程度受灾，因灾死亡379人；农作物受灾149.3万公顷，绝收9.6万公顷；直接经济损失519.5亿元。2013年属灾情偏重年份，全省气候年景为正常偏差年。

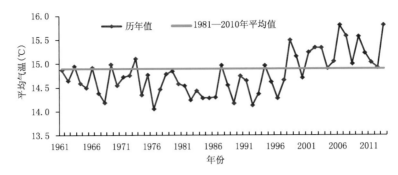

图 4.23.1　1961—2013 年四川省年平均气温历年变化图(℃)

Fig. 4.23.1　Annual mean temperature in Sichuan Province during 1961—2013（unit：℃）

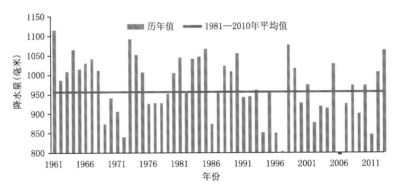

图 4.23.2　1961—2013 年四川省年降水量历年变化图(毫米)

Fig. 4.23.2　Annual mean Precipitation in Sichuan Province during 1961—2013（unit：mm）

4.23.2　主要气象灾害及影响

1. 暴雨洪涝

2013 年四川省共出现 6 次区域性暴雨天气过程，暴雨分布范围广，频次多，过程降雨量大，日降雨量极端性强；局地暴雨强度大，致灾重，属偏重发生年份。暴雨导致全省洪涝和地质灾害发生频率高、危害时间长、发生强度大、分布区域广、重灾地域集中、重灾区域反复受灾，灾害造成损失大。全省因洪涝和地质灾害造成农作物 60.5 万公顷受灾，绝收 5.7 万公顷。共计 2113.7 万人次受灾，造成 349 人死亡失踪，倒塌 9.8 万间房屋，直接经济损失达 429.6 亿元。

7 月 7—13 日，成都、德阳、甘孜、广元、乐山、眉山、绵阳、内江、雅安、宜宾、自贡、阿坝等 12 市（州）43 县（市）出现暴雨，其中 15 县（市）降了大暴雨，都江堰降了特大暴雨。都江堰本站 24 小时降雨量达 415.9 毫米，打破其历史极值；都江堰幸福站过程雨量 1108.1 毫米，为四川器测以来之最。此次过程导致全省 15 个市（州）的 75 个县不同程度受灾，受灾人口 209.4 万人，死亡 31 人，失踪 166人，紧急转移安置 22.3 万人，直接经济损失 71.92 亿元。

2. 干旱

2013 年全省冬干春旱重，夏旱偏轻，伏旱一般，盆南部分地方伏旱较重。全省因干旱受灾农作物 80.0 万公顷，绝收 3.2 万公顷。受灾人口 2014.5 万人次，直接经济损失达 79.3 亿元。

3. 局地强对流

2013年4—8月,四川省泸州、巴中、资阳、内江、广安、乐山、广元、南充、阿坝等市州的部分地区,遭受到较为严重的大风冰雹天气的袭击。全省因风雹和雷电灾害,共造成6.2万公顷农作物受灾,绝收0.5万公顷。倒塌房屋0.3万间,受灾人口达143.8万人次,死亡失踪19人,直接经济损失9.1亿元。

7月31日—8月1日,南充、广安、泸州等4市8县(区)遭受风雹灾害,24.5万人受灾,3人失踪;300余间房屋倒塌,2100余间损坏;农作物受灾面积0.43万公顷,其中绝收900余公顷;直接经济损失1.4亿元。2013年5月14日,广安市邻水县连降大雨,部分乡镇出现暴雨雷电天气,雷击死亡3人。

4. 低温冷冻

2013年四川省冬季低温冷冻天气一般,2012年12月下旬至2013年1月上旬,盆地出现一段低温天气。全省因低温冷冻和雪灾,共造成49.6万人次受灾,死亡5人,农作物2.6万公顷受灾,绝收0.2万公顷,直接经济损失1.5亿元。

5. 高温热浪

2013年四川省高温天数多,分布范围广,川西高原出现超历史高温天气。全省平均高温天数为14.0天,较常年同期偏多7.4天,位列年高温日数第3多。全省共有121站出现35℃以上高温天气,主要分布在盆地和攀西地区;全省有10站日最高气温突破历史极大值。

4.23.3 气象防灾减灾工作概述

2013年汛期,四川省气象局启动和维持应急响应6次,共计13天,先后派出现场应急服务保障小组4次。其中,针对"6·30"和"7·9"两次区域性暴雨天气过程,四川省气象局还启动了两次Ⅰ级暴雨应急响应,积极主动开展有效地气象保障和现场服务。

针对年内四川盆地西部龙门山脉"5·12"汶川、"4·20"芦山地震重灾区,山洪、泥石流等地质灾害频发,制作"芦山地震专题预报"10余期,开展加密观测和通报300余次;为"7·4"雅安市石棉县特大泥石流、"7·10"都江堰特大滑坡泥石流等次生灾害提供专题气象服务。根据省委、省政府及省防汛办、省接待办等有关单位的具体要求,2013成都财富全球论坛、第12届世界华商大会、第四届台湾学生天府夏令营——川台学生手牵手等重大活动提供了各种保障专题天气预报17次,为中央领导、中国气象局领导等来川视察工作的顺利开展以及社会重大活动的举行提供准确的气象保障。

4.24 贵州省主要气象灾害概述

4.24.1 主要气候特点及重大气候事件

2013年,贵州省年平均气温16.4℃,较常年偏高0.8℃,居1961年以来历史第一高位(图4.24.1);年降水量时空分布不均,在602.5～1663.9毫米之间,全省年平均降水量为1017.9毫米,降水总量较常年偏少(图4.24.2);全省年平均日照时数为1322.4小时,较常年基本正常。2013年,贵州各地受到了低温雨雪冰冻、暴雨洪涝、干旱、风雹、雷电、大雾、高温、暴雨诱发的山体滑坡、泥石流等气象地质灾害影响,局地交叉重复受灾,损失严重,尤其以3—4月风雹灾害、5—6月洪涝灾害、局地山体滑坡灾害,7—8月干旱灾害为重,给全省经济社会发展和人民群众生活生产造成不利影响,全省因气象灾害共造成2278.1万人次受灾,因灾死亡66人;农作物受灾面积152.2万公顷,绝收面积30.9万公顷;直接经济损失129亿元。全年农业气象条件属于一般偏差年景。

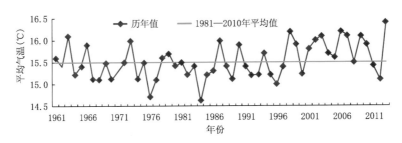

图 4.24.1　1961—2013 年贵州省年平均气温历年变化图(℃)

Fig. 4.24.1　Annual mean temperature in Guizhou Province during 1961—2013 (unit:℃)

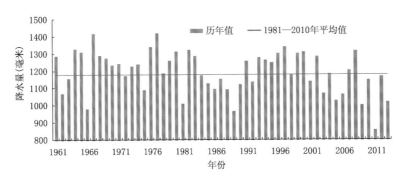

图 4.24.2　1961—2013 年贵州省年降水量历年变化图(毫米)

Fig. 4.24.2　Annual precipitation in Guizhou Province during 1961—2013 (unit:mm)

4.24.2　主要气象灾害及影响

1. 低温冷冻害

2013 年 1 月 3—11 日出现大范围凝冻天气过程,其中达到特重级的有 1 站(万山,凝冻日数达 14 天)、重级的有 32 站、中级的有 9 站,影响(雨凇)站数 59 站,总影响(雨凇)站日数为 275 站次;全省雨凇主要出现在贵州省自西向东一线,其中威宁、水城、盘县、普安、大方、修文、白云、瓮安和万山累计雨凇日数在 10 天以上,给全省交通、农业、电力和人民生活等带来不利影响,直接经济损失近 1 亿元。

2. 干旱

受 2012 年 12 月下旬至 2013 年 3 月上旬中西部持续降水偏少影响,贵州省中西部冬春连旱,局部出现中到重旱,农田水分亏缺率达到 5 成以上,春旱对中西部及南部的小麦、油菜产量有一定不利影响。2013 年夏旱发展迅速,重旱以上县(市、区)由 7 月 1 日的 1 个发展到 8 月 13 日的 68 个(最重)。夏旱从 7 月 1 日至 8 月 24 日,共计 55 天,造成直接经济损失约 90 亿元,仅次于 2011 年夏旱,给工农业、水力发电、林业、生态环境和人畜饮水造成重大影响。全年春夏旱受灾人口 1623.1 万人,农作物受灾面积 117.5 万公顷,直接经济损失共计 92.9 亿元。

3. 局地强对流

2013 年冰雹出现早、频率高,强度大、危害重。春季,在 3 月 12 日、18—19 日(图 4.24.3)、22—23 日、25 日、4 月 4 日、17—18 日、23 日、27 日、29 日、5 月 6 日、8—9 日贵州省共出现 11 次较大范围强对流天气,53 个县(市、区)受冰雹影响,高于历史平均值。仅有北部和东部的部分地区以及南部局地未受影响,降雹站日数达 87 次,同样高于历史平均值。绥阳县 2 月 5 日首降冰雹(突破冰雹初日记录)。全年风雹灾害受灾人口 328.5 万人,死亡失踪 5 人,农作物受灾面积 16.9 万公顷,直接经济损失共计 22.3 亿元。

图 4.24.3　贵州省三都县 3 月 19 日冰雹灾害（贵州省气象局提供）

Fig.4.24.3　Hail happened in Sandu County，Guizhou Province on March 19，2013

(By Guizhou Meteorological Bureau)

4. 暴雨洪涝

2013 年暴雨过程共 21 次（分别为 5 月 7 日、8 日、10 日、25 日、26 日、29 日、30 日、6 月 6 日、9 日、10 日、21 日、27 日、7 月 6 日、8 月 24 日、25 日、29 日、9 月 3 日、11 日、24 日、25 日、10 月 14 日），是 1961 年以来第 7 少年份。2013 年共 68 个县（市、区）出现暴雨以上降雨，22 县（市、区）出现 3 天以上暴雨日，4 县出现 4 天以上暴雨日，丹寨、雷山 2 县出现 5 天暴雨日，15 个县（市、区）出现大暴雨。暴雨、洪涝、地质灾害共造成 59 人死亡失踪，直接经济损失 12.8 亿元（图 4.24.4）。

图 4.24.4　贵州省兴义市 8 月 4 日持续强降雨致使富兴煤矿堆煤场被砂石淹没

（贵州省气象局提供）

Fig.4.24.4　Coal yard submerged by strong rain in Xingyi City，Guizhou Province on August 4，2013

(By Guizhou Meteorological Bureau)

5. 大雾

2013 年秋季及 1、2、12 月，贵州省部分地区出现大雾天气，导致贵阳龙洞堡机场多个出入港航班取消，旅客出港受到影响，公路交通也受到不同程度的影响，出现多起交通事故。

6. 高温

2013 年贵州省盛夏气温异常偏高,多地创历史新高。年日最高气温为 40.9℃,35℃ 以上高温为 958 站次,平均高温日数为 11.5 天,仅少于 2011 年,居 1961 年以来历史第二位;超阈值为 62 站次,居历史第一位。高温天气不仅严重影响人们的生产生活,而且加重当地旱情。

4.24.3 气象防灾减灾工作概述

2013 年,贵州省气象部门持续打造"防灾减灾,气象先行"服务品牌,着力提高气象防灾减灾能力,着力强化社会气象意识,更加关注发展需求,深度融入全省大局,更加关注社会热点,积极回应社会关切。加强灾害性、关键性、转折性天气的跟踪监测、预报和服务,向省委、省政府呈报重大天气预报 30 期,决策服务材料 662 份,提供抗旱服务材料 120 期,省领导 22 次对气象工作作出重要批示。省气象局启动气象灾害凝冻、干旱、暴雨应急响应 9 次,全省气象部门发布预报预警信息 5958 次,服务 2.7 亿多人次,其中分区全网发布 144 次,服务用户 1759 万人次,各级政府根据预警信息紧急转移安置 39299 人。

4.25 云南省主要气象灾害概述

4.25.1 主要气候特点及重大气候事件

2013 年云南大部地区连续 5 年气温偏高、降水偏少(图 4.25.1、图 4.25.2)。年平均气温较常年偏高 0.6℃,气温除 10 月、12 月偏低外,其余月份均偏高,其中 2 月、3 月、6 月均为 1961 年以来的最高值。全省平均年降水量较常年偏少 8%,汛期(5—10 月)降水量为近 5 年最多。年平均日照时数较常年偏多 175 小时,其中 12 月较常年偏少,其余月份均偏多。年内,发生冬季强寒潮、春季干旱、夏季局地强降水、春夏季大风冰雹等异常天气气候事件,造成气象及其衍生灾害频繁发生,雪灾、低温冷害、霜冻、干旱和暴雨洪涝灾害尤为突出。灾害共造成 1941.6 万人受灾,176 人死亡;农作物受灾面积 123 万公顷,绝收面积 16.2 万公顷,直接经济损失 126.3 亿元。农业气候属中等偏上年景。

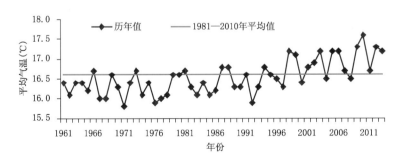

图 4.25.1　1961—2013 年云南省年平均气温历年变化图(℃)

Fig. 4.25.1　Annual mean temperature in Yunnan Province during 1961—2013 (unit:℃)

4.25.2 主要气象灾害及影响

1. 干旱

2012 年 10 月至 2013 年 4 月,云南省平均降水量较常年同期偏少三成(图 4.25.3),加上 2009 年秋季以来云南降水持续偏少,云南大部地区尤其是滇中的库塘蓄水不足,自然降水和蓄水量不能满足工农业生产需要,全省大部发生冬春干旱灾害,最严重时全省有 108 个县发生气象干旱,其中滇中及以西 65 个县达到特旱,但干旱范围和影响较 2010 年、2011 年轻。干旱造成 1244.9 万人受

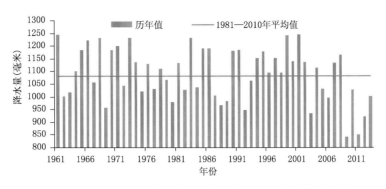

图 4.25.2　1961—2013 年云南省平均年降水量历年变化图(毫米)

Fig. 4.25.2　Annual precipitation in Yunnan Province during 1961—2013 (unit:mm)

图 4.25.3　2013 年 2 月 4 日红河州干涸的坝塘(红河州气象局提供)

Fig. 4.25.3　Dry pond in Honghe Prefecture due to drought in February 4, 2013 (By Honghe Meteorological Service)

灾,359.6 万人饮水困难;农作物受灾面积 80.7 万公顷,绝收面积 9.8 万公顷。直接经济损失 66.8 亿元。

2. 森林火灾

高温少雨使森林火灾初发时间早,1—5 月,云南省发生森林火灾 263 起,森林受害面积 2400 公顷,受害率 0.1‰,较去年偏轻。3—4 月为森林火灾高发期,灾害主要集中在滇南、滇中、滇西的普洱、文山、楚雄、大理、保山、德宏等州(市)。

3. 暴雨洪涝和滑坡、泥石流

2013 年云南省大雨较历史平均少 121 站次,暴雨以上降水较历史平均少 27 站次,省内主要是区域性和单点强降水引发的局地山洪、内涝(图 4.25.4)和地质灾害。

滇东北、滇西、滇西南地区的昭通、大理、丽江、临沧、普洱、西双版纳、红河、文山等州市暴雨洪涝灾害突出;昭通、红河、普洱、大理等州(市)的滑坡、泥石流、崩塌等地质灾害成灾重。其中 7 月 19 日,昆明市出现大暴雨 6 站,暴雨 20 站,大雨 54 站,造成严重的城市内涝;12 月 14—15 日,云南南部出现 2013 年暴雨站数最多、也是 1961 年以来冬季最极端的一次强降水过程,造成洪涝和地质灾害。洪涝和地质灾害造成 270.1 万人受灾,148 人死亡失踪;房屋受损 4.5 万间,倒塌 0.5 万间;农作物受灾面积 12.6 万公顷,绝收面积 1.7 万公顷。直接经济损失 30.0 亿元。

图 4.25.4　2013 年 7 月 8 日云南省盈江县暴雨致城镇内涝（德宏州气象局提供）

Fig. 4.25.4　Yingjiang County of Yunnan Province was submerged by flood induced by rainstorm on July 8, 2013

（By Dehong Meteorological Service）

4. 局地强对流

2—10 月，云南省发生局地冰雹、大风灾害 215 次，其中 4—5 月，滇西、滇南及滇东北等地局部冰雹、大风灾害频繁；6—8 月，滇西的丽江和大理、滇中及以东地区冰雹、大风灾害突出。4—9 月，昭通、曲靖、昆明、楚雄、保山、大理、普洱、临沧、红河、文山等州（市）发生雷电灾害。灾害造成 251.6 万人受灾，28 人死亡；房屋受损 5.4 万间，倒塌 0.1 万间；农作物受灾面积 18.5 万公顷，绝收面积 3.7 万公顷。直接经济损失 25.6 亿元，为近 10 年来最高的年份。

5. 热带气旋

8 月 4 日，受第 9 号台风"飞燕"西行影响，滇中及以南地区出现大雨 25 站，暴雨 12 站，大暴雨 1 站（临沧市镇康县 113.4 毫米）。由于前期已出现全省性强降水天气过程，导致部分地区土壤过饱和，这次降水造成了局地山洪、地质灾害。

6. 低温冷冻害和雪灾

灾害主要发生于 1 月和 12 月中旬。其中 12 月中旬，除滇西南边缘以外的地区发生低温冷害和雪灾，影响范围超过 2008 年的低温雨雪冰冻天气过程，雨雪天气过后滇中及以东以南地区又发生 1999 年以来最严重的霜冻灾害。19 日全省有 86 县的最低温度在 0℃ 以下，有 23 县低于 −4℃，11 个站创日最低气温历史新低，造成蔬菜、花卉和咖啡、甘蔗、橡胶等热区作物受灾（图 4.25.5）。灾害造成 174.7 万人受灾；农作物受灾面积 11.2 万公顷，绝收面积 1.0 万公顷。直接经济损失 3.9 亿元。

4.25.3　气象防灾减灾工作概述

面对 2009 年秋至 2013 年春云南持续降水偏少使得大部地区库塘蓄水严重不足的状况，云南省气象局 3—4 月启动抗旱Ⅳ级和抗旱重大级（Ⅱ级）应急响应，密切监测旱情发展，组织开展了飞机和地面立体增雨作业，对缓解旱情、降低森林火险等级、增加库塘蓄水起到了积极作用。在汛期强降水、12 月中旬的低温雪灾霜冻等过程中预报预警服务及时准确，为盐津、墨江、洱源和德钦等地震灾害抢险、首届中国—南亚博览会等大型经贸活动提供了有力的气象保障服务。扩展气象服务方式，以手机短信向省委、省政府相关部门领导每天发送天气实况、天气预报等信息，并开展多渠道公众气象服务。拓展和深化部门合作，与民政部门签订合作备忘录，建立民政与气象信息共享机制。

图 4.25.5　2013 年 12 月 31 日云南省耿马县遭受霜冻的甘蔗(临沧市气象局提供)

Fig. 4.25.5　Sugar cane damaged by frost in Gengma on December 21.2013

(By Lincang Meteorological Service)

4.26　西藏自治区主要气象灾害概述

4.26.1　主要气候特点及重大气候事件

2013 年,西藏地区年平均气温 5.0℃,较常年偏高 0.3℃(图 4.26.1)。冬季为区域性暖冬,春、秋季气温正常,夏季气温略高。狮泉河、改则、米林月平均气温创历史同期新高,2 月狮泉河平均气温创历史同期新低。西藏平均年降水量 487.0 毫米,接近常年(图 4.26.2)。四季平均降水量接近常年,但空间分布不均,其中南部边缘地区冬季降水偏多,那曲地区大部、拉萨市大部、昌都地区东南部等地春季降水偏多,夏季和秋季大部分地区降水正常或偏多;年内 12 个站点月降水量创历史同期新高,普兰年降水量为历史最高值。

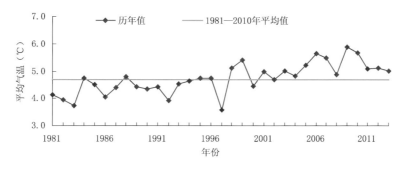

图 4.26.1　1981—2013 年西藏年平均气温历年变化图(℃)

Fig. 4.26.1　Annual mean temperature in Tibet during 1981—2013 (unit:℃)

2013 年西藏发生的气象灾害以及气象因素引发的次生灾害共造成 120 万人受灾,因灾死亡 114 人;农作物受灾面积 2.2 万公顷,绝收面积 0.4 万公顷;牲畜死亡 35.3 万头(只、匹);倒塌房屋 0.3 万间,损坏房屋 9.2 万间;直接经济损失 11.8 亿元。

4.26.2　主要气象灾害及影响

1. 暴雨洪涝

2013 年暴雨洪涝造成西藏 48.2 万人受灾,死亡失踪 93 人;农作物受灾面积 1.3 万公顷,绝收

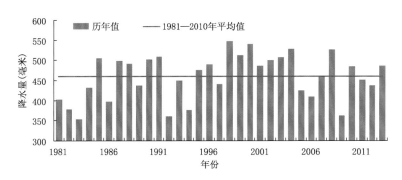

图 4.26.2 1981—2013 年西藏年降水量历年变化图(毫米)

Fig. 4.26.2 Annual precipitation in Tibet during 1981－2013 (unit:mm)

面积 0.1 万公顷;倒塌房屋 0.3 万间,损坏房屋 8.8 万间;牲畜死亡 6.6 万头(只、匹);直接经济损失 5.8 亿元。

7 月 5 日,那曲地区嘉黎县忠玉乡由于持续降雨、气温偏高、雪山融化等影响,导致冰湖溃决引发山洪灾害(图 4.26.3)。造成 1160 人受灾,失踪 6 人;牲畜死亡 707 头(只、匹);倒塌房屋 496 间;冲毁农作物 109.6 公顷、桥梁 10 座、生态林 100 公顷、防洪堤 5100 米、农田灌渠 3800 米、车辆 125 台(辆);毁坏农机具 209 台、小型水力发电设施 38 座;乡、村道路受阻、通讯中断;直接经济损失 2.9 亿元。

3 月 29 日,拉萨市墨竹工卡县扎西岗出现山体滑坡,造成 62 人死亡,失踪 21 人。

图 4.26.3 7 月 5 日嘉黎县忠玉乡二号冰湖热放湖溃决

Fig. 4.26.3 The No. 2 frozen lake Refang Lake burst in zhongyu Village, Jiali County on July 5

二号冰湖溃口下游河道(那曲地区气象局提供)

The downstream river caused by the burst of the No. 2 frozen lake

(By Naqu Meteorological Service)

2. 雪灾

2013 年雪灾造成西藏 35.4 万人受灾,死亡 8 人;农作物受灾面积 0.2 万公顷;倒塌房屋 0.01 万间,损坏房屋 0.4 万间;牲畜死亡 28.6 万头(只、匹);直接经济损失 5.0 亿元。

1 月 28 日、2 月 4 日、2 月 15 日,阿里地区普兰、日喀则地区聂拉木等县先后发生暴风雪灾害。造成 12.3 万人受灾,转移安置 0.3 万人,因灾死亡 8 人;倒塌和损坏房屋 642 间;农作物受灾面积 1152 公顷;倒塌和损坏温室 346 座;牲畜死亡 28.6 万头(只、匹);直接经济损失 4.0 亿元。

8 月 7 日,日喀则地区江孜县热龙乡出现降雪天气,导致该乡 112.3 公顷农田受灾(图 4.26.4)。

图 4.26.4　8 月 7 日江孜县热龙乡受灾农田（日喀则地区气象局提供）

Fig. 4.26.4　Damaged farmland in Relong village of Jiangzi county (By Rikaze Meteorological Service)

3. 局地强对流

2013 年大风、冰雹、雷电共造成 17.1 万人受灾，死亡 13 人；农作物受灾面积 0.8 万公顷，绝收面积 0.3 万公顷；损坏房屋 68 间；牲畜死亡 0.1 万头（只、匹）；直接经济损失约 0.8 亿元。

4.26.3　气象防灾减灾工作概述

2013 年，西藏气象局向自治区各级政府部门发布《重要气象报告》41 期、《天气公报》19 期、《天气消息》14 期、《专题汇报材料》50 期、《灾情公报》55 期等。自治区领导先后对各类决策气象服务材料做出重要批示达 14 次，为历年来最多。针对"墨竹工卡县扎西岗山体滑坡"发布现场气象服务专报 42 期、"嘉黎县忠玉乡冰湖溃决"气象服务专报 34 期、"昌都地区地震"气象服务专报 20 期。此外，向全区发送手机气象预警短信 337.1 万人次，向区党委政府及旅游、环保、媒体等相关单位传送各类气象信息 3337 份，西藏农经网上传各类信息 24573 条，中国天气网西藏站信息上传 3491 条。2013 年 7 月自治区领导特别批示："气象服务工作及时有效，尤其是减灾防灾工作中成效显著，望气象部门再接再厉，做出更大的贡献"。10 月再次批示"此次部分区域强降水预报预测工作十分及时准确，为防减灾工作发挥了重要作用，望你们继续做好精细化服务工作，为我区两件大事做出贡献"。由于区气象局在气象预报服务以及防灾减灾工作中业绩突出，2013 年自治区气象台荣获"全国气象工作先进集体"称号。

4.27　陕西省主要气象灾害概述

4.27.1　主要气候特点及重大气候事件

2013 年全省平均气温 13.4℃，较常年偏高 1.3℃，属异常偏高年份，为 1961 年以来气温最高的一年（图 4.27.1）。2013 年，全省平均降水量 629.1 毫米，接近常年（632.5 毫米）（图 4.27.2）。从区域分布来看，总体呈现降水北多南少的特征。

冬季暖干；春季温高雨多，但透墒雨出现时间偏晚，前期关中地区出现较为严重的干旱；夏季陕北降水偏多 1～2 倍，延安 7 月平均降水量为 1961 年以来最多。秋季全省以温高雨少为主。

2013 年，陕西省极端灾害性天气事件频发，灾多面广，重复受灾及贫困地区受灾比例高。其中延安地区灾情尤为严重，历史罕见。2013 年全省各类气象及衍生灾害共造成 1471.9 万人次受灾，90 人死亡失踪；农作物受灾 81.3 万公顷，绝收 9.1 万公顷；造成直接经济损失 231.7 亿元。总体上看，2013 年陕西省气候年景较差，气象灾害灾情为较严重年份。

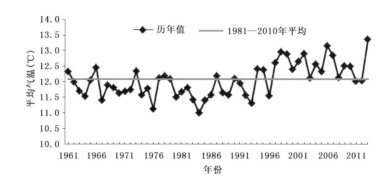

图 4.27.1　1961—2013 年陕西省年平均气温历年变化图(℃)

Fig. 4.27.1　Annual mean temperature in Shaanxi Province during 1961—2013（unit：℃）

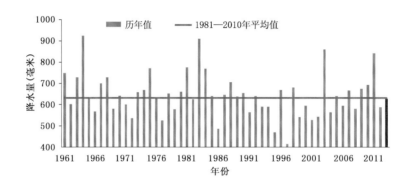

图 4.27.2　1961—2013 年陕西省年降水量历年变化图(毫米)

Fig. 4.27.2　Annual precipitation in Shaanxi Province during 1961—2013（unit：mm）

4.27.2　主要气象灾害及影响

1. 干旱

2013 年,陕西省因旱造成 806.2 万人受灾,农作物受灾面积 40 万公顷,直接经济损失 29 亿元。2012 年 10 月至 2013 年 4 月中旬,全省平均降水量 68.4 毫米,与常年同期(133.4 毫米)相比偏少 5 成,为 1961 年以来同期最少。关中东部和渭北出现冬春连旱,其中陕北中西部、关中中东部、渭北东部重旱。

2. 暴雨洪涝

2013 年全省因暴雨洪涝及其引发的地质灾害共造成 320.6 万人受灾,死亡失踪 69 人;农作物受灾面积 19.9 万公顷,绝收 4.9 万公顷;倒塌房屋 7 万间;直接经济损失 129.7 亿元。7 月延安地区连续出现 5 次强降水过程。区域平均降水量 397.6 毫米,是同期平均降水量的 5 倍左右,为 1961 年以来同期最多。全区共出现 32 站次暴雨,为历年同期平均的 8 倍;有 9 个县(区)日降水量或连续降水量突破历史极值,宜川、延长、富县日降水量达到历史极端最大值,志丹、吴起、安塞、延安、延川、延长的连续降雨量达到了历史极端最大值。本次灾害造成延安地区 40 多人死亡,经济损失超过 120 亿元。

3. 局地强对流

2013 年,风雹灾害共造成全省 214.8 万人受灾,因灾死亡失踪 6 人;农作物受灾面积 11.6 万公顷;倒塌和严重损坏房屋 4700 多间;直接经济损失 31.1 亿元。

4. 低温冷冻害

2013年,低温冷冻灾害造成全省 130.3 万人受灾;农作物受灾面积 9.9 万公顷,绝收面积 2.5 万公顷;直接经济损失 41.9 亿元。

4.27.3 气象防灾减灾工作概述

2013年针对干旱、低温冻害、强降水、雾霾等多种灾害性天气,省局组织编发应急命令 22 次,启动省级重大气象灾害应急气象服务 11 次,启动市级应急响应 50 次,累计气象应急天数达 52 天。积极组织做好灾害性天气过程的应急气象服务及过程评估工作,协调做好省、市、县三级气象灾害应急指挥部在汛期强降水天气过程中的联动联防。在有关重大暴雨灾害应急服务及抗旱气象服务工作中,省领导均给予了批示和肯定。

4.28 甘肃省主要气象灾害概述

4.28.1 主要气候特点及重大气候事件

2013年,甘肃省年平均气温 9.1℃,比常年偏高 1.0℃,为近 7 年最高、近 54 年次高(图4.28.1)。月平均气温与常年同期相比,全年除 7 月、9 月、11 月、12 月接近常年同期外,其余各月均偏高,其中 3 月偏高 4.4℃,为近 54 年同期最高。年平均降水量 480.7 毫米,比常年偏多 20%,为近10 年最多(图 4.28.2)。河东大部出现春旱,陇中和陇东北部旱情较重;暴雨日数为近 54 年最多,区域性暴雨较常年偏多,局地暴雨强度大,引发泥石流、山体滑坡等次生地质灾害;冰雹日数偏少,但为近 5 年最多;≥35℃高温日数偏少;干热风次数略偏少;连阴雨次数偏多,利弊皆有;晚霜冻次数偏少,但局地灾害较重,个别地方出现雪灾;大风、沙尘(暴)日数偏少。2013 年因气象灾害共造成1361.1 万人受灾,死亡失踪 70 人,农作物受灾面积 127.8 万公顷,绝收面积 6.6 万公顷,直接经济损失 288.6 亿元。总体评估,2013 年气候属较好年景。

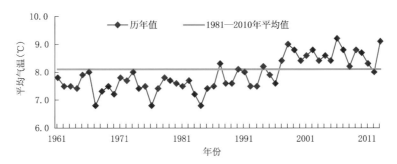

图 4.28.1 1961—2013 年甘肃省年平均气温历年变化图(℃)

Fig.4.28.1 Annual mean temperature in Gansu Province during 1961—2013(unit:℃)

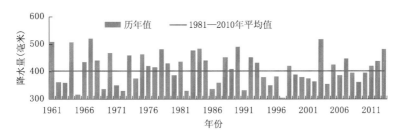

图 4.28.2 1961—2013 年甘肃省年降水量历年变化图(毫米)

Fig.4.28.2 Annual precipitation in Gansu Province during 1961—2013(unit:mm)

4.28.2 主要气象灾害及影响

1. 干旱

2013 年因干旱造成 548.9 万人受灾,115.4 万人出现饮水困难,农作物受灾面积 69.5 万公顷,绝收面积 1.9 万公顷,直接经济损失 10.1 亿元。

2. 暴雨洪涝

2013 年因暴雨洪涝灾害造成 422.2 万人受灾,死亡失踪 64 人,农作物受灾面积 27.9 万公顷,绝收面积 2.2 万公顷,损坏房屋 33.8 万间,倒塌房屋 6.5 万间,直接经济损失 217.7 亿元。

7 月 24 日夜间至 25 日 14 时,天水市由西南向东北先后出现大到暴雨,秦州区大门乡长官村、娘娘坝镇张家山等地出现大暴雨。致使 43.8 万人受灾,死亡 25 人,农作物受灾面积 1.8 万公顷,损坏房屋 1 万间,倒塌房屋 4.5 万间,直接经济损失 37.4 亿元。

8 月 23 日 08 时至 25 日 08 时,兰州、临夏、定西、甘南、平凉、庆阳等市(州)出现大到暴雨,临夏、定西、平凉局部地方出现大暴雨。致使 6.8 万人受灾,死亡 5 人,农作物受灾面积 3444 公顷,损坏房屋 704 间,倒塌房屋 1.2 万间,直接经济损失 4.95 亿元(图 4.28.3)。

图 4.28.3 2013 年 8 月 24 日定西市安定区被洪水冲毁的房屋和公路(甘肃气象局提供)

Fig. 4.28.3 House and road damaged by floods in Dingxi City on August 24，2013

(By Gansu Meteorological Bureau)

3. 局地强对流

2013 年因局地强对流灾害造成 216.9 万人受灾,死亡 6 人,农作物受灾面积 20.1 万公顷,绝收面积 1.9 万公顷,损坏房屋 2.5 万间,倒塌房屋 2000 间,直接经济损失 35.2 亿元。

8 月 1 日、2 日两天下午至前半夜,兰州、临夏、定西、平凉、庆阳等市(州)局部地方出现雷电暴雨并伴有冰雹。造成 24.7 万人受灾,死亡 1 人,农作物受灾面积 4.1 万公顷,损坏房屋 1 万余间,倒塌房屋 124 间,直接经济损失 9.9 亿元。

4. 低温冷冻害和雪灾

2013 年因低温冷冻害和雪灾造成 173.1 万人受灾,农作物受灾面积 10.3 万公顷,绝收面积 5000 公顷,直接经济损失 25.6 亿元。

4 月 5—12 日,受北方强冷空气南下影响,兰州、临夏、陇南、平凉、庆阳等市(州)出现了连续多日低温霜冻灾害天气,造成 46.1 万人不同程度受灾,农作物(经济林果)受灾面积 5.8 万公顷,成灾面积 2.7 万公顷,绝收面积 4000 公顷,直接农业经济损失 14.7 亿元。

4.28.3 气象防灾减灾工作概述

2013 年甘肃省气象局共向省级有关部门报送气象服务专报等各类信息 190 多期;共计发布各

类灾害性天气预警信号 60 期。得到省委、省政府领导批示 45 次。在 2013 年 7 月甘肃定西地震发生后,甘肃省各级气象部门快速反应,立即启动应急预案,有关领导带队的前线保障组赴岷县灾区现场指导气象服务工作,全力开展抗震救灾气象保障服务。应急响应期间,甘肃省气象局为甘肃省地震应急指挥部、兰州军区空军司令部气象处、省委、省政府应急办、省民政厅等单位报送抗震救灾精细化气象专题预报 12 期。定西市及所属县气象局共发布山洪地质灾害气象风险预警 8 次、雷电和暴雨预警信号 13 次、抗震救灾专题预报 71 期、强降水信息专报和雨情快报 90 期。

4.29 青海省主要气象灾害概述

4.29.1 主要气候特点及重大气候事件

2013 年青海省年平均气温 3.2℃,较常年偏高 0.9℃(图 4.29.1),为历史第 4 高,冬、春、夏季气温偏高,秋季接近常年。年平均降水量 369.2 毫米,接近常年平均值(图 4.29.2),各季降水量分配不均,冬季接近常年,春季偏多,夏、秋季偏少。

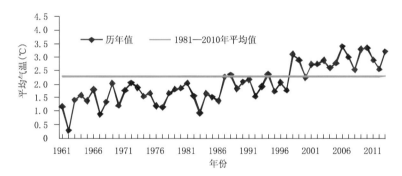

图 4.29.1 1961—2013 年青海省年平均气温历年变化图(℃)

Fig. 4.29.1 Annual mean temperature in Qinghai Province during 1961—2013(unit:℃)

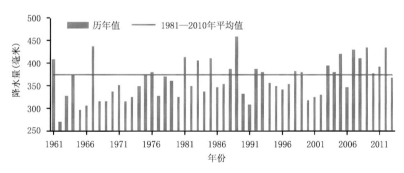

图 4.29.2 1961—2013 年青海省年降水量历年变化图(毫米)

Fig. 4.29.2 Annual precipitation in Qinghai Province during 1961—2013(unit:mm)

2013 年主要气候事件有:春季局部地区出现 50 年一遇特大气象干旱;6 月,东部农业区局部、格尔木等出现晚霜冻和低温冻害;8 月,局地暴雨灾害严重,秋冬季,部分地区冻害和雪灾严重。

2013 年发生的气象灾害及其引发的次生灾害共造成青海省 165.0 万人受灾,死亡失踪 36 人;农作物受灾面积 17.1 万公顷,绝收面积 8300 公顷;死亡大牲畜 39.1 万头(只、匹);直接经济损失 13.6 亿元。总体而言,年内农业区遭受了干旱、连阴雨、冰雹等气象灾害,农业生产受到一定影响,但气象条件对农作物总体影响利大于弊,属"平偏丰"年景。而牧草生长季牧区光、温、水条件匹配较差,气象条件总体不利于牧草生长发育,各地牧草长势普遍较差,牧草长势年景综合评价为"平偏歉年"。

4.29.2 主要气象灾害及影响

1. 干旱

全年干旱共造成 65.3 万人受灾,农作物受灾面积 4.2 万公顷,造成直接经济损失 2.6 亿元。3 月 1 日—4 月 27 日,青海全省平均气温和无降水日数均创历史同期最高,气象干旱不断发展,其中青海北部出现 50 年一遇特大气象干旱,西宁出现 25 年一遇严重气象干旱,全省重旱、特旱面积一度居全国首位。受气象干旱影响,草场受旱面积不断扩大,牧草破土返青期推迟,草场产草量下降,畜牧业遭受重大损失。

2. 暴雨洪涝

2013 年青海省共发生暴雨洪涝灾害 40 起,山体滑坡 2 起。共造成 8.6 万人受灾,死亡失踪 35 人,房屋倒塌 1000 间,损坏房屋 4000 间,农作物受灾面积 1.6 万公顷,造成直接经济损失 1.9 亿元。8 月 20 日,乌兰县茶卡镇短时暴雨引发山洪。洪灾造成茶卡镇乌兰哈达村寺院沟修建通村道路和砂石场采砂的民工 24 人死亡,7 人受伤,通往该地区道路被冲毁(图 4.29.3)。

图 4.29.3 2013 年 8 月 20 日乌兰县暴雨冲毁高速公路(青海省气象局提供)

Fig. 4.29.3 Highway was destroyed in Wulan County on August 20,2013 (By Qinghai Meteorological Bureau)

3. 局地强对流

年内局地强对流天气频发,冰雹先后发生 13 起,雷雨大风灾害 3 起,共造成 32.3 万人受灾,死亡 1 人,农作物受灾面积 3.1 万公顷,绝收面积 5300 公顷,损坏房屋 1000 间,造成直接经济损失达 5.0 亿元。

4. 低温冷冻害和雪灾

年内,低温冷冻及雪灾造成受灾人口 58.8 万人,农作物受灾面积 8.3 万公顷,造成直接经济损失 4.1 亿元。6 月 9 日,青海北部、东部农业区海拔较高的地区飞雪连天,夏季飘雪为最近 30 余年少见。10—11 日,大通、湟中、格尔木等站出现晚霜冻和低温冻害,造成农作物及枸杞种植地大面积受灾。10 月底玛多出现降雪量 11.0 毫米、积雪深度达 15 厘米的暴雪,此后又出现多次降雪天气,至 12 月 5 日,玛多 5 厘米以上积雪维持了 28 天,达到重度雪灾(图 4.29.4)。

5. 沙尘暴

6 月 8 日,冷湖地区出现了能见度小于 50 米、风力达 11 级的特强沙尘暴。期间最小能见度仅 20 米,极大风速达 28 米/秒。沙尘天气造成当地道路交通受阻,空气污染严重,对人们身体健康、出行活动及交通安全造成了严重的影响。

图 4.29.4　2013 年 10 月 30 日—2014 年 1 月 31 日玛多形成重度雪灾(青海省气象局提供)

Fig. 4.29.4　Snow disaster happened from October 30，2013 to January 31，2014 (By Qinhai Meteorological Bureau)

4.29.3　气象防灾减灾工作概述

2013 年青海省天气气候复杂,极端天气气候事件多发,青海省气象局多次启动气象灾害应急响应,组织各级气象部门积极应对,加强天气监测和联报联防,通过广播、电视、电话、传真等多种方式向公众发布预报预警信息。围绕防灾减灾工作开展有针对性的气象服务及气象灾害现场调查工作,全年及时、主动向政府及相关决策用户报送决策气象服务信息,为防灾减灾工作提供决策参考依据,得到当地政府有关领导的高度重视,多次做出重要批示给予肯定和表扬,为青海省防灾减灾工作以及经济建设做出了积极的贡献。同时,积极为"环青海湖国际公路自行车赛"、"中国青海结构调整暨投资贸易洽谈会"等重点活动提供气象保障服务,取得了良好的服务效果。

4.30　宁夏回族自治区主要气象灾害概述

4.30.1　宁夏主要气候特点及重大气候事件

2013 年宁夏全区平均气温偏高 1.2℃,为 1961 年以来最高(图 4.30.1);四季气温均偏高,其中春季平均气温创 1961 年以来同期最高纪录。降水总体偏多,但分布不均,北少南多,前少后多。全区平均降水量为 309.2 毫米(图 4.30.2),较常年偏多近 2 成;引黄灌区偏少 2 成,南部山区偏多近 6 成,为 1962 年以来最多;冬季降水偏少,春、夏、秋降水偏多。

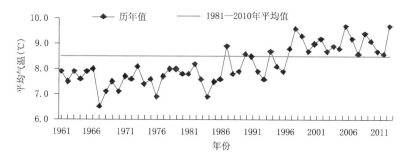

图 4.30.1　1961—2013 年宁夏年平均气温历年变化图(℃)

Fig. 4.30.1　Annual mean temperature in Ningxia during 1961—2013 (unit:℃)

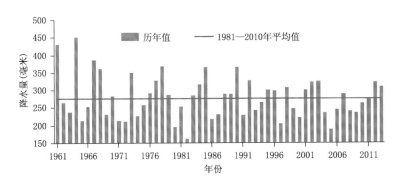

图 4.30.2　1961—2013 年宁夏年降水量历年变化图（毫米）

Fig. 4.30.2　Annual precipitation in Ningxia during 1961—2013（unit：mm）

2012 年秋季至 2013 年春季，宁夏中北部发生秋、冬、春连旱，降水量之少，气象干旱持续时间之长历史罕见；4 月"倒春寒"天气给设施农业、林果业造成严重影响；灌区高温天气出现之早、8 月高温日数之多刷新历史纪录；南部山区降水极端性强，4—9 月降水量创 1961 年以来新高；局地暴雨洪涝、冰雹、雷击、大雾、霾等灾害，对人民生活、农牧业生产及生态建设等造成了严重影响。全区因气象灾害共造成 9 人死亡，188.7 万人受灾，直接经济损失 15.4 亿元，其中暴雨洪涝灾害造成的损失最大，为 5.0 亿元；霜冻灾害造成的损失次之，为 4.5 亿元，再次为干旱损失 3.4 亿元。

4.30.2　主要气象灾害及影响

1. 干旱

2012 年 9 月 26 日至 2013 年 5 月 7 日，宁夏降水持续偏少，中北部地区 200 多天没有出现有效降水，降水量比常年同期偏少 3～9 成，出现重度以上气象干旱，部分地区达特旱。干旱造成中部干旱带和南部山区 112.4 万人受灾，47.7 万人不同程度出现饮水困难；农作物受灾面积 19.4 万公顷，绝收面积 1.1 万公顷；直接经济损失 3.4 亿元。

2. 暴雨洪涝

2013 年，全区各地遭受暴雨洪涝灾害 9 次（图 4.30.3），共造成 45.8 万人受灾，9 人死亡；1.4 万间房屋倒塌，4.5 万间房屋不同程度受损；5.4 万公顷农作物不同程度受灾，绝收面积 5700 公顷；直接经济损失约 5.0 亿元。

图 4.30.3　2013 年 6 月 24 日隆德县暴雨后的民房（隆德气象局提供）

Fig. 4.30.3　Damaged houses after heavy rain in Longde County on June 24，2013（By Longde Meteorological Service）

3. 局地强对流

2013 年，全区发生冰雹灾害 15 次，大风灾害 5 次；雷电灾害 1 次。各地因遭受雷雨大风冰雹灾害造成农作物受灾面积 8300 公顷;受灾人口 16.4 万人;直接经济损失 2.5 亿元。

4. 低温冷冻害

2013 年 4 月 6—10 日(图 4.30.4)和 5 月 10 日,全区遭受 2 次明显霜冻灾害,共造成 14.1 万人受灾;4.5 万公顷经济果林及农作物受灾,2.4 万公顷绝产;直接经济损失 4.5 亿元。

图 4.30.4　2013 年 4 月 10 日青铜峡市受霜冻危害的苹果树(青铜峡市气象局提供)

Fig. 4.30.4　Apple trees damaged by frost hazard in Qingtongxia City on April 10, 2013

(By Qingtongxia Meteorological Service)

5. 雾、霾

2013 年 10 月 1 日,石嘴山、银川、吴忠等地出现浓雾,最小能见度不足 50 米,造成京藏高速宁夏吴忠市关马湖段中卫至银川方向发生 34 辆车连环相撞的严重交通事故。

2013 年 12 月,银川市出现 27 天霾,其中有 9 天最低能见度不足 3 千米,12 月 10—15 日连续 6 天出现霾。持续霾天气致使空气污染较重,给群众生活及身体健康造成不利影响。

4.30.3　气象防灾减灾工作概述

2013 年宁夏气象局把气象防灾减灾和"两个体系"建设及服务"三农"作为重要工作来抓,与农业、防汛、民政等部门密切合作,取得了显著成效。针对暴雨洪涝、冰雹等气象灾害频发的特点,气象部门积极主动做好监测、预测、预警、评估及人工影响天气服务,得到自治区党委、政府及有关部门的充分肯定。区领导对气象服务和人工增雨工作给予高度评价并多次到区气象局调研及检查指导气象工作。自治区党委书记、自治区政府主席等对气象服务工作作重要批示 29 次;自治区人大、政协、农牧厅、民政厅等部门对决策气象服务给予书面表扬或感谢。全区粮食产量实现 10 连增,气象服务取得了显著的社会经济效益。

4.31　新疆维吾尔自治区主要气象灾害概述

4.31.1　主要气候特点及重大气候事件

2013 年新疆区域平均气温较常年偏高 1.0℃(图 4.31.1),其中北疆、天山山区、南疆年平均气温较常年分别偏高 1.1℃、0.8℃、0.9℃。年降水量大部分地区接近常年(图 4.31.2),但时空分布不均,北疆和南疆地区较常年分别偏多 1 成和 2 成,天山山区偏少近 1 成。北疆和天山山区冬、春、夏季降水量均略偏多或偏多、秋季偏少,南疆春季和夏季偏多、冬季和秋季偏少。开春期、终霜期、入冬期全疆大部地区偏早。初霜期全疆大部地区偏晚。

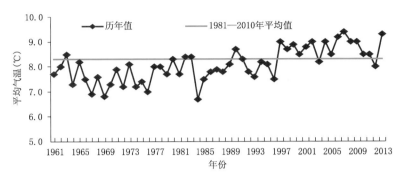

图 4.31.1　1961—2013 年新疆年平均气温历年变化图(℃)

Fig. 4.31.1　Annual mean temperature in Xinjiang during 1961—2013（unit:℃）

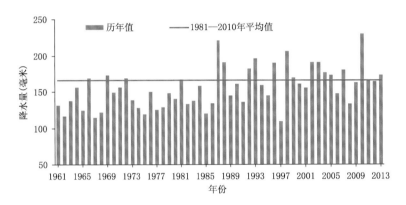

图 4.31.2　1961—2013 年新疆年降水量历年变化图(毫米)

Fig. 4.31.2　Annual precipitation in Xinjiang during 1961—2013（unit:mm）

年内出现的主要气象灾害有暴雨洪涝、大风及沙尘暴、冰雹、低温冻害、雪灾等。各类气象灾害造成的直接经济损失逾 75 亿元,在近 30 年内属于中度偏重发生,其中风雹及雷电造成直接经济损失约 42.1 亿元,为近 30 年最重。2013 年因气象灾害死亡 14 人,其中暴雨洪水及其衍生灾害影响最为严重,共造成 8 人死亡。2013 年,全疆农牧业气象年景为平偏丰年景。

4.31.2　主要气象灾害及影响

1. 暴雨洪涝

2013 年新疆全区暴雨洪水近 30 年来属中度偏重发生。年内共计 112 个县次出现局地暴雨山洪及地质灾害,发生频次为历史第四位。共造成直接经济损失逾 25.8 亿元、8 人死亡。春夏季局地暴雨频繁,全疆有 14 个地(州、市)91 县次出现局地暴雨,喀什地区、伊犁州次数较多,分别出现 18 县次、17 县次,并引发多地山洪地质灾害。其中,7 月 23—26 日,塔城沙湾县南部连续出现降水天气,25 日引发山洪灾害,造成重大人员伤亡,使农作物和牲畜受灾、部分水利设施严重受损(图 4.31.3)。

2. 局地强对流

2013 年全区冰雹灾害共出现 59 县次,造成经济损失为近 30 年最重。其中 6 月 18 日,喀什地区出现历史罕见强冰雹天气,喀什、伽师、岳普湖、莎车、英吉沙、麦盖提等 6 个县市先后遭冰雹侵袭,雹灾最重的岳普湖县最大冰雹直径 6 厘米,此次冰雹共造成喀什地区直接经济损失 2.6 亿元。单次冰雹灾害直接经济损失达 2 亿元以上的有 4 县次。

风沙灾害在近 30 年属于偏轻发生。2013 年全区共遭受大风、沙尘暴灾害 46 县次。4 月 16—17 日,特强沙尘暴先后席卷喀什、和田、阿克苏等地,最小能见度不足 1 米,造成农业、林果业等受

图 4.31.3　2013 年 7 月 25 日，新疆沙湾县暴雨引发洪水，车辆被冲下路基（沙湾县气象局提供）

Fig. 4.31.3　The vehicle damaged by floods induced by rainstorm in

Shawan County, Xinjiang on July 25, 2013 (By Shawan Meteorological Service)

灾，直接经济损失逾 4800 万元。

3. 低温冻害和雪灾

2013 年新疆伊犁河谷、乌鲁木齐、哈密、和田等地、州（市）出现暴雪、雪灾、雪崩共计 10 县次，造成直接经济损失 2 亿元。

2013 年 1 月上中旬，哈密市气温持续偏低，连续 16 天最低气温低于 -20.0℃，极端最低气温达 -25.7℃。幼龄枣树冻害严重。近三年冬季，哈密市均出现持续低温天气，红枣、葡萄等果树遭受冻害，对林果业发展产生不利影响

4. 高温热浪

7 月下旬至 8 月上旬，和田、喀什、克孜勒苏出现持续高温天气，最高气温连续多天在 35℃ 以上。其中，7 月 29—31 日，阿克陶、叶城最高气温达 39.6℃、38.6℃，策勒、洛浦、和田最高气温超过 40℃，分别达 42.1℃、41.9℃、41.4℃，上述各站均突破历史极值。

5. 大雾

2013 年大雾主要集中在 1 月、2 月、11 月和 12 月，乌鲁木齐地窝堡国际机场因大雾造成航班延误、备降或取消，对乌鲁木齐市及周边高速公路的影响也较严重。其中，2 月 4—5 日伊宁市出现大雾天气，清伊高速公路 6 千米至 7 千米路段，因路面冰凌，加之大雾影响，发生 3 起共 19 车连环相撞交通事故。12 月 2—5 日，乌鲁木齐市连续 4 天被大雾笼罩，造成乌鲁木齐外环、河滩高速路出现大面积拥堵并引发多起交通事故。11—12 月，北疆多地出现雾霾天气，乌鲁木齐共出现 14 天雾霾，对航空、公路等交通影响较大，同时空气质量下降，影响公众健康。

4.31.3　气象防灾减灾工作概述

2013 年新疆气象局组织召开了 6 次自治区级气象灾害防御多部门联合会商，区、地、县三级共召开 51 次联合会商；5 次启动Ⅳ级应急响应（2 月 2 日乌鲁木齐市七道湾乡"联丰水库"突发决堤，5 月 27 日南疆西部强降水天气过程等），认真组织开展灾前预报预警、灾中应急处置、灾后调查、总结、评估工作；顺利组织完成自治区政府组织的危险化学品泄漏气象应急演练保障任务，及时通知各部门以利做好气象灾害的防范和应对工作，科学、高效开展气象灾害防御工作。

第5章 全球重大气象灾害概述

5.1 基本概况

2013年初,亚欧大陆遭遇严重寒流袭击,造成重大人员伤亡和经济损失。入春后,印度经历了40年来最严重干旱,数百万人受灾;入夏后中国南方大部分地区遭遇持续干旱,给中国的农业生产和经济增长带来影响。年内,全球多地水害灾害频发,以南亚、东南亚地区和拉西美州、非洲最频繁。各大洋热带气旋和风暴活动频发,给沿岸国家带来了严重损失。9月,墨西哥遭双风暴夹击,引发暴雨、洪灾和泥石流,损失惨重;11月菲律宾更是遭遇超强台风"海燕"重创,造成重大人员伤亡。

5.2 全球重大气象灾害分述

5.2.1 寒流和暴雪

1月初,孟加拉国遭遇寒潮,造成数十人死亡;印度北部遭严寒袭击,造成至少114人死亡。

1月7日,亚洲西部遭遇暴风雪袭击,造成至少4人遇难。其中土耳其多处路段被封,百余所学校停课,一些航班取消;黎巴嫩至少4人死亡,50多人受伤,交通受阻,房屋倒塌。

1月14—15日,日本关东地区遭暴风雪袭击,造成2人死亡,3人失踪,近900人受伤;

1月19日,英国苏格兰西北部高地发生雪崩,造成4人死亡,1人重伤。

1月,波兰遭严寒袭击。截至1月24日,共造成31人死亡,其中23日一天就有5人被冻死。

1月中下旬,英国遭大雪袭击,造成至少10人死亡。

1月下旬,美国遭寒流袭击,造成至少4人死亡。

2月4日,莫斯科遭受大雪袭击,全城交通接近瘫痪;韩国首尔等多城市遭受大雪袭击,积雪量创12年来新高,交通大受影响。

2月8日,暴风雪袭击加拿大安大略省南部地区,造成至少3人死亡。2月8—9日,暴风雪袭击美国东北部,造成至少12人死亡,60人受伤。

2月18—19日,中国江苏、安徽等省遭受雪灾,直接经济损失超过9亿元人民币。

2月21—25日,大雪袭击日本东北部,青森县局地积雪超5.5米,新干线部分线路暂停。

2月25日,美国中南部各州遭受严重的暴风雨雪袭击,造成至少5人死亡。

3月初,日本北海道遭暴风雪袭击,导致8人死亡。

3月6日,暴风雪吹袭美国中东部地区,导致4人遇难,20万户居民断电,1900余航班停飞。

3月23日,暴风雪吹袭美国中西部地区,导致大量航班被迫取消。

3月11日起,欧洲遭受暴风雪袭击,多国进入紧急状态,大雪导致法国2人死亡,多国交通瘫痪,工厂停工,学校关闭。

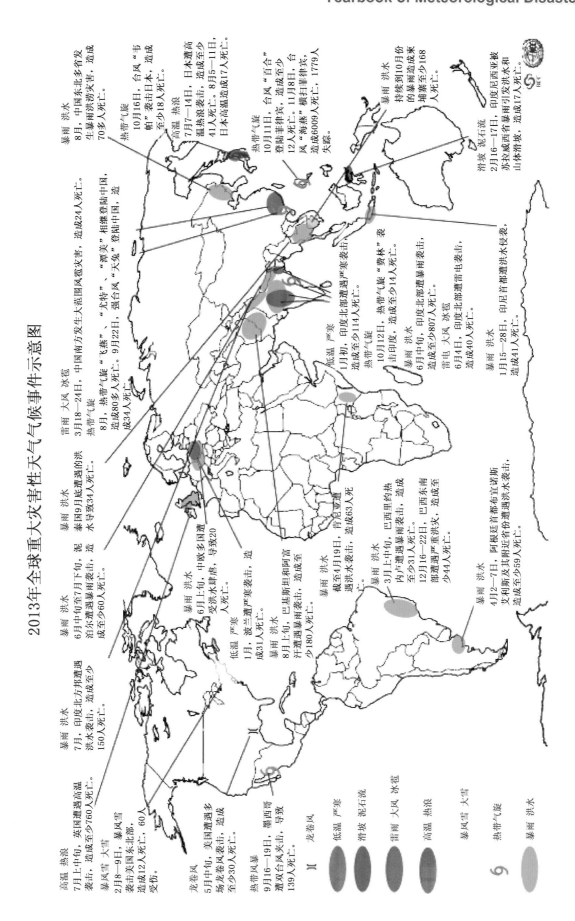

2013年全球重大灾害性天气气候事件示意图

4月11日,美国中西部和南部多州遭暴风雪袭击,造成至少3人死亡,数人受伤,道路封闭,数以万计家庭断电。

4月20日,俄罗斯远东哈巴罗夫斯克边疆区发生雪崩,造成4名游客死亡;美国科罗拉多州拉夫兰山口发生雪崩,造成5人死亡。

5月1日,美国科罗拉多州遭遇倒春寒,降雪量超过1英尺(约30厘米);24—26日,暴雪袭击美国新英格兰地区北部和纽约州北部高海拔山区,部分地区积雪近1米。

6月19日,新西兰南部遭遇暴风雪袭击,3000余户居民断电,公路交通瘫痪,多架次航班取消。

10月11日,德国拜恩州遭遇罕见强降雪,导致当地交通混乱,上万户居民断电;美国遭遇罕见暴风雪袭击,致使多达10万头牲畜死亡,经济损失惨重。

11月下旬,美国西部遭暴风雪袭击,致13人死亡。

12月10日,中东地区多国遭遇强暴风雪袭击,其中以色列因灾死亡4人。

12月14日,俄罗斯远东萨哈林州遭遇暴风雪袭击,导致1300多户居民断电。

12月中旬,泰国北部遭遇严寒天气,导致约30万人受灾,1人死亡。

12月21—24日,美国及加拿大部分地区遭受暴风雨雪和冻雨袭击。受此恶劣天气影响,两国至少24人丧生(其中美国境内死亡14人),50多万户家庭或商家断电,全美超过2万个航班延误或取消。

12月26—27日,法国阿尔卑斯山区多个滑雪场连续发生四起雪崩事故,造成至少3人死亡,多人受伤。

5.2.2 高温干旱

1月上旬,澳大利亚遭热浪袭击,6个州中有5个发生火情,其中塔斯马尼亚州山火造成100多座房屋被烧毁,新南威尔士州高温引发火灾,上万只羊被烧死;18日,热浪再袭澳大利亚,新南威尔士州和维多利亚州山林大火一度失控。

3月以来,印度西部发生40年来最严重干旱,数百万人受灾。

4月,印度马哈拉施特拉邦遭遇近40年来最严重的旱灾,数百万人受灾。

5月,由于雨季延迟到来,巴拿马两座水电站因枯水导致严重电力供应紧张。

6月中旬以来,美国阿拉斯加州反常高温,18日当地最高温度破1969年最高纪录。

7月,日本遭高温热浪袭击,造成至少41人死亡;美国东北部和中西部地区遭高温热浪袭击,造成至少6人死亡;英国遭高温袭击,造成至少760人死亡。

8月上中旬,奥地利高温天气造成1人死亡;日本因高温天气造成9815人中暑入院,其中17人死亡;美国西部连日高温、干燥和强风天气造成多个州森林野火肆虐,已烧毁至少800英亩(约323.75公顷)土地。

8月,中国贵州大部、湖南大部、浙江大部、湖北东南部、江西西部和东部、安徽东南部等地气象干旱持续。

5.2.3 暴雨洪涝

1. 亚洲

1月初,以色列遭暴雨袭击,多个地区洪水泛滥,造成3人死亡。

1月,印度尼西亚多个地区发生暴雨洪水,造成至少53人死亡,18人失踪。

2月16—17日,印度尼西亚北苏拉威西省暴雨引发洪水和山体滑坡,造成17人死亡。

3月25日,印度尼西亚爪哇岛遭洪水袭击,并引发山体滑坡,造成至少11人死亡。

4月6—7日,日本遭暴风雨袭击,造成3人死亡,至少11人受伤。

4月23—24日,阿富汗北部遭洪水袭击,造成15人死亡,数百人无家可归。

5月中旬,斯里兰卡东部和南部沿海地区遭暴风雨袭击,造成至少7人死亡,10人受伤。

6月中旬,印度北部遭遇暴雨袭击,暴雨引发洪水,造成至少807人死亡,近6000人失踪,超过10万人被疏散。

6月中旬至7月下旬,尼泊尔遭遇季风性暴雨袭击,导致洪水泛滥,造成至少60人死亡。

7月初以来,印度北方邦遭暴雨袭击,造成至少150人死亡,50万人被迫转移。

7月上旬,越南河江省遭暴雨袭击,造成2人死亡,大量农田被淹。

7月8—13日,中国四川、陕西、甘肃、山西等省发生暴雨洪涝及滑坡泥石流灾害,共造成至少100人死亡,直接经济损失超过200亿元人民币。

7月13—14日,韩国中部地区遭暴雨袭击,造成3人死亡,2人失踪;22日,韩国因连日暴雨引发洪水,造成2人死亡,房屋道路被淹。

7月19日,土耳其南部哈塔伊省遭暴雨袭击,造成5人死亡,10人受伤。

7月17—25日,朝鲜遭暴雨洪水袭击,造成15人死亡。

截至7月20日,印度尼西亚东南苏拉威西省连续一周遭受暴雨袭击,造成该省南科纳威县80%地区被淹,5人死亡,估计损失达上千亿印尼盾。

7月29日,日本遭暴雨袭击,造成1人死亡,2人失踪。

8月10日,阿富汗遭暴雨洪水袭击,造成至少84人死亡,上百栋房屋被摧毁。

8月中上旬,巴基斯坦遭遇袭击,导致多地洪水泛滥,造成至少165人丧生,66000人受灾,数百房屋倒塌;

9月上中旬,越南北部和中部遭受暴雨袭击,引发洪水和山体滑坡,造成至少23人死亡,12人失踪,许多房屋被淹没。

9月中旬,泰国遭洪水袭击,受灾人口达210余万;柬埔寨遭遇持续的洪灾影响,造成至少168人死亡,经济损失约5亿美元。

10月上旬,菲律宾遭遇暴雨袭击,造成11人死亡,逾9万人逃离家园。

10月21—26日,印度遭遇暴雨袭击,造成至少45人死亡。

11月中旬,沙特频遭大雨和暴雨袭击,造成至少15人死亡,8人失踪。

11月下旬,印度因连降大雨造成房屋倒塌,导致5人死亡。

11月底至12月初,印度尼西亚苏门答腊不拉士达易火山区连降暴雨,引发洪水和山体滑坡灾害,造成9人死亡。

12月13—17日,中国南方多地遭遇暴雨袭击,造成3人死亡。

2. 欧洲

6月上旬,中欧多国遭受洪水肆虐,导致16人死亡,各国损失严重。

7月,俄罗斯远东地区遭洪水袭击,超过10万人受灾,道路和电力系统被摧毁。

8月3日,英国遭遇暴雨袭击,大雨导致海滩消失、道路淹没,数百房屋受损;俄罗斯遭遇严重洪灾,直接经济损失超过1000亿卢布(约合30亿美元)。

11月18日,意大利西南部岛屿遭洪水袭击,导致17人死亡。

12月23—24日,欧洲多国遭暴风雨袭击,其中英法两国因灾死亡6人,超过10万户家庭断电。

3. 美洲

1月初,巴西东南部的里约热内卢州和邻近地区遭暴雨袭击,并引发洪水和泥石流,造成至少1人死亡,400人无家可归。

3月,巴西里约热内卢遭遇暴雨袭击,并引发山体滑坡,造成至少31人死亡,1人失踪,1400多人无家可归;厄瓜多尔西南部暴雨引发洪灾,造成至少 8 人丧生。

4月2—7日,阿根廷首都布宜诺斯艾利斯市及其周边省份遭受暴雨袭击,造成 35 万人受到影响,58000 座建筑物被摧毁,至少 59 人死亡,直接经济损失超过 5 亿美元。

5月初,美国东南部多地普降大雨,暴雨引发山洪,导致 1 人死亡,上千用户断电;25 日,美国德克萨斯州圣安东尼奥市强降雨引发洪灾,造成至少 2 人死亡。

6月21日,加拿大西部遭遇特大洪水,10 万人被疏散,1 人失踪。

7月8日,加拿大多伦多遭受暴雨袭击,造成交通大面积阻塞,30 万用户停电。

8月上旬,美国遭遇暴雨肆虐,导致 3 人死亡,3 人失踪,至少 3 人受伤。

8月下旬,巴西南部遭遇暴雨袭击,导致近 7000 人受灾,其中 2000 多人无家可归。

9月上旬,墨西哥维拉克鲁斯州连降大雨引发山体滑坡和洪水灾害,造成 14 人死亡。

9月中旬,美国科罗拉多州连日暴雨引发洪灾,导致 8 人死亡,600 人失踪,1.7 万处房屋受损。

11月底至12月初,古巴首都哈瓦那连降暴雨,造成 100 多栋建筑倒塌,导致 2 人死亡。

12月16—22日,巴西东南部连降暴雨引发严重洪灾,导致至少 44 人死亡,超 6 万人无家可归。

4. 大洋洲

1月28—29日,澳大利亚东北部遭洪水侵袭,造成 4 人死亡,数千座房屋被淹。

5. 非洲

1月中旬,莫桑比克大部分地区连降暴雨,导致洪水泛滥,造成 12 人死亡。自 2012 年 10 月以来,莫桑比克全国已有 45 人在洪水中丧生,受灾群众达 12 万多人。

4月,肯尼亚遭洪水袭击,造成 63 人死亡,超过 3.4 万人无家可归。

8月上旬,苏丹多个州两降暴雨,酿成洪涝灾害,已夺去了数十人的生命,8 万栋房屋倒塌,10 多万人受灾。

11月15—17日,南非连遭暴雨袭击,造成至少 8 人死亡。

12月14—16日,肯尼亚东南部遭遇洪水侵袭,导致至少 12 人死亡。

5.2.4 沙尘暴

3月22日,埃及大部分地区遭强沙尘暴袭击。

5.2.5 热带气旋和风暴

1. 太平洋

8月中旬,菲律宾遭超强台风"尤特"和热带风暴"潭美"袭击,多地普降大到暴雨,导致许多地方发生洪水和山体滑坡,造成至少 18 人死亡,5 人失踪,41 人受伤。

9月2日,日本埼玉县和千叶县遭龙卷风袭击,导致 67 人受伤,547 幢建筑受损。

9月16—17日,日本遭强热带风暴"万宜"袭击,造成 2 人死亡,4 人失踪,交通受到严重影响。

9月22日,强台风"天兔"登陆中国华南,造成至少 34 人死亡,直接经济损失超过 220 亿元人民币。

10月7日,强台风"菲特"登陆中国,造成 11 人死亡,直接经济损失 600 多亿元人民币。

10月中旬,台风"百合"登陆菲律宾,造成至少 12 人死亡,210 万人断电;热带气旋"费林"袭击印度,造成 14 人死亡;强台风"韦帕"袭击日本,造成至少 18 人死亡,47 人失踪。

11月8日,超强台风"海燕"横扫菲律宾中部地区,造成严重灾害。菲律宾全国有 5598 人死亡,1759 人失踪,近 3 万人受伤。

11月10—11日,中国广西、广东和海南遭"海燕"袭击,造成 20 人死亡,3 人失踪,直接经济损失超过 40 亿元人民币;越南北部遭"海燕"袭击,导致至少 10 人死亡,4 人失踪,84 人受伤;15 日,越南中部遭台风"杨柳"袭击,导致 36 人死亡,9 人失踪,8 万人无家可归。

2. 大西洋

6 月 6 日,热带风暴"安德莉亚"登陆美国佛罗里达州,并北上影响美国东部沿海地区,给当地带来强风暴雨。

9 月中旬,墨西哥遭双风暴夹击,并引发暴雨、洪灾和泥石流,造成至少 139 人死亡,35 人受伤,53 人失踪,近 24 万人遭受重大财产和住房损失,受灾总人数约达 120 万人,经济损失超过 60 亿美元。

10 月下旬,欧洲多国遭遇强风暴袭击,造成至少 16 人遇难。

11 月中旬,美国中西部遭到龙卷风及强风暴袭击,导致 8 人死亡,约 1 万人受到影响,经济损失超过 10 亿美元。

3. 印度洋

5 月 16 日,气旋风暴"马哈森"在孟加拉国南部沿海登陆,导致 10 人死亡,百万民众被迫转移。

5.3 全球主要天气气候事件成因分析

5.3.1 俄罗斯远东地区最大洪灾成因

2013 年 7—9 月,俄罗斯远东地区的出现持续性降水,该区累积降水量较常年同期普遍偏多 5 成至 2 倍,局部偏多 2~4 倍,且降水极端性突出。异常偏多的降水导致俄罗斯远东地区出现 120 年来最大洪灾,造成 10 万多人受灾,3.2 万当地居民被疏散,经济损失高达数十亿美元。

2013 年 7—9 月,持续性环流异常是导致俄罗斯远东地区洪灾的最直接原因。500 百帕高度场上,受欧亚中高纬度切断低压的影响,欧亚大陆西北部上空为异常正高度距平区,而欧洲东南部至俄罗斯东南部和东亚北部为宽广的低槽区,这种环流型有利于高纬冷空气南下影响俄罗斯远东地区,与此同时,鄂霍次克海地区阻塞异常发展有利于这种环流型的持续稳定维持。与高度场相匹配,850 百帕距平风场上,在贝加尔湖以东地区为一异常气旋性环流,西北太平洋地区存在一异常反气旋性环流,气旋性环流东侧偏南气流与反气旋环流西侧的偏南气流将西北太平洋和低纬度的暖湿空气向异常偏北的地区输送。在低纬度地区,副高持续控制中国东南部地区,且副高脊线位置异常偏北,副高西侧偏西南气流将低纬度地区的水汽持续向中高纬度地区输送。异常偏多的暖湿水汽与来自极地的冷空气在俄罗斯远东地区交汇,造成该区降水异常偏多。

另一方面,2013 年东亚季风指数的逐日监测表明,6—9 月东亚夏季风阶段性偏强特征明显,有利于低纬度水汽向北方地区输送。从整层积分水汽输送距平场及辐合辐散异常场上也可以看出,俄罗斯远东地区的水汽输送偏强,且为显著的水汽异常辐合区,有利于降水产生。

综合以上分析可见,在低纬度系统和中高纬度系统的共同调制作用下,7—9 月俄罗斯远东地区出现持续异常偏多的降水,造成该区出现 120 年来最大洪灾。

5.3.2 夏季北半球极端高温成因

2013 年夏季,北半球许多国家和地区出现持续高温天气。在亚洲,日本出现了有记录以来最热的夏季;中国出现了有记录以来最热的 8 月;韩国则创下了夏季高温纪录。此外,在欧洲和北美洲的多地也遭受了异常高温天气的袭击。2013 年夏季,北半球许多国家和地区出现持续高温天气主要包括以下两方面原因:

海温异常是重要的外强迫因子。2013 年夏季(主要在 7—8 月),赤道西太平洋和海洋性大陆区的海温明显偏暖,尤其是海洋性大陆区南部海温增暖更为显著。受异常暖海温影响,海洋性大陆区的对流活动也显著偏强。而在赤道中东太平洋大部,弱的冷海温持续发展也使得日界线附近对流活动明显偏弱。由此,热带地区的 Walker 环流较常年同期显著偏强,赤道西太平洋为异常上升运动控制,而赤道中太平洋日界线附近为异常下沉运动控制。通过经向垂直运动,赤道西太平洋的异常上升运动激发异常下沉运动控制在东亚东部上空,从而使得副高不断增强并持续控制东亚东部地区,造成中国、日本和韩国等亚洲国家出现持续异常高温天气。

北半球中高纬异常大气环流影响。北极涛动(AO)作为半球尺度的气候系统,对北半球气候有重要的影响。2013 年 4—8 月北极涛动持续以正位相为主,由于北极地区通常受低气压系统支配,当北极涛动持续处于正位相时,极地的冷空气不断堆积,冷低压不断增强,同时中纬度地区暖高压也不断增强,限制了极地冷空气向南扩展。这一方面使得北半球中纬度地区冷空气活动较弱,不容易促使北半球副热带地区高压减弱和东退;另一方面使得北半球中高纬度地区持续受异常高压控制,这是导致今年夏季北半球中高纬度地区出现大范围高温异常天气的另一重要原因。

可见,在全球持续增暖的背景下,受北极涛动持续正位相和赤道太平洋海温异常的共同影响,2013 年夏季,东亚东部、北美洲和欧洲等地持续受高压系统的控制,大气以下沉气流为主,天气晴好,地面容易接收更多的太阳辐射。太阳辐射的强烈加热作用,导致大气温度持续偏高,使得北半球大部地区出现异常高温天气。

5.3.3 中欧"世纪洪水"异常成因

大气环流异常是造成中欧"世纪大洪水"袭击的最直接原因。从影响中欧地区降水异常的环流形势看,在 500 百帕高度场上,欧亚地区自西向东基本维持"两槽一脊"分布特征,而中欧地区正好处于高空槽的控制下。受到高空槽区抬升运动的影响,中欧地区容易出现降水偏多现象。从水汽输送场上也可以看出,中欧地区受到异常气旋性水汽输送的强烈影响,来自热带大西洋的暖湿水汽,被输送到中欧地区,为上述地区降水偏多提供了水汽条件。

计算 1981—2012 年每年 5 月 21 日—6 月 10 日中欧地区(10°～30°E,40°～50°N)平均降水与 500 百帕高度场和整层积分水汽输送场的相关分布表明,当中欧地区降水偏多时,500 百帕高度场上欧亚中高纬地区自西向东通常会维持"－ ＋ － ＋"分布的相关波列,表明中欧地区处于高空槽的控制下,其局地动力抬升作用容易导致该地区降水偏多。同时,来自热带大西洋的暖湿水汽输送则为降水偏多提供了充沛的水汽条件。

5.3.4 印度大范围严重暴雨洪涝成因

印度受季风影响显著,5—9 月为雨季。今年印度季风由弱转强是印度由高温转为洪涝的关键因素,季风前沿达到印度北部时间较常年偏早 1 个月。4—5 月,印度季风总体偏弱,6 月上旬以来,印度夏季风显著转强,且向北推进速度较快,从而导致印度大部出现持续性强降水。阿拉伯海低压偏强东扩和印度洋偶极子负位相发展是印度洪涝的主因。

6 月以来,受地中海异常低槽南伸的影响,阿拉伯海低压异常偏强并不断东扩控制印度中部和北部地区,使得印度大部盛行上升气流,有利于降水偏多。同时,5 月以来赤道印度洋 50°～80°E 区域内的越赤道气流大幅偏强,一方面造成输入印度的暖湿气流明显偏强,另一方面其与阿拉伯低压南侧的偏西和偏北气流强烈辐合有利于形成降水。受上述海温和环流异常长期持续的影响,印度出现持续性强降水,进而引发洪涝。

第6章 防灾减灾重大气象服务事件

　　2013年,是气象灾害偏重发生的一年。针对东北低温春涝、西南春旱、东北暴雪、北方和西部地区暴雨洪涝、南方极端高温、中东部频发的雾霾、夏秋季台风等重大致灾性天气气候事件,以及四川芦山、甘肃岷县漳县地震等重大突发事件和"春运"、"两会"、"十·一黄金周"、"神舟十号与天宫一号对接"等重大活动,各级气象部门积极应对、主动服务,圆满完成了各项气象保障任务。2013年党中央和国务院领导在中国气象局上报的防灾减灾、粮食安全、生态环境等方面的决策气象服务材料上做出的重要批示近100人次。下面就2013年度几个重大气象服务案例做详细分析。

6.1 雾霾气象服务

　　2013年我国中东部地区多次出现持续时间长、影响范围广、强度大的雾霾天气过程,对人体健康、交通运输、空气质量等造成了不同程度的影响。中国气象局高度重视雾霾气象服务,及时部署各项工作,各级气象部门主动做好气象保障服务工作。

6.1.1 强化雾霾灾害监测预报预警

　　各级气象部门不断加强雾霾的监测预警和信息发布,除了常规的能见度、相对湿度、雾霾天气现象等观测外,还开展对雾霾有重要影响的大气气溶胶的观测,初步形成了业务化的运行保障体系。各级气象部门也充分利用各种预报手段,同时加强天气会商,提高雾霾天气预报的精细化程度和准确率。中央气象台多次发布雾或霾的预警,京津冀、长三角、珠三角等地气象部门多次发布雾、霾橙、红色预警信号。

6.1.2 及时制定相关标准规范,并成立京津冀环境气象预报预警中心

　　针对2013年雾霾天气频发重发的态势,中国气象局高度重视雾霾气象服务,组织相关单位对霾预警信号标准进行了修订,制定了《霾预警信号修订标准》和《中央气象台霾预警发布暂行规范(试行)》;并积极组织成立京津冀环境气象预报预警中心。

6.1.3 积极提供决策和专业气象服务产品

　　中国气象局积极主动制作雾霾天气有关的决策服务材料呈报上级单位,其中制作《重大气象信息专报》、《气象灾害预警服务快报》、《两办刊物信息》、专题分析材料等共约39期决策气象服务产品报送党中央、国务院。在为交通运输等部门提供的《春运气象服务专报》中也多次强调雾霾天气对交通运输和出行人员可能造成的不利影响及应对措施等。

6.1.4 多部门合作做好雾霾气象服务

　　气象部门积极加强与环境、交通、卫生等部门合作,加强信息资料共享,环境气象的科学合作研究、预警预报的应急联动,推动建立气象部门与各地政府部门在污染天气下的应急联动机制。中国气象局也和环境保护部携手共同推进了全国重点城市空气质量预报工作,及时向社会发布空气质

量预报服务信息。

6.1.5 积极做好科普宣传,增强公众防范意识

中国气象局和地方气象部门坚持正确的舆论导向,主动与多家新闻单位合作,及时沟通,进行雾霾天气的广泛宣传和多方位服务,提高社会认知度和服务效益。面向公众及时普及雾霾科普知识,并提供出行等精细化生活建议。例如,在中国气象局与民政部联手打造的防灾减灾综合访谈节目《中国减灾》中,特别邀请中国环境科学研究院副院长柴发合、中国科学院大学资源与环境学院院长张元勋做客演播室,通过媒体向公众普及雾霾相关知识。

6.2 台风"菲特"气象服务

2013 年共有 31 个热带气旋在西北太平洋和南海生成,9 个登陆我国。其中,"菲特"是年度内给我国造成经济损失最严重的台风,也是 2001 年以来 10 月登陆我国大陆地区强度最强的台风。汪洋副总理对"菲特"防御工作做出重要指示,中国气象局认真贯彻落实汪洋副总理的重要指示精神,积极主动做好台风"菲特"的气象预报预警服务工作。

6.2.1 及时滚动发布台风预报预警信息

中央气象台始终加强与浙江、福建等相关省气象部门的上下互动,密切关注"菲特"未来动向,加密监测会商,及时滚动发布最新台风移动路径、强度及其风雨影响预报。通过新闻媒体、电视、广播、网络、短信、微博等多种途径向社会公众及时发布台风预报预警信息,特别是提醒节日出行人员和涉海、涉岛旅游单位提早采取避让、防御措施。期间,中央气象台通过广播、电视等媒体共发布台风预警 15 期(其中红色预警 6 期)、暴雨预警 7 期,并通过新浪和腾讯微博平台及时向公众发布台风预警和防台措施等信息 50 余条;浙江、福建等省气象部门发布台风和暴雨预警共 300 余期,向公众发送服务短信约 1 亿人次。

6.2.2 及时启动应急响应

"菲特"10 月 7 日在东南沿海登陆。中国气象局 10 月 4 日 18 时就启动了重大气象灾害(台风)Ⅲ级应急响应全力应对,5 日 8 时 30 分将重大气象灾害(台风)Ⅲ级应急响应提升为Ⅱ级。同时浙江、福建省气象局也启动重大气象灾害(台风)Ⅱ级应急响应。6 日浙江省防指和福建省防指分别启动了防台风Ⅰ级应急响应。各级气象部门加强业务值班值守,充分利用气象卫星、雷达、自动气象站、海洋浮标站等气象现代化设备密切监视台风"菲特"的移动发展动向。中央气象台加强与浙江、福建等省的台风专题会商,充分利用国家级、省级预报专家的力量,有效地提高了台风预报能力。

6.2.3 强化防台减灾决策气象服务

防台减灾是气象服务重中之重的工作。气象部门关注台风风雨影响和可能造成的灾害以及对节假日活动带来的不利影响,准确研判和预评估其可能造成影响的严重程度并及时提出有效的防范建议。"菲特"活动期间,国家级气象部门向党中央、国务院和相关部门报送决策服务材料 12 期,浙江、福建省气象部门向当地政府和有关部门报送决策服务材料 20 余期。同时,各级气象部门加强与民政、水利、海洋、国土、农业等部门沟通联系和应急联动,及时提供台风最新监测和预报预警信息及风雨影响情况,共同做好台风防范工作。虽然"菲特"强度及风雨影响罕见,但由于防范措施及时有效,其造成的人员伤亡轻于同类台风。

6.3 四川暴雨气象服务

6月下旬至7月下旬,四川盆地接连出现6次区域性强降雨过程,其中7月7—11日四川盆地西部出现罕见特大暴雨天气过程,都江堰幸福镇降雨达1151毫米,接近年降水量,造成了极其严重的暴雨洪涝和山洪地质灾害(图6.3.1)。

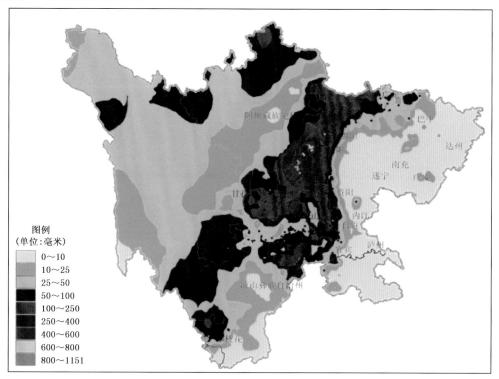

图例
(单位:毫米)

0~10
10~25
25~50
50~100
100~250
250~400
400~600
600~800
800~1151

图 6.3.1　2013 年 7 月 7—11 日四川降水量实况图(毫米)

Fig. 6.3.1　Precipitation in Sichuan during July 7—11,2013 (unit:mm)

6.3.1　快速响应,加强现场预报指导

7月13—16日,中国气象局两次派出工作组赴四川指导暴雨预报服务工作。7月17日,中国气象局启动重大气象灾害(暴雨)Ⅲ级应急响应,并派出中央气象台首席预报员赴川现场指导预报服务。暴雨期间,四川省气象局共启动暴雨Ⅰ级应急响应2次、Ⅲ级应急响应6次,并开展涉及7市43县每10分钟一次的加密观测。

6.3.2　全网发布,预警预报覆盖面广

四川省气象台发布暴雨预警信号26次。全省各级气象部门发布暴雨等预警信息1523期,制作各类专题服务材料1745期。通过短信、电视插播、广播、网站、微博、微信、报纸、声讯电话、电子显示屏、大喇叭、气象信息员等渠道向公众发布气象信息。芦山震区4种级别气象预警信息均全网发布,其中发布红色预警短信2831万人次。

6.3.3　部门合作,开展风险预警服务

气象部门加强与国土部门合作,把四川省4万多个地质灾害隐患点划分为芦山地震极重灾区、汶川地震极重灾区及三州地区、盆周山地区、盆地丘陵区四个区域,重新调整雨量现报标准,以更好地防范灾害发生。四川省各级气象部门与国土部门开展联合会商490余次,共发布地质灾害气象

风险预警产品 2534 期、山洪气象风险预警产品 2280 期、中小河流洪水气象风险预警产品 1451 期。

6.4 南方极端高温天气气象服务

2013 年夏季，南方地区出现 1951 年以来最强的高温热浪天气，其特点是持续时间长、覆盖范围广、强度大、影响重。针对此次极端高温天气过程，气象部门高度重视，通力合作，积极为政府做好各项气象服务工作，为防灾抗旱工作提供了及时准确的决策信息。

6.4.1 紧跟事态发展，气象服务进入应急状态

截至 7 月 20 日，受持续高温少雨影响，江南及贵州等地旱象露头，并将进一步发展蔓延形成危害。当日国家气象中心提议并制作了关于高温干旱事件将趋于加重的决策服务材料，后经完善，24 日经领导签发报送了相关决策部门。随着高温强度进一步加重和范围扩大，7 月 25 日起中央气象台将高温预警由黄色提升为橙色，气象服务随即进入应急状态。30 日中国气象局启动重大气象灾害（高温）Ⅱ级应急响应（最高级别的响应），随后启动气象干旱Ⅲ级应急响应，国家防总也于 31 日启动抗旱Ⅵ级应急响应。面对日趋严峻的高温形势，高温服务也趋于多样化、深入化，每天监视高温发展动态，中国气象局向国务院办公厅提供《中国气象局抗旱救灾每日情况报告》。8 月 4 日，国务院办公厅根据中国气象局上报的材料给相关省（区、市）下发了通知，要求做好当前高温干旱防御应对工作。

6.4.2 加强数据深层次挖掘，全力做好监测评估工作

为更好地做好监测服务工作，中国气象局决策服务中心细致筹划，加强数据的挖掘分析。应急服务期间，充分利用 MESIS 的统计功能和地理信息数据，对每天的高温面积、高温影响人口数据、高温极值等情况进行分析汇总，以便能及时追踪高温的发展演变和严重程度，并将相关信息通过彩信以及各类决策材料和国办约稿等产品报送。同时，积极为决策层和公众提供高温的成因、影响、预报、防御等方面内容，起到了很好的服务效果。

6.4.3 实地调研，切身做好抗旱服务

7 月 30 日—8 月 4 日，国家气象中心农业气象专家联合湖南省气象科研所、浙江省气候中心，对受灾最重的湖南衡邵盆地、浙江衢州、绍兴等地的旱情、农作物和经济作物受灾情况等进行了实地调研考察，并形成调研报告报送了相关部门，为决策层全面掌握高温干旱受灾情况提供参考，同时也为决策人员对高温干旱现状的准确把握和决策部署提供了依据。

6.4.4 积极与各部门合作，共同应对高温干旱

8 月 2 日上午，中国气象局积极邀请国家发展改革委、交通运输部、水利部、农业部、卫生计生委、林业局、粮食局、国家电网公司等单位，召开气象灾害预警服务部际联络员高温干旱专题会议，讨论分析高温干旱可能造成的影响，研究高温干旱灾害应对措施。

6.5 甘肃抗震救灾气象服务

2013 年 7 月 22 日 7 时 45 分，甘肃省定西市岷县、漳县交界发生 6.6 级地震。气象部门快速响应，及时启动地震抗震救灾应急气象服务工作。

6.5.1 及时启动地震应急响应气象服务

中国气象局于 22 日 15 时 30 分启动地震灾害气象服务Ⅲ级应急响应。甘肃省各级气象部门快

速进入应急服务状态,22 日 10 时 30 分甘肃省气象局启动"岷县漳县交界 6.6 级地震"灾害救援气象保障Ⅲ级应急响应,11 时 45 分定西市气象局启动地震灾害救援Ⅲ级应急响应,16 时 45 分升级为Ⅰ级应急响应。

6.5.2 多渠道发布地震气象服务信息

中国气象局通过中央电视台、凤凰卫视、中央人民广播电台等国内权威广播电视媒体持续跟踪报道,制作各类气象服务节目 478 档,并通过与甘肃现场直播连线及时发布预警预报信息。中国天气网上线《甘肃定西岷县漳县交界 6.6 级地震》气象服务专题,共发布相关图文资讯 42 篇、专访 1 篇、视频新闻 5 条、提示信息 15 条,并与甘肃省级站及时沟通,第一时间收集、发布和推广震区相关重要天气信息和抗震救灾动态消息。

另外,应急响应期间,发布国家级气象灾害预警 23 期;甘肃定西市及所属县气象局共发布重大气象信息专报 8 期、山洪地质灾害气象风险预警 8 次、雷电和暴雨预警信号 13 次、抗震救灾专题预报 71 期、强降水信息专报和雨情快报 90 期。

6.5.3 加强与多部门沟通合作

与民政、交通运输、卫生等部门加强沟通,重点针对地震灾区安置点防雷、物资运送、卫生防疫、交通运输等工作提出精细化程度高、针对性强的气象服务信息和有效防雨防雷措施。岷县、漳县、渭源等县气象局启动即时人工加密观测,向兰州空军提供气象观测资料,为直升机救灾在复杂天气、地理环境下查看险情、运送重伤员和救灾物资等提供了有力保障。同时为地震灾区电力抢修、安置点防雷、交通运输、卫生防疫、基础设施恢复等工作提供精细化程度高、针对性强的气象服务信息和有效防雨防雷措施。

6.5.4 做好公路交通气象监测和地质灾害风险预警服务

针对地震灾区和地震波及地区公路交通情况,中国气象局每日主动与交通运输部路网中心沟通,及时获取最新的路况信息,并就地震灾区的天气变化对抢险救灾的影响提出在关键时段、关键区域加强公路交通气象服务的建议,制作地震灾区主要公路沿线天气预报 7 期、每日全国公路交通气象预报产品 4 期。同时,中国气象局发布地震灾区地质灾害气象风险预警 7 期,定西市及所属县气象局发布山洪地质灾害气象风险预警 8 次,岷县前线气象保障服务组发布地质灾害气象风险红色预警和橙色预警各 1 期(图 6.5.1)。

6.6 东北流域性暴雨洪涝气象服务

7—8 月,东北地区共出现 9 次较强降雨过程,平均降水量 275 毫米,为 1999 年以来同期最多。与此同时,俄罗斯远东地区的结雅河和布列亚河流域(黑龙江支流)平均降水量达 254.5 毫米,较常年同期偏多 62%,导致俄罗斯远东地区出现了 120 年来最大的洪灾。受本地持续降雨和上游俄罗斯东部地区来水影响,嫩江、松花江、黑龙江同时出现超警戒水位的流域性大洪水,松花江流域发生 1998 年以来最大洪水,黑龙江发生 1984 年以来最大洪水,嫩江上游发生超 50 年一遇的特大洪水,部分江段洪水超百年一遇。

6.6.1 启动应急响应,做好雨情监测

针对东北地区强降雨,中国气象局启动暴雨Ⅳ级应急响应,并派出工作组赴黑龙江现场指导气象服务工作。同时,启动国际减灾宪章利用雷达卫星开展东北地区高分辨率洪涝灾害监测,加强黑龙江上游俄罗斯远东地区降水监测预报。黑龙江、吉林等省气象部门分别启动了暴雨、防汛Ⅰ级应

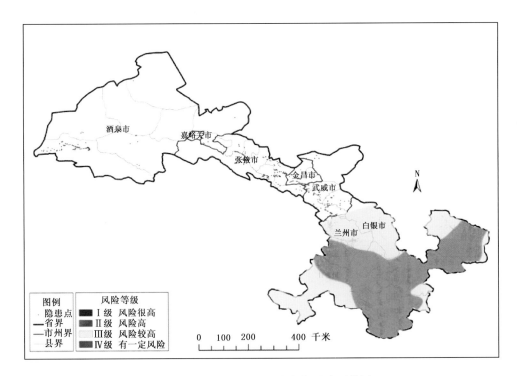

图 6.5.1　甘肃省地质灾害气象风险预警图

Fig. 6.5.1　Weather risk warning geologic hazard in Gansu Province

急响应,黑龙江、吉林气象局派出应急指挥车和移动雷达监测车赴灾害现场提供降雨监测数据和服务。

6.6.2　加强数据分析

期间,为获得俄罗斯降雨资料(对我国的影响)及洪水情况,中央气象台及时做了国内外数据的资料融合处理,并利用卫星数据加强了洪水的监测和分析。同时,多次将东北地区今年的降水情况进行历史比对分析,特别是与 2008 年松嫩特大洪水期间降雨以及前期降雨情况进行动态比较分析,为决策层掌握雨情和水情提供了很好的参考信息。

6.6.3　气象部门互动联防,共同应对

国家级各气象业务部门协同加强东北地区暴雨洪涝监测分析的同时,还积极与省级气象部门互动,加强会商,共享分析数据,为黑龙江和吉林省气象局对地方政府服务提供了有力的支持,为防汛抗洪工作顺利开展做出了重要贡献。同时,黑龙江省气象局、内蒙古自治区气象局和吉林省气象局也建立了良好的联防机制,实现了实况资料和预报服务产品的共享,丰富了决策服务产品的内容。

6.6.4　中央气象台及时启动专项保障服务

随着洪水事态日趋严峻,8 月 17 日开始中央气象台逐日制作《黑龙江松花江流域气象服务专报》,滚动制作过去 3 天降水量实况和未来 7 天降水预报,包括俄罗斯远东地区的雨量预报等,共制作 27 期专项保障服务材料。另外,中国气象局多次为中共中央办公厅、国务院办公厅及减灾委等提供相关专题分析材料。

6.7 其他重大气象服务事例

6.7.1 "两会"气象服务

针对 2013 年全国"两会"的气象服务,中国气象局提早部署,于 2 月 22 日印发了《关于做好 2013 年全国"两会"气象服务工作的通知》,中国气象局各业务单位及北京市气象局也分别制定了"两会"气象保障服务实施方案,明确任务分工。从 3 月 1 日至 17 日,中国气象局每天滚动制作"两会"气象服务专报,共制作《全国政协十二届二次会议气象服务专报》14 期和《十二届全国人大二次会议气象服务专报》15 期,内容涉及面广、图文并茂,紧扣气象服务重点和代表关注热点。中国气象局网站、中国天气网和中办气象服务专网也开设了"两会"气象保障服务专栏,并与全国人大网、全国政协网和中国政府网首页进行链接;各类气象影视节目中也突出了"两会"气象保障服务主题。

6.7.2 "神舟十号"气象保障服务

针对 2013 年 6 月 9—25 日"神舟十号"与"天宫一号"载人飞船交会对接任务的气象保障服务,中国气象局统一部署,制定专门服务方案,圆满完成了此次气象保障服务任务。期间,中央气象台与兰州中心气象台、内蒙古自治区气象台开展专项视频天气会商,不同时段确定不同服务重点,向相关部门提供发射场和主着陆场的天气现象、降水量、气温、风速、风向、云量、能见度、雷电等各类气象要素预报产品。中国气象局应相应部门要求还专门研发了浅层风(300 米以下)预报系统,精细预报逐层风向、风速。

附　录

附录 1　气象灾情统计年表

附表 1.1　2013 年气象灾害总受灾情况统计表

Table A1.1　Summary of total meteorological disasters over China in 2013

地区	人口受灾情况		农作物受灾情况		直接经济损失
	受灾人口 （万人次）	死亡失踪人口 （人）	受灾面积 （千公顷）	绝收面积 （千公顷）	（亿元）
合计	38288.3	1963	31234.7	3838.1	4766
北京	21.1	1	26.9	3.7	4.8
天津	8.6	0	7.8	0.8	1
河北	1709.6	19	1106.5	94.5	113.3
山西	1465.9	50	1592.4	132.4	146.9
内蒙古	559.4	75	1733.1	232.6	113.3
辽宁	322	168	450.5	82.1	122
吉林	649.5	23	623.2	67.5	113.1
黑龙江	666.9	23	2734.1	828.8	325.2
上海	12.1	3	28	1.6	3.7
江苏	590.7	11	487.1	25.1	32.6
浙江	1702.2	17	1326.9	142.5	695.9
安徽	2855.9	36	1769.7	138.2	206.4
福建	403.8	38	276.8	24.3	120.4
江西	1160.3	35	1049.1	84.8	90.2
山东	1157.5	3	1461.7	145.1	88.3
河南	2587.8	20	1179.9	93.7	109.6
湖北	2353.9	46	2487.9	141.3	145
湖南	3344	50	3047.2	496.5	282.7
广东	2464	186	1134.5	119.2	489.8
广西	764	96	694.4	20.1	62.4
海南	366.3	79	164.7	57.4	37.5
重庆	1082.7	30	455.3	38.1	50.8
四川	4321.6	379	1493.4	96.7	519.5
贵州	2278.1	66	1522.4	309.7	129
云南	1941.6	176	1231.1	161.7	126.3
西藏	120	114	22.1	4	11.8
陕西	1471.9	90	813.4	90.7	231.7
甘肃	1361.1	70	1277.3	65.9	288.6
青海	165	36	171.1	8.3	13.6
宁夏	188.7	9	301.3	41.9	15.4
新疆	149.1	12	355.8	58.2	40.9
兵团	43	2	209	30.7	34.3

附表 1.2 2013 年干旱灾害情况统计表
Table A1.2 Summary of drought disasters over China in 2013

地区	人口受灾情况		农作物受灾情况		直接经济损失（亿元）
	受灾人口（万人次）	饮水困难人口（人）	受灾面积（千公顷）	绝收面积（千公顷）	
合计	16115.8	3046.8	14100.4	1416.1	905.3
北京					
天津					
河北	119.8	1.1	250.3	7.4	2.7
山西	547.1	14.6	1001.7	33.9	24.2
内蒙古	228.3	25.3	582.6	24.3	18.2
辽宁	14.9		23.9	4.3	1.6
吉林			0.0	0.0	
黑龙江			0.0	0.0	
上海			0.0	0.0	
江苏	283.4		223.1	11.7	10.9
浙江	397.5	109.9	635.6	58.4	78.1
安徽	1711.6	154.4	1165.0	117.7	83.8
福建	26.9	3	31.9	0.8	1.1
江西	736.7	184.8	576.1	68.7	39.2
山东	19		206.7	0.0	1.2
河南	1623.2	34.5	848.1	72.0	62.9
湖北	1579.5	367	1861.9	110.0	100.6
湖南	1849.4	445.7	2075.9	424.7	170.3
广东	0.8	0.8	8.4	0.4	0.1
广西	47.3	8.4	52.1	5.6	2.7
海南			0.0	0.0	
重庆	470.1	166.9	309.1	26.5	18.1
四川	2014.5	534.6	800.4	31.9	79.3
贵州	1623.1	414.8	1175.0	271.4	92.9
云南	1244.9	359.6	807.4	97.7	66.8
西藏	19.3		0.0	0.0	0.2
陕西	806.2	54.5	400.0	10.0	29
甘肃	548.9	115.4	694.9	19.2	10.1
青海	65.3	0.6	41.7	0.0	2.6
宁夏	112.4	47.7	194.0	10.6	3.4
新疆	24.3	3.2	115.5	3.7	4.4
兵团	1.4		19.1	5.2	0.9

附表 1.3　2013 年暴雨洪涝(滑坡、泥石流)灾害情况统计表

Table A1.3　Summary of rainstorm induced flood（landside and mud-rock flow）disasters over China in 2013

地区	人口受灾情况		农作物受灾情况		损失情况		
	受灾人口 （万人次）	死亡失踪人口 （人）	受灾面积 （千公顷）	绝收面积 （千公顷）	倒塌房屋 （万间）	损坏房屋 （万间）	直接经济损失 （亿元）
合计	10588.5	1411	8756.8	1539.4	49.8	267.9	1883.8
北京	8.9	0	9.8	0.3	0.0	0.0	1.8
天津	0	0	0.0	0.0	0.0	0.0	0.0
河北	610.3	9	311.3	41.9	0.3	2.6	31.8
山西	344.3	47	145.1	18.8	3.6	26.5	37.8
内蒙古	164.2	48	549.1	131.1	0.6	8.6	60.6
辽宁	237.4	168	336.1	58.1	1.1	4.2	111.8
吉林	596	20	427.1	61.9	1.6	14.8	101.6
黑龙江	588.9	19	2654.0	815.1	6.6	20.1	313.7
上海	0	0	0.0	0.0	0.0	0.0	0.0
江苏	10.9	0	11.7	1.3	0.0	0.0	0.5
浙江	34.9	3	28.7	2.0	0.0	0.1	4.8
安徽	580.5	24	317.1	11.3	0.7	2.9	65.3
福建	35.4	14	17.5	2.3	0.2	0.6	9.4
江西	305.9	23	291.8	7.6	0.7	1.8	38.4
山东	803.9	2	900.5	141.7	1.2	3.3	58.1
河南	484.6	10	61.3	0.2	0.3	0.9	17.1
湖北	555	32	455.7	22.5	1.2	2.6	32.3
湖南	763.7	23	447.1	27.3	1.3	5.8	46.9
广东	296.8	74	135.9	12.8	2.1	3.4	58.1
广西	160.2	43	73.5	0.9	0.5	1.4	9.7
海南	0	0	0.0	0.0	0.0	0.0	0.0
重庆	438.1	18	98.6	8.9	0.7	3.3	25.8
四川	2113.7	349	605.1	57.2	9.8	58.3	429.6
贵州	268.7	59	123.3	13.3	0.3	4.8	12.8
云南	270.1	148	126.1	16.9	0.5	4.5	30.0
西藏	48.2	93	12.6	1.2	0.3	8.8	5.8
陕西	320.6	69	199.0	49.0	7.0	41.9	129.7
甘肃	422.2	64	278.6	22.4	6.5	33.8	217.7
青海	8.6	35	15.5	0.4	0.1	0.4	1.9
宁夏	45.8	9	54.3	5.7	1.4	4.5	5.0
新疆	65.7	6	43.7	5.7	0.9	7.3	18.9
兵团	5	2	26.7	1.6	0.3	0.7	6.9

附表 1.4　2013 年大风、冰雹及雷电灾害情况统计表

Table A1.4　Summary of gale and hail disasters over China in 2013

地区	人口受灾情况		农作物受灾情况		损失情况		
	受灾人口 （万人次）	死亡失踪人口 （人）	受灾面积 （千公顷）	绝收面积 （千公顷）	倒塌房屋 （万间）	损坏房屋 （万间）	直接经济损失 （亿元）
合计	4336.6	252	3387.3	412.4	5.9	131.4	456.2
北京	12.2	1	17.1	3.4	0	0	3
天津	8.6	0	7.8	0.8	0	0	1
河北	702	8	386.3	29.1	0.2	1.5	48.1
山西	259.6	1	161.4	20.5	0.2	1.3	29.6
内蒙古	128	26	469.6	76.8	0.3	1	31.6
辽宁	69.7	0	90.5	19.7	0	0.2	8.6
吉林	53.2	3	196	5.5	0.1	0.9	10.7
黑龙江	41.8	0	66.2	13.1	0	1	9.4
上海	0	1	0	0	0	0	0
江苏	179.7	9	164.4	6.3	0.1	0.9	8.4
浙江	12.6	3	3.1	0.6	0	0.5	2.7
安徽	238.7	12	38.8	4.3	0.3	2.6	15.9
福建	24.7	16	20	3.5	0	8.4	5.9
江西	44.3	9	24.5	1.4	0.1	6.3	5.8
山东	166.9	1	111.6	1.1	0.1	2.2	15.2
河南	436.4	10	198.7	20.7	0.3	1.4	28.5
湖北	153.6	12	70	6.6	0.2	3.4	10.2
湖南	254.5	12	180.8	17.1	0.5	17.6	21.4
广东	18.7	17	6.1	1.5	0	3.3	9.8
广西	81.3	15	48.7	6.5	0.1	10.9	8.3
海南	21.1	2	5.3	0.4	0	0.4	2.7
重庆	118.8	10	19.3	1.5	0.2	6.9	5.7
四川	143.8	19	62.4	5.2	0.3	7.5	9.1
贵州	328.5	5	169.2	23.9	2.1	42.2	22.3
云南	251.6	28	185.2	37	0.1	5.4	25.6
西藏	17.1	13	7.8	2.7	0	0	0.8
陕西	214.8	6	115.5	6.6	0.5	2	31.1
甘肃	216.9	6	200.9	19.3	0.2	2.5	35.2
青海	32.3	1	30.8	5.3	0	0.1	5
宁夏	16.4	0	8.3	1.6	0	0.4	2.5
新疆	55	6	174.1	47.5	0	0.3	17
兵团	33.8	0	146.9	22.9	0	0.3	25.1

附表 1.5　2013 年热带气旋(含台风风暴潮)灾害情况统计表

Table A1.5　Summary of tropical cyclone disasters over China in 2013

地区	人口受灾情况			农作物受灾情况		损失情况		
	受灾人口 (万人次)	死亡失 踪人口 (人)	紧急转移 安置人口 (万人次)	受灾面积 (千公顷)	绝收面积 (千公顷)	倒塌房屋 (万间)	损坏房屋 (万间)	直接经 济损失 (亿元)
合计	4922.2	242	555.2	2670.1	289.5	9.1	35.4	1260.3
北京	0	0	0	0	0	0	0	0
天津	0	0	0	0	0	0	0	0
河北	0	0	0	0	0	0	0	0
山西	0	0	0	0	0	0	0	0
内蒙古	0	0	0	0	0	0	0	0
辽宁	0	0	0	0	0	0	0	0
吉林	0	0	0	0	0	0	0	0
黑龙江	0	0	0	0	0	0	0	0
上海	12.1	2	1	28	1.6	0	0.3	3.7
江苏	59	0	0.2	31.9	0	0	0	3
浙江	1234.7	10	160.9	612.9	79.5	0.6	7.8	609
安徽	5.3	0	5.1	0	0	0	0	0.1
福建	313.2	6	97	199.7	17.4	0.5	7.2	103.6
江西	37.5	2	1.7	24.6	4	0.1	0.1	5.4
山东	0	0	0	0	0	0	0	0
河南	0	0	0	0	0	0	0	0
湖北	0	0	0	0	0	0	0	0
湖南	321.6	14	19.5	176.1	19.1	0.7	1.5	38.7
广东	2147.7	95	204.4	984.1	104.5	4.6	13	421.8
广西	445.9	36	19.8	453.4	6.4	2.5	5	40.2
海南	345.2	77	45.6	159.4	57	0.1	0.5	34.8
重庆	0	0	0	0	0	0	0	0
四川	0	0	0	0	0	0	0	0
贵州	0	0	0	0	0	0	0	0
云南	0	0	0	0	0	0	0	0
西藏	0	0	0	0	0	0	0	0
陕西	0	0	0	0	0	0	0	0
甘肃	0	0	0	0	0	0	0	0
青海	0	0	0	0	0	0	0	0
宁夏	0	0	0	0	0	0	0	0
新疆	0	0	0	0	0	0	0	0
兵团	0	0	0	0	0	0	0	0

附表 1.6　2013 年雪灾和低温冷冻灾害情况统计表
Table A1.6　Summary of snow, low-temperature and frost disasters over China in 2013

地区	人口受灾情况		农作物受灾情况		损失情况		
	受灾人口（万人次）	死亡失踪人口（人）	受灾面积（千公顷）	绝收面积（千公顷）	倒塌房屋（万间）	损坏房屋（万间）	直接经济损失（亿元）
合计	2324.9	20	2320.1	180.7	0.31	1.6	260.4
北京	0	0	0.0	0.0	0	0	0
天津	0	0	0.0	0.0	0	0	0
河北	277.5	0	158.6	16.1	0	0	30.7
山西	314.9	0	284.2	59.2	0	0	55.3
内蒙古	38.9	1	131.8	0.4	0	0	2.9
辽宁	0	0	0.0	0.0	0	0	0
吉林	0.3	0	0.1	0.1	0	0	0.8
黑龙江	36.2	4	13.9	0.6	0	0.2	2.1
上海	0	0	0.0	0.0	0	0	0
江苏	57.7	2	56.0	5.8	0	0	9.8
浙江	22.5	0	46.6	2.0	0	0	1.3
安徽	319.8	0	248.8	4.9	0.1	0.2	41.3
福建	3.6	0	7.7	0.3	0	0	0.4
江西	35.9	0	132.1	3.1	0	0	1.4
山东	167.7	0	242.9	2.3	0	0	13.8
河南	43.6	0	71.8	0.8	0	0	1.1
湖北	65.8	0	100.3	2.2	0	0.2	1.9
湖南	154.8	0	167.3	8.3	0.2	0.5	5.4
广东	0	0	0.0	0.0	0	0	0
广西	29.3	0	66.7	0.7	0	0	1.5
海南	0	0	0.0	0.0	0	0	0
重庆	55.7	0	28.3	1.2	0	0	1.2
四川	49.6	5	25.5	2.4	0	0	1.5
贵州	57.8	0	54.9	1.1	0	0.1	1
云南	174.7	0	112.4	10.1	0	0	3.9
西藏	35.4	8	1.7	0.1	0.01	0.4	5
陕西	130.3	0	98.9	25.1	0	0	41.9
甘肃	173.1	0	102.9	5.0	0	0	25.6
青海	58.8	0	83.2	2.6	0	0	4.1
宁夏	14.1	0	44.7	24.0	0	0	4.5
新疆	4.1	0	22.5	1.3	0	0	0.6
兵团	2.8	0	16.3	1.0	0	0	1.4

附录 2　主要气象灾害分布示意图

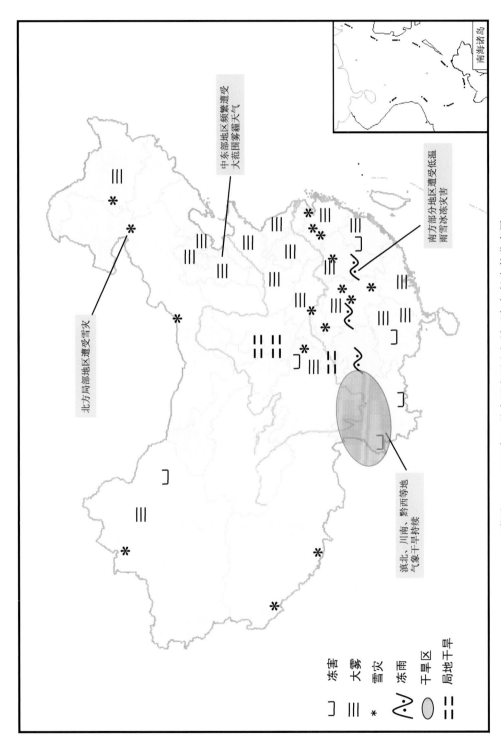

附图 2.1　2013 年 1 月全国主要和极端天气气候事件分布图

Fig. A2.1　Main and extreme weather and climate events over China in January 2013

中东部地区频繁遭受大范围雾霾天气

南方部分地区遭受低温雨雪冰冻灾害

北方局部地区遭受雪灾

滇北、川南、黔西等地气象干旱持续

南海诸岛

凵　冻害
三　大雾
＊　雪灾
∧∨　冻雨
⬭　干旱区
三三　局地干旱

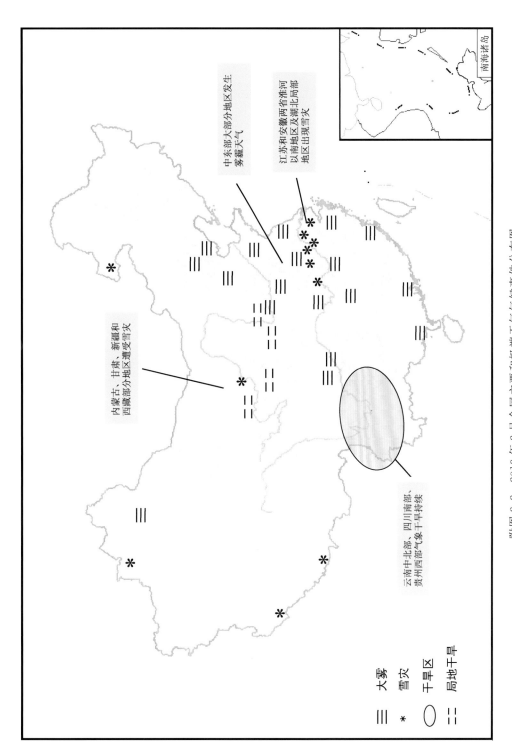

附图 2.2　2013 年 2 月全国主要和极端天气气候事件分布图

Fig. A2.2　Main and extreme weather and climate events over China in February 2013

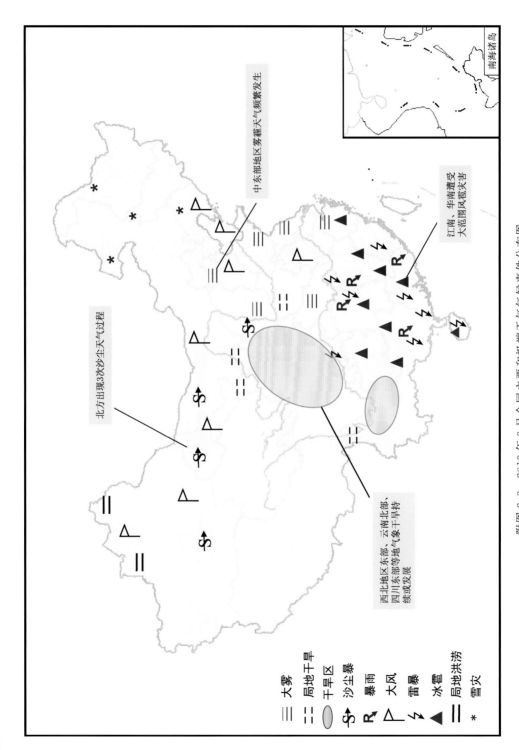

附图 2.3　2013 年 3 月全国主要和极端天气气候事件分布图

Fig. A2.3　Main and extreme weather and climate events over China in March 2013

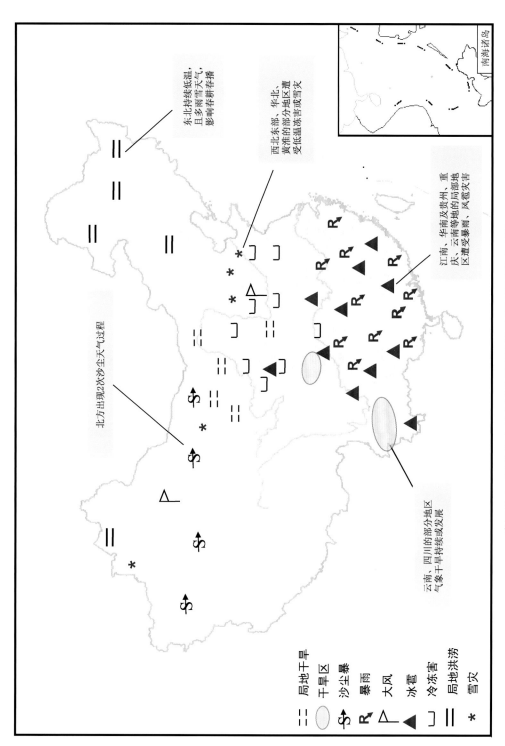

附图 2.4 2013 年 4 月全国主要和极端天气气候事件分布图
Fig. A2.4 Main and extreme weather and climate events over China in April 2013

东北持续低温，
且多雨雪天气，
影响春耕春播

西北东部、华北、
黄淮的部分地区遭
受低温冻害或雪灾

江南、华南及贵州、重
庆、云南等地的局部地
区遭受暴雨、风雹灾害

北方出现2次沙尘天气过程

云南、四川的部分地区
气象干旱持续或发展

南海诸岛

局地干旱
干旱区
沙尘暴
暴雨
大风
冰雹
冷冻害
局地洪涝
雪灾

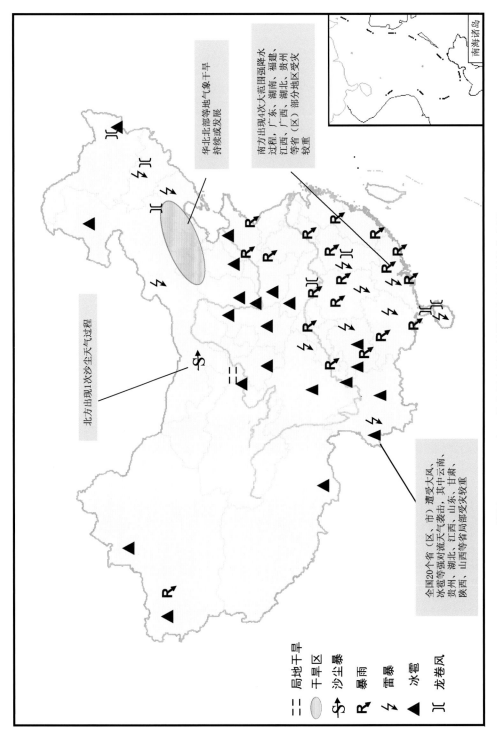

附图 2.5　2013 年 5 月全国主要和极端天气气候事件分布图

Fig. A2.5　Main and extreme weather and climate events over China in May 2013

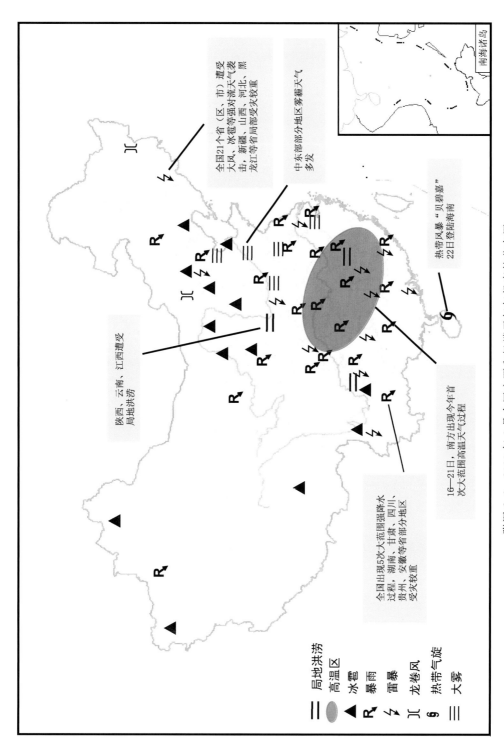

附图 2.6　2013 年 6 月全国主要和极端天气气候事件分布图

Fig. A2.6　Main and extreme weather and climate events over China in June 2013

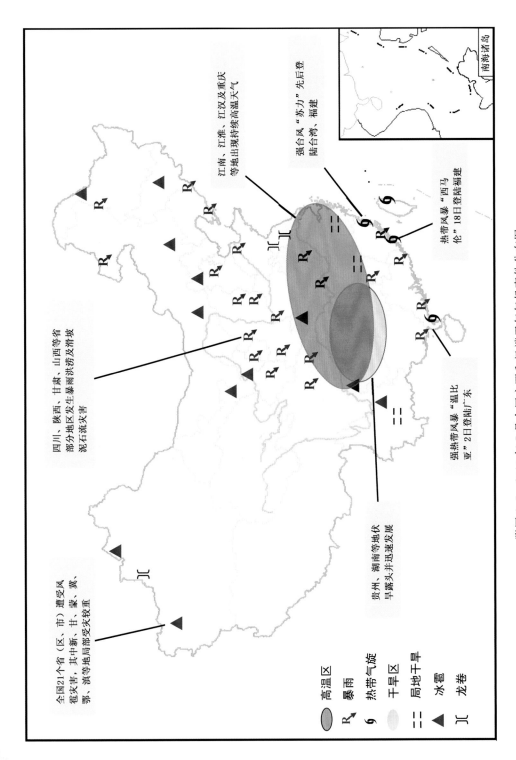

附图 2.7　2013 年 7 月全国主要和极端天气气候事件分布图

Fig. A2.7　Main and extreme weather and climate events over China in July 2013

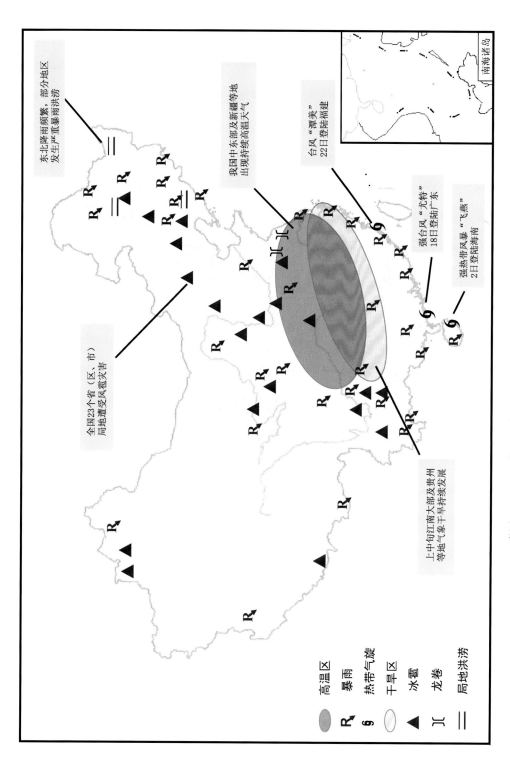

附图 2.8 2013 年 8 月全国主要和极端天气气候事件分布图

Fig. A2.8 Main and extreme weather and climate events over China in August 2013

东北降雨频繁，部分地区发生严重暴雨洪涝

全国23个省（区、市）局地遭受风雹灾害

我国中东部及新疆等地出现持续高温天气

台风"潭美"22日登陆福建

强台风"尤特"18日登陆广东

强热带风暴"飞燕"2日登陆海南

上中旬江南大部及贵州等地气象干旱持续发展

南海诸岛

高温区
暴雨
热带气旋
干旱区
冰雹
龙卷
局地洪涝

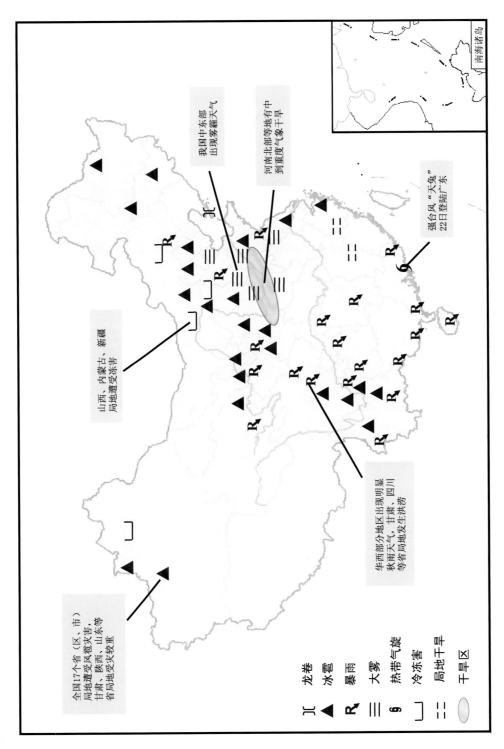

附图 2.9　2013 年 9 月全国主要和极端天气气候事件分布图

Fig. A2.9　Main and extreme weather and climate events over China in September 2013

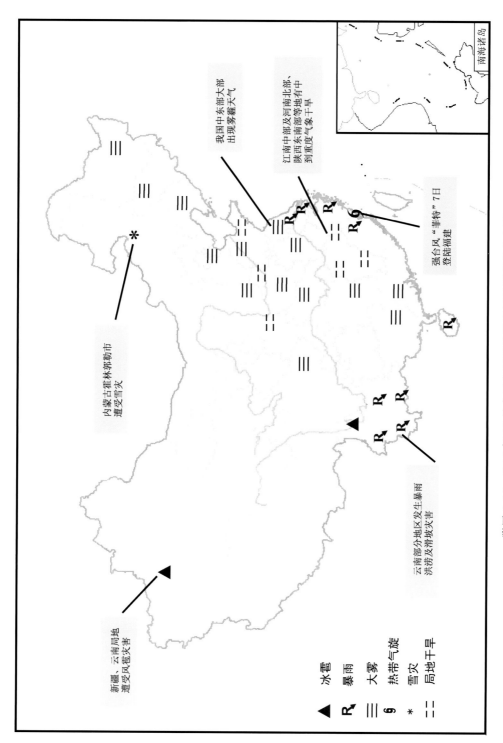

新疆、云南局地
遭受风雹灾害

内蒙古锡林郭勒市
遭受雪灾

我国中东部大部
出现雾霾天气

江南中部及河南北部、
陕西东南部等地有中
到重度气象干旱

强台风"菲特"7日
登陆福建

云南部分地区发生暴雨
洪涝及滑坡灾害

冰雹　▲
暴雨　R
大雾　三
热带气旋　ᵒ
雪灾　*
局地干旱　≡

附图 2.10　2013 年 10 月全国主要和极端天气气候事件分布图

Fig. A2.10　Main and extreme weather and climate events over China in October 2013

南海诸岛

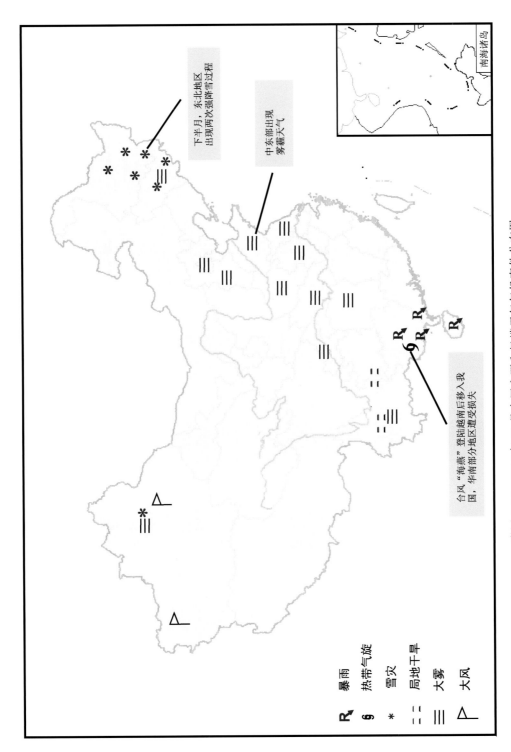

下半月，东北地区出现两次强降雪过程

中东部出现雾霾天气

台风"海燕"登陆越南后移入我国，华南部分地区遭受损失

南海诸岛

R 暴雨
6 热带气旋
* 雪灾
:: 局地干旱
三 大雾
P 大风

附图 2.11 2013 年 11 月全国主要和极端天气气候事件分布图

Fig. A2.11 Main and extreme weather and climate events over China in November 2013

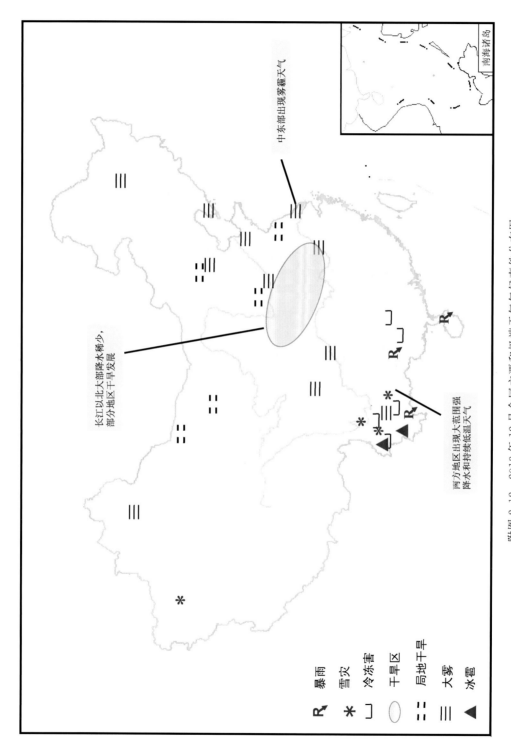

附图 2.12　2013 年 12 月全国主要和极端天气气候事件分布图

Fig. A2. 12　Main and extreme weather and climate events over China in December 2013

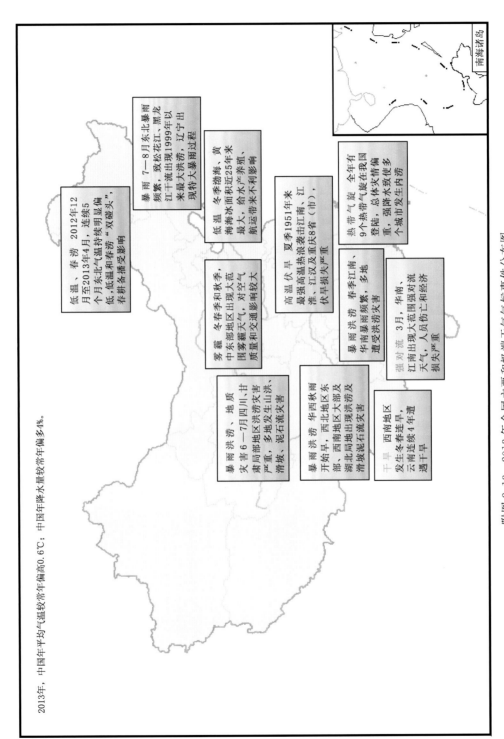

2013年，中国年平均气温较常年偏高0.6℃；中国年降水量较常年偏多4%。

低温，春旱 2012年12月至2013年4月，连续5个月东北气温持续明显偏低，低温和春旱"双碰头"，春耕备播受影响

暴雨 7—8月东北暴雨频繁，致松花江、黑龙江干流出现大洪涝，辽宁出现1999年以来最大暴雨过程

低温 冬季渤海、黄海海冰面积近25年来最大，给水产养殖、航运带来不利影响

热带气旋 全年有9个热带气旋在我国登陆，总体次情偏重，强降水致使多个城市发生内涝

雾霾 冬季和秋季，中东部地区出现大范围雾霾天气，对空气质量和交通影响较大

高温 伏旱 夏季1951年来最强高温热浪袭击江南、江淮，江汉及重庆8省（市），伏旱及灾损失严重

暴雨 洪涝 春季江南、华南暴雨频繁，多地遭受洪涝灾害

强对流 3月，华南、江南出现大范围强对流天气，人员伤亡和经济损失严重

暴雨 洪涝、地质灾害 6—7月四川、甘肃局部地区洪涝灾害严重，多地发生山洪、滑坡、泥石流灾害

暴雨 洪涝 华西秋雨，西北地区东部、西南地区大部及湖北局地出现洪涝及滑坡泥石流灾害

干旱 西南地区冬春连旱，开始旱，云南连续4年遭遇干旱

南海诸岛

附图 2.13 2013年全国主要和极端天气气候事件分布图

Fig. A2.13 Main and extreme weather and climate events over China in 2013

— 214 —

附录 3 气温特征分布图

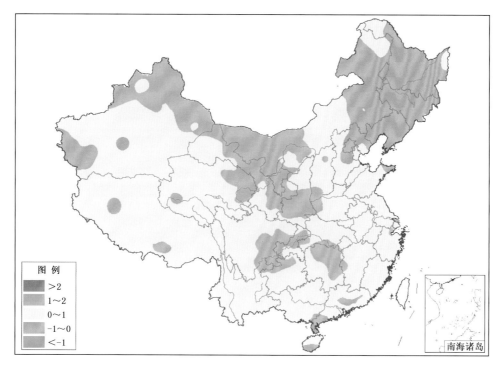

附图 3.1 2013 年全国年平均气温距平分布图(℃)

Fig. A3.1 Distribution of annual mean temperature anomalies over China in 2013（unit：℃）

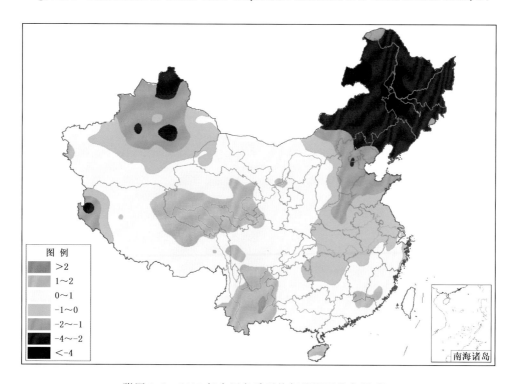

附图 3.2 2013 年全国冬季平均气温距平分布图(℃)

Fig. A3.2 Distribution of mean temperature anomalies over China in winter of 2013（unit：℃）

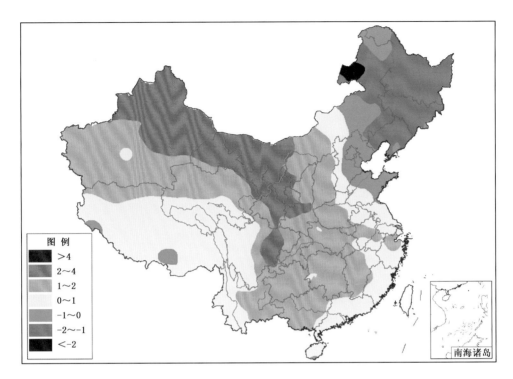

附图 3.3　2013 年全国春季平均气温距平分布图(℃)

Fig. A3.3　Distribution of mean temperature anomalies over China in spring of 2013（unit：℃）

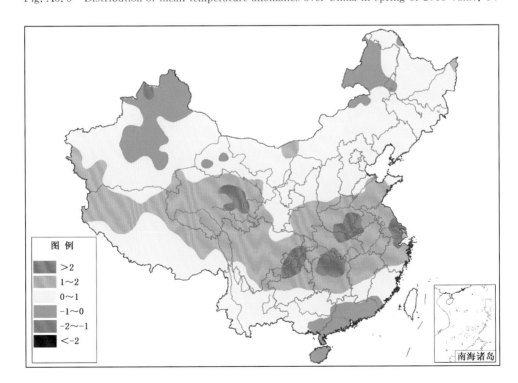

附图 3.4　2013 年全国夏季平均气温距平分布图(℃)

Fig. A3.4　Distribution of mean temperature anomalies over China in summer of 2013（unit：℃）

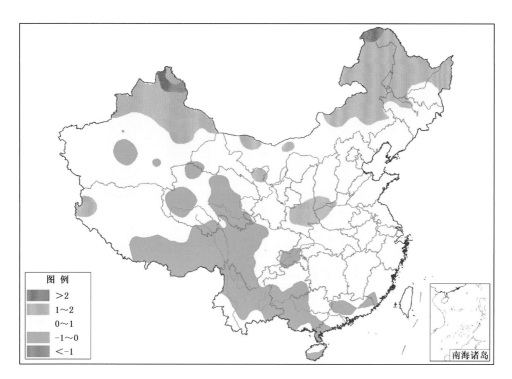

附图 3.5   2013 年全国秋季平均气温距平分布图(℃)

Fig. A3.5   Distribution of mean temperature anomalies over China in autumn of 2013 (unit:℃)

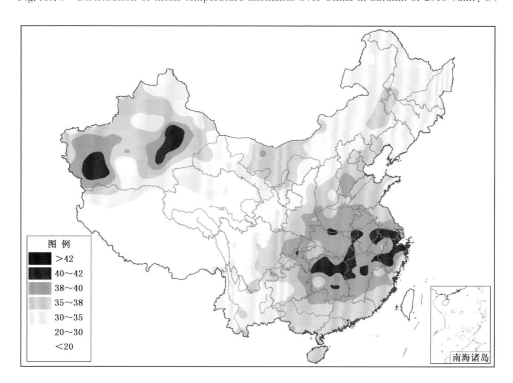

附图 3.6   2013 年全国极端最高气温分布图(℃)

Fig. A3.6   Distribution of annual extreme maximum temperature over China in 2013 (unit:℃)

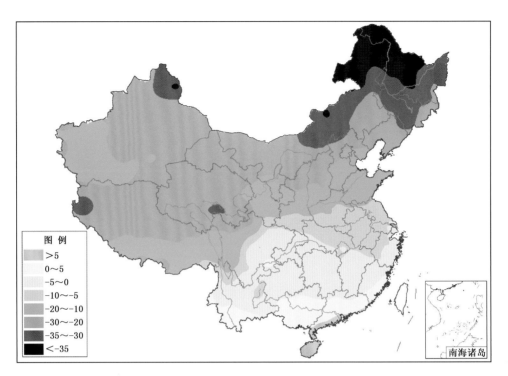

附图 3.7　2013 年全国极端最低气温分布图(℃)

Fig. A3.7　Distribution of annual extreme minimum temperature over China in 2013（unit：℃）

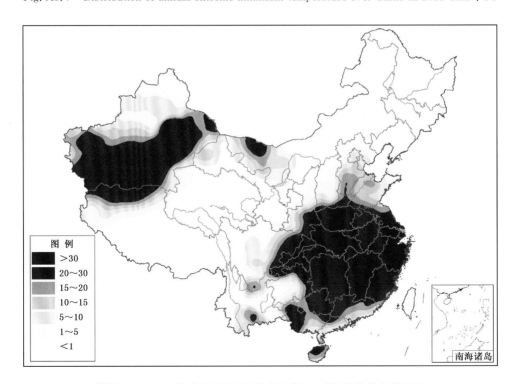

附图 3.8　2013 年全国高温(日最高气温≥35℃)日数分布图(天)

Fig. A3.8　Distribution of hot days（daily maximum temperature ≥35℃）over China in 2013（unit：d）

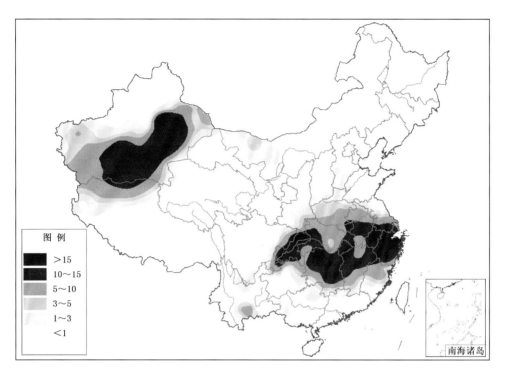

附图 3.9　2013 年全国高温（日最高气温≥38℃）日数分布图（天）

Fig. A3.9　Distribution of hot days（daily maximum temperature ≥38℃）over China in 2013（unit：d）

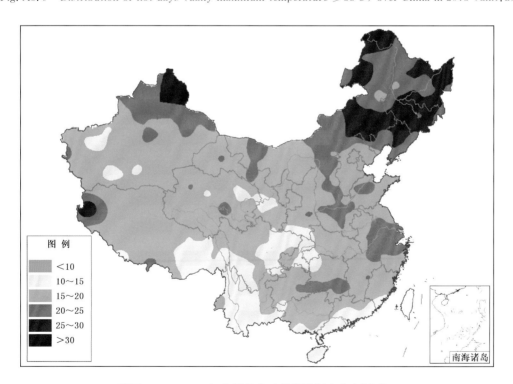

附图 3.10　2013 年全国最大过程降温幅度分布图（℃）

Fig. A3.10　Distribution of the maximum amplitude of temperature dropping over China in 2013（unit：℃）

附录4　降水特征分布图

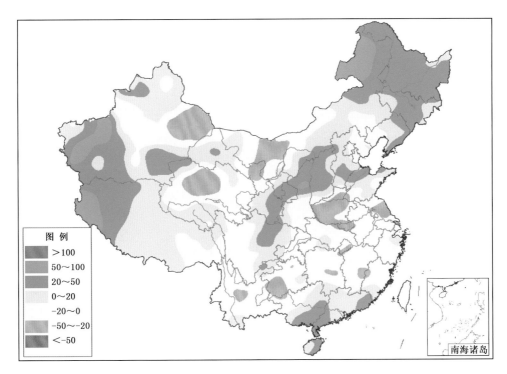

附图 4.1　2013 年全国降水量距平百分率分布图(%)

Fig. A4. 1　Distribution of annual precipitation anomalies over China in 2013（unit：%）

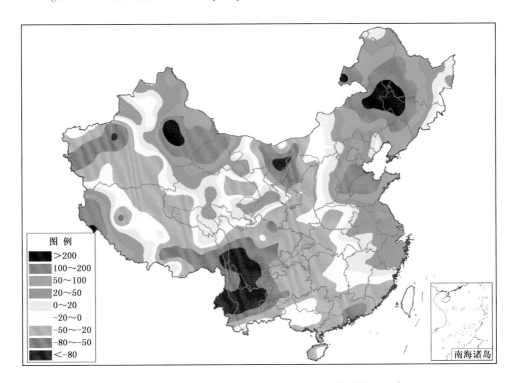

附图 4.2　2013 年全国冬季降水量距平百分率分布图(%)

Fig. A4. 2　Distribution of precipitation anomalies over China in winter of 2013（unit：%）

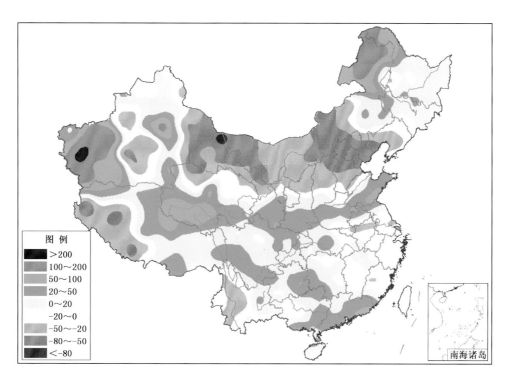

附图 4.3 2013 年全国春季降水量距平百分率分布图(%)

Fig. A4.3 Distribution of precipitation anomalies over China in spring of 2013（unit：%）

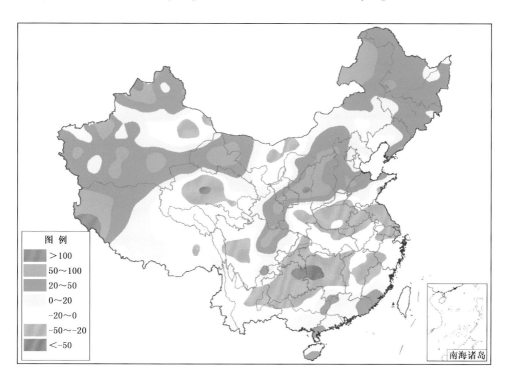

附图 4.4 2013 年全国夏季降水量距平百分率分布图(%)

Fig. A4.4 Distribution of precipitation anomalies over China in summer of 2013（unit：%）

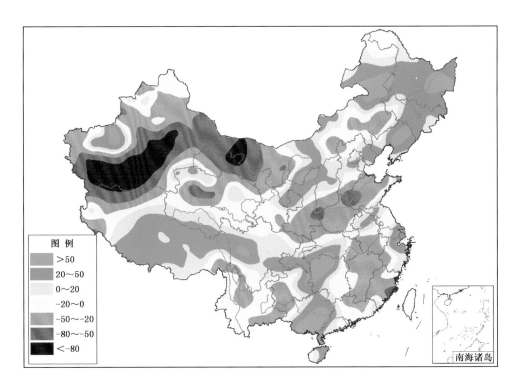

附图 4.5 2013 年全国秋季降水量距平百分率分布图(%)

Fig. A4. 5 Distribution of precipitation anomalies over China in autumn of 2013 (unit:%)

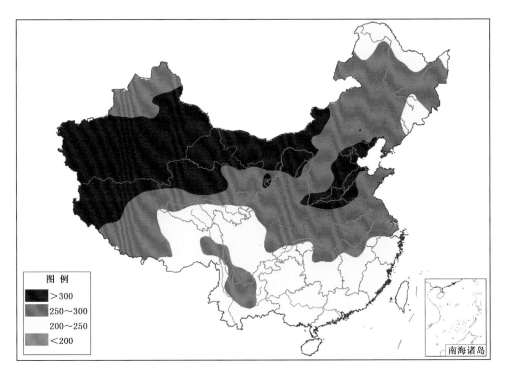

附图 4.6 2013 年全国无降水日数分布图(天)

Fig. A4. 6 Distribution of non-precipitation days over China in 2013 (unit:d)

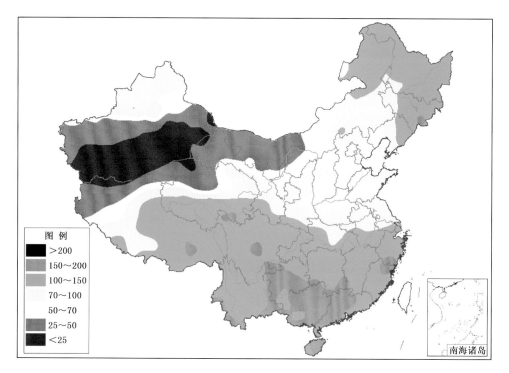

附图 4.7　2013 年全国降水（日降水量≥0.1 毫米）日数分布图（天）

Fig. A4.7　Distribution of the number of days with daily precipitation ≥0.1 mm over China in 2013（unit：d）

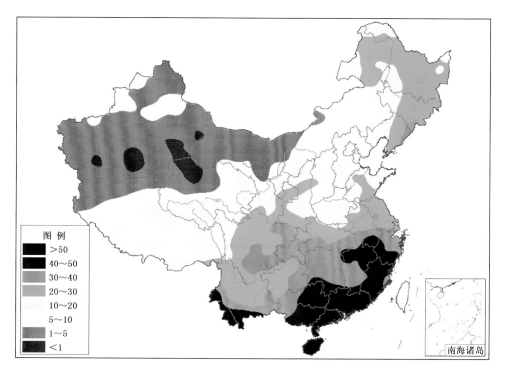

附图 4.8　2013 年全国中雨以上（日降水量≥10.0 毫米）日数分布图（天）

Fig. A4.8　Distribution of the number of days with daily precipitation ≥10.0 mm over China in 2013（unit：d）

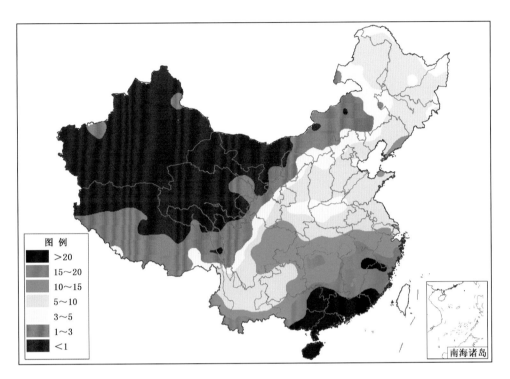

附图 4.9　2013 年全国大雨以上（日降水量≥25.0 毫米）日数分布图（天）

Fig. A4. 9　Distribution of the number of days with daily precipitation ≥25.0 mm over China in 2013（unit：d）

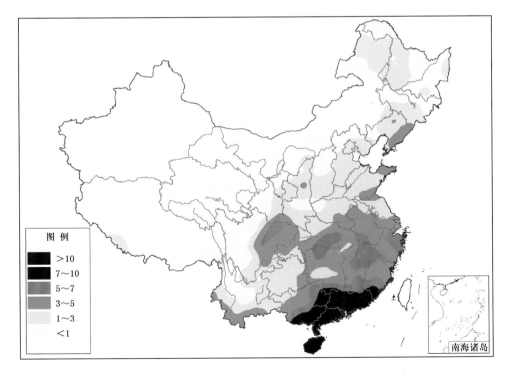

附图 4.10　2013 年全国暴雨以上（日降水量≥50.0 毫米）日数分布图（天）

Fig. A4. 10　Distribution of the number of days with daily precipitation ≥50.0 mm over China in 2013（unit：d）

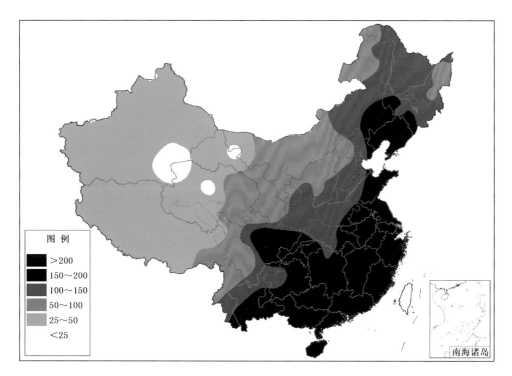

附图 4.11　2013 年全国日最大降水量分布图（毫米）

Fig. A4. 11　Distribution of maximum daily precipitation amount over China in 2013（unit：mm）

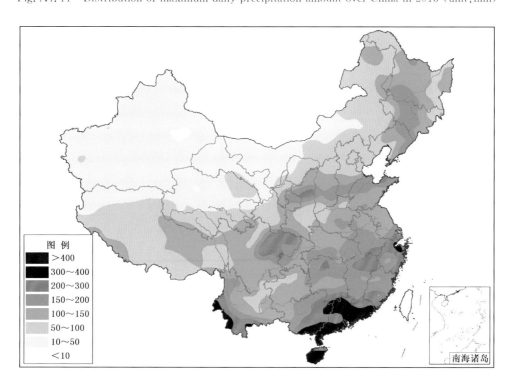

附图 4.12　2013 年全国最大连续降水量分布图（毫米）

Fig. A4. 12　Distribution of maximum consecutive precipitation amount over China in 2013（unit：mm）

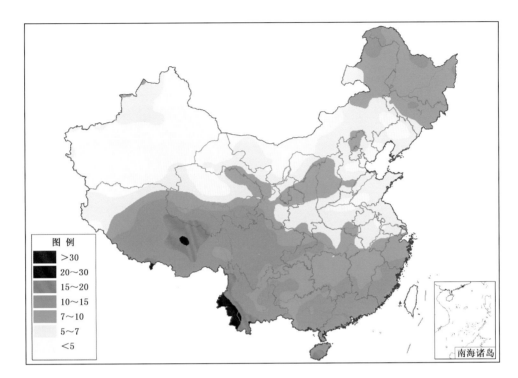

附图 4.13　2013 年全国最长连续降水日数分布图（天）

Fig. A4.13　Distribution of the maximum consecutive precipitation days over China in 2013（unit:d）

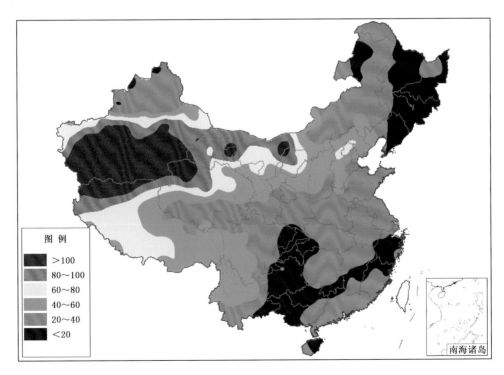

附图 4.14　2013 年全国最长连续无降水日数分布图（天）

Fig. A4.14　Distribution of the maximum consecutive non-precipitation days over China in 2013（unit:d）

附录 5　天气现象特征分布图

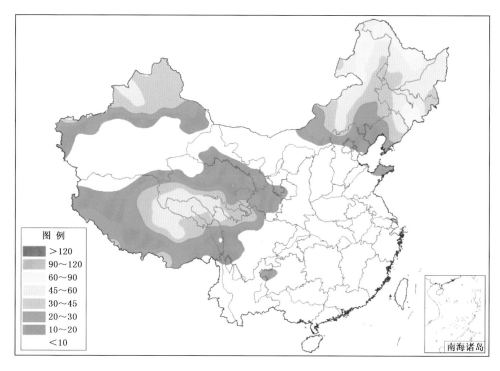

附图 5.1　2013 年全国降雪日数分布图(天)

Fig. A5.1　Distribution of snow days over China in 2013（unit:d）

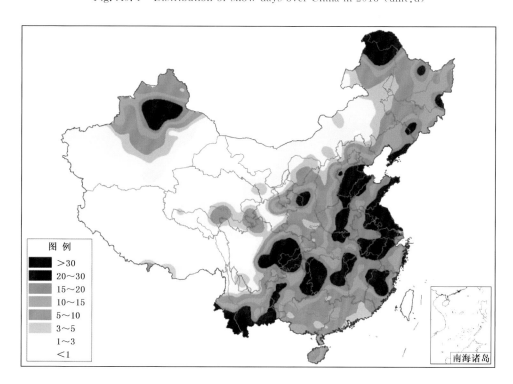

附图 5.2　2013 年全国雾日数分布图(天)

Fig. A5.2　Distribution of fog days over China in 2013（unit:d）

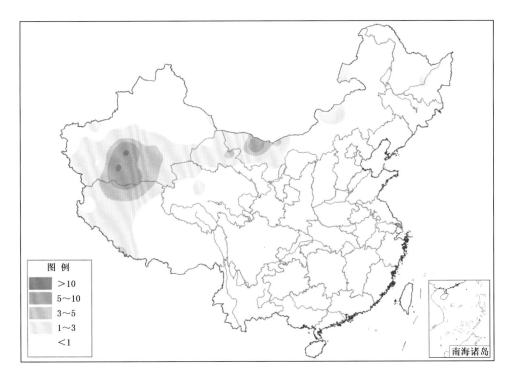

附图 5.3 2013 年全国沙尘暴日数分布图（天）

Fig. A5.3 Distribution of sand and dust storm days over China in 2013（unit：d）

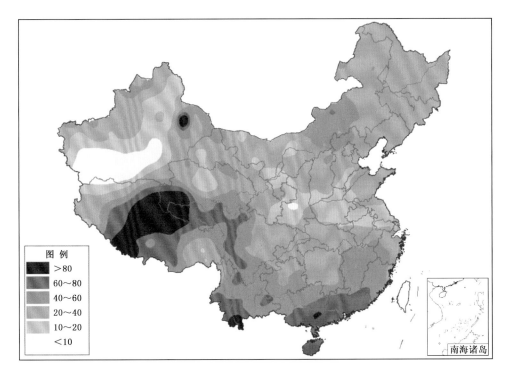

附图 5.4 2013 年全国雷暴日数分布图（天）

Fig. A5.4 Distribution of thunderstorm days over China in 2013（unit：d）

附录6 香港、澳门、台湾部分气象灾情选编

香港

● 4月18日19时,中国内地两艘内河船驶至赤柱黄麻角与螺洲白排之间的香港海域时相撞,其中一艘沉没,事故中共有11人坠海,5人获救,6人失踪。据香港媒体报道,此事故可能与大雾有关。

● 5月22日,香港遭受暴雨袭击,多个地区雨量在150毫米以上,其中将军澳雨量超过200毫米。暴雨导致多处出现严重水浸,部分居民房屋进水,道路及周围建筑围栏被冲垮。秀茂坪顺安道暴雨造成山泥倾泻,大量泥石冲上路面,导使该地区交通一度中断。观塘局部地区雨水一度淹没了车顶。元朗洪水桥丹桂村及田心村水深一度及膝,大棠路附近红枣田村的村屋被洪水围困。受暴雨天气影响,除电力、通讯、电视广播正常运行外,全港政府部门、法院、股市交易、学校、医院、出入境口岸、运输等均停止运作,呈现8小时"休克"状态。截至22日中午,机场共有91班离港航班及47班抵港航班延迟;政府当局至少收到49宗水浸报告、9宗山泥倾泻报告及27宗塌树报告。

● 受强台风"尤特"影响,8月13日,香港机场近400架航班延误或取消,多条轮渡航线暂停服务;特区政府共接获33棵数木倒塌报告。14日,机场共有118班航班取消,320班航班延误;中港客运码头所有船只停航,造成逾千名旅客滞留;1艘满载5.7万吨镍矿的香港籍货船在珠江口附近海域遇险翻沉(所幸21名落水人员全部安全救起)。另据媒体报道,14日,全港共6名市民受伤求诊,另有1名男子堕海不治身亡。

● 9月22日,香港遭受强台风"天兔"袭击,海陆空交通受到很大影响。截至9月23日9时30分,共有119班抵港客机及110班离港客机延误,127班抵港客机及128班离港客机取消,另有16个商务机停飞,共造成上万旅客滞留机场;富裕小轮来往屯门、东涌、沙螺湾及大澳的渡轮服务暂停,来往愉景湾至梅窝的渡轮服务停驶,香港往蛇口高速客轮亦暂停服务。由于"天兔"影响,幼儿园及中小学一度停课;香港证券及衍生产品交易暂停;特区政府共收到131宗塌树报告及2宗水浸报告,新界约200公顷农地受到影响,有17名市民不同程度受伤。

澳门

● 4月19日早晨,澳门海面出现浓雾,能见度最低只有200米,导致外港码头及氹仔客运码头8—12时共有30班海上航班延误。

● 5月22日,一场强暴雨袭击澳门。澳门半岛部分地区降雨量超过300毫米,最多达323毫米,为1982年以来雨量最多的一次。受暴雨影响,澳门多处出现水浸。其中,新马路、内港、筷子基、新桥、关闸、提督马路、白朗古将军马路等多条道路水浸严重,水深及膝,有些大型垃圾桶在水上漂浮,一些停放道边的摩托车也被大水冲翻。暴雨期间,治安警察局共接到9宗山泥倾泻报告;消防局也接获105宗求助个案,其中水浸50宗;中、小、幼及特殊教育的班级上午暂停上课。

台湾

● 1—3月,台湾大部降雨量持续偏少,其中中部地区2—3月的降雨量不及历年平均的3%。由于降水明显偏少,导致北起苗栗县中港溪,南至跨彰化县、云林县的浊水溪川流量锐减,各水库蓄水位持续降低。据报道,截至3月18日,中部地区主要供水的永和山水库蓄水率为73.1%,鲤鱼潭水库蓄水率67.1%,德基水库蓄水率67.8%,日月潭水库蓄水率74.9%。整体而言,水库尚有6~7成的蓄水量。由于春雨不佳,水情吃紧,台湾"水利署"3月19日成立"旱灾经济部灾害紧急应变小组",开展抗旱工作。

● 5 月中旬后期至下旬初,台湾出现明显降雨。其中,5 月 20 日晚到 21 日晚,苗栗山区累计降雨量有 186 毫米,新北市 129 毫米,桃园山区 109.5 毫米;中南部山区持续大雨,云嘉和南投山区单日雨量超过 140 毫米,高雄市桃源山区降雨超过 200 毫米。连日大雨造成云林、彰化等地菜农、果农损失严重。强降水还造成中横、南横等多条山区公路塌方,交通中断,部分人员被困。台湾"农委会"5 月 21 日统计,全台湾农业损失达 9684 万元新台币,以屏东一期稻作倒伏最为严重。强降水虽然酿成灾害,但也有效缓解了台湾入春以来的旱情,台南曾文、乌山头及南化水库 3 天进水逾 5000 万立方米,为 6 月即将开始的稻作灌溉增加了水源。

● 5 月 19 日 7 时,台湾云林县山区遭受雷雨大风和暴雨袭击,古坑乡棋盘村突刮龙卷风,一家养鸡场的鸡舍屋顶被掀翻,500 多只鸡被碎瓦砸死,近万只鸡无处避雨,被淋成落汤鸡,损失超过 200 万元新台币。

● 6 月 4 日中午,台湾大台北地区遭受狂风暴雨、雷电袭击,台北市万华区与中正区、新北市三重区等地还降了冰雹。大台北地区出现一些灾情,司法部门 4 楼因屋顶黑色防水布被狂风掀开,防水布下方的保丽龙片被吹得碎落一地,目击者形容仿佛遭受龙卷风袭击。

● 7 月 13 日,台湾遭受强台风"苏力"正面袭击。受其影响,台湾东部和北部沿海地区出现了 12 级以上的大风,其中彭佳屿瞬时风速达 57.5 米/秒(17 级),基隆最大阵风 15 级、兰屿 14 级、宜兰、苏澳 13 级、台北 12 级。7 月 13 日 0 时至 17 时 30 分,台湾中北部降雨量有 200～500 毫米,台中、新竹、苗栗、嘉义局地超过 600 毫米,嘉义县阿里山乡达 757 毫米;新竹县五峰乡 12 日 0 时至 13 日 17 时 30 分累计降雨量达 962 毫米。由于台风肆虐,台北市区一片狼藉,不少路树倒断,甚至连路灯都被连根拔起,光路树就倒塌 829 棵,创下 5 年新高;台中市区多处积水,文心路与市政路一带路面如同河流,行车困难;南投市有些地方水深及胸,街道变成溪流;苗栗县头份镇永贞路成汪洋一片,水深及膝;嘉义县局部发生泥石流,导致阿里山公路部分路段封闭。受"苏力"影响,7 月 12 日部分县市陆续停止上班上课,13 日全台停工停课;台湾桃园机场上百架班机延误;台铁、高铁列车暂停运转,高速公路长途客运部分暂停;全台近 5 万户居民受到缺水困扰,105.8 万户一度停电。据台湾有关部门截至 7 月 15 日统计,"苏力"给台湾造成农业损失 9.7 亿元新台币,农作物受灾面积达 1.4 万公顷。此外,"苏力"还造成 4 人死亡,123 人受伤。

● 8 月 4 日中午,台湾嘉义县竹崎乡白杞村和桃源村交界处因突降大雨发生滑坡灾害,大量土石瞬间阻塞上游朴子溪,造成河水改道淹没部分果园,没有造成人员伤亡。

● 8 月上旬,台湾遭受罕见高温热浪袭击。8 月 5 日,台北市出现 37.9℃ 的高温,平 2013 年以来的高温纪录;8 日,台北市高温又连破纪录,13 时 58 分气温飙升到 39.3℃,为台北市 1896 年设站以来观测到的最高温度;9 日一早,台北市气温就将近 38℃,柏油马路的温度更飙到 60℃,当地环保部门提前 2 小时出动 6 辆洒水车,针对无路树遮蔽的道路进行降温。由于持续高温,台北市多数医院收治急诊个案比平常多出 1～2 成;嘉义县 1 名八旬老翁在自家农田疑中暑死亡。8 日下午,台北市瞬间用电量刷新 2013 年最高纪录。

● 8 月下旬,台风"潭美"、"康妮"接连袭击台湾,造成严重损失。受"潭美"影响,8 月 20 日至 23 日 06 时,台湾中北部和西部累计降雨量 300～550 毫米,台中、新竹、嘉义和台北等局地超过 600 毫米,其中台中市雪岭达 737 毫米;台湾彭佳屿最大阵风达 16 级。受"康妮"和西南季风共同影响,8 月 29—30 日,台湾西部降雨量超过 200 毫米,西南部部分地区超过 400 毫米。另据台湾气象部门雨量资料,云林、屏东、嘉义、台南、彰化、高雄等县市有 24 个测站 1 小时雨量超过 100 毫米,其中云林县虎尾镇虎尾站最大 1 小时雨量达 147 毫米;屏东县春日乡大汉山 8 月 28 日至 9 月 1 日 5 天的降雨量达 1314 毫米,相当于全台半年的平均雨量,其中 24 小时累积雨量逼近 700 毫米,居全台湾之冠。

台风带来的强降雨造成云林、嘉义、台南、高雄等地有 300 多处淹水，多地发生滚石、泥石流、滑坡等地质灾害。台南新化区近半泡水，积水最深有一层楼高；嘉义县民雄乡道路几乎汪洋一片；高雄城区多处积水过膝。据报道，受"潭美"及"康妮"台风影响，全台共有 5 人死亡，1 人失踪；农业及民间设施估计损失 4.45 亿元新台币（其中受损较严重的为云林县 1.55 亿元，嘉义县 1.54 亿元，台南市 3300 多万元）；全台农作物受灾面积 1.45 万公顷，绝收面积 2100 多公顷，死亡鸡 43.6 万只、鹅 2.4 万只、猪 3.2 万头。此外，台风暴雨还造成云林、嘉义、台南等地 5.9 万户停电；201 所学校受灾（其中高雄、嘉义等地有 68 所学校因大雨或淹水而停课）；全台多条路线受阻，影响对号列车 26 列，区间列车 150 列，约 3 万名旅客受到影响；7 条省线公路部分路段也因淹水一度封闭。不过，台风带来的丰沛降水也使台湾各地水库蓄水明显增加，尤其是南部半年内用水不成问题。

● 受台风"天兔"及外围云系影响，9 月 21 日 08 时至 23 日 06 时台湾中东部普遍降雨 200～500 毫米，花莲、屏东、台东、高雄等地局地降雨量超过 500 毫米，其中花莲、台东山区最大降雨量约 800 毫米；台湾附近海面出现 9～11 级大风，其中恒春半岛最大阵风达 14 级，兰屿最大阵风达 17 级以上；最南部的屏东县鹅銮鼻出现 14 米高的大浪。"天兔"使台湾多处出现灾情：东南部一些城镇因暴雨和海水倒灌，变成水乡泽国；台东县暴雨造成知本溪水位暴涨、溢堤，著名的旅游景点温泉村被淹，富野（温泉休闲会馆）饭店遭泥石流重创，百名游客紧急疏散，森林游乐区"观林吊桥"被冲毁，园区暂停开放；中横公路台八线 181.3 千米、花莲白沙桥附近发生泥石流，道路中断；屏东牡丹乡输电线杆被强风吹断，电线全泡在水中；恒春半岛 4000 多位居民被撤离。据台湾有关部门截至 9 月 22 日统计，全台有 10 人受伤（多数是被风吹倒的树压伤），台东有 1 人不慎落水身亡；农作物受灾面积 395 公顷（主要受损作物为番荔枝、香蕉、木瓜等，大多为折枝、倒伏、落果及叶面破损等），台东县、花莲县及屏东县合计农业损失 1292 万元新台币。另外，"天兔"影响期间，全台近 10 万余户一度停电；台中以南多个县市一度停班停课；在航空方面，两岸航班总计取消 106 班、延误 23 班，岛内航班取消 22 班、延误 22 班。

● 受"菲特"影响，10 月 4 日 0 时至 6 日 15 时，台湾北部海岸及山区出现强降雨及大风天气，新竹县鸟嘴山累积降雨量 502 毫米，新北市福山 355 毫米，桃园县高义 338 毫米，苗栗县泰安 320 毫米，台北市竹子湖 208 毫米；彭佳屿最大阵风 14 级，兰屿 11 级，梧栖、东吉岛 10 级；6 日钓鱼岛附近海域出现 8.1 米的狂浪。10 月 6 日，台湾桃园县台七线北横公路部分路段因暴雨发生塌方，其中 49 千米处大石滑落，导致台七线北横公路罗浮到西村路段一度封闭。

● 11 月 8—10 日，受台风"海燕"外围环流影响，台湾附近海面出现长浪，共造成 11 人死亡，2 人失踪，8 人受伤。11 月 8 日晚间，台东成功镇新港渔港月光号胶筏搭载 3 名海钓客出海钓鱼，在返回长滨渔港途中被浪打翻，造成 1 人死亡，1 人失踪。9 日下午，新北市树林小区大学师生及家属共 26 人，在台东北角鼻头龙洞地质公园户外上课，行经礁石步道区时突遭连续三波 8 米高长浪袭击，导致 8 人遇难，8 人受伤。这是台湾近年来长浪（俗称"疯狗浪"）造成死亡人数最多的惨剧，也是地质公园首件"疯狗浪"夺命案例。9 日，宜兰也有 1 名钓客在防波堤上遭"疯狗浪"席卷落海，下落不明，1 名钓客落水死亡。10 日中午，在兰屿椰油村馒头山，1 名钓客落海身亡。

● 11 月 27—29 日，台湾出现强降温和雨雪天气。台湾北部气温骤降 10℃，南台湾台南也出现 10℃ 以下低温。29 日台湾地区气温降至 9℃。玉山、合欢山 28 日下第一场雪，积雪深约 2 厘米，29 日两地气温都降至 -7℃。由于气温骤降，新北市消防局 28 日凌晨起陆续接获 10 多起身体不适报案送医电话，其中 5 人送医院前已猝死（死者中多为八九十岁老人，但有 1 人年仅 23 岁，且生前无任何心血管疾病）；台南市一夜之间有 7 人猝死（大部分为 60 岁以上患有心血管疾病的长者）；桃园、新竹、嘉义等地也有人因气温骤变而猝死；嘉义县医院求诊人数明显上升，嘉义县消防局陆续接获近 30 件急病救护电话；高雄医学大学附设医院急诊部急诊心血管疾病患者比平常增加 1～2 成。据媒体报道,截至 11 月 28 日深夜,此次寒潮天气共造成全台湾超过 20 人猝死。

● 12 月 27—29 日,受强寒潮袭击,台湾各地气温骤降,中部以北各山区纷纷飘雪,连海拔高度仅 1500 米的桃园拉拉山也出现少见的瑞雪。28 日清晨,嘉义最低气温只有 6.2℃,为 2013 年台湾平地气温的最低值;其他各地最低气温大多在 9~12℃ 之间。由于降温剧烈,民众因低温引起疾病送医的救护案件暴增。27 日新北市急病救护案件数飙升至 480 件,比平常(约 440 件)多了 1 成,平均每 3 分钟就有人报案,这还不包括自行送医人数。据媒体报道,27 日至 28 日凌晨全台共有 49 人因心血管疾病猝死,创下台湾入冬后单日猝死最高纪录;28 日晚间至 29 日下午台南市因连日低温造成 5 人猝死。另外,全台还发生了 35 起因取暖不当而引发的一氧化碳中毒事故,造成 9 人死亡,93 人受伤。

附录7 2013年国内外十大天气气候事件

国内十大天气气候事件

1. 1月4次雾、霾天气过程影响中东部地区
2. 夏季1951年来最强高温热浪袭击南方,伏旱损失超四百亿
3. 今年南海和西北太平洋发威,华南罕见被11个台风"轰炸"
4. "菲特"台风增雨,浙江余姚成"一片汪洋"
5. 延安百余处革命遗址在7月连续暴雨袭击中遭破坏
6. 暴雨致松花江、黑龙江干流出现1999年以来最大洪涝
7. 5次强降雨过程接连袭击四川,都江堰出现百年一遇大暴雨
8. 10月雾、霾天气导致东北数千所学校停课
9. 西南地区连续5年出现冬春干旱
10. 今年江西持续少雨,鄱阳湖水域面积缩小至近10年最小

国外十大天气气候事件

1. 全球最强台风"海燕"海啸般洗劫菲律宾
2. 连续大暴雨导致俄罗斯远东地区出现120年来最大洪灾
3. 印度北部6000余人在暴雨接连袭击中死亡失踪
4. 夏季高温炙烤北半球,多地最高气温屡破纪录
5. 连续暴雨致中欧经历了"世纪洪水"袭击
6. 40年来最严重干旱导致印度西部农作物绝收
7. 2013年是有现代纪录以来第十个最暖年份
8. 1月严寒暴雪横扫欧洲多国,仅波兰就冻死30余人
9. 1月澳大利业频遭高温热浪袭击林火不断
10. 上半年龙卷风掠走美国近百人,3名职业"追风"者罹难

Summary

In 2013, the annual mean temperature over China is 10.2℃, which is 0.6℃ warmer than the climatic normal, and 0.8℃ higher than that in 2012 (Fig. 1). The winter temperature is lower than the normal, while the spring, summer and autumn temperature are higher than the normal seasonally. The annual precipitation over China is 653.5mm, 4% more than the normal and a little lower than that in 2012(Fig. 2). Winter precipitation is lesser, but spring, summer and autumn precipitation exceed the climatic normal.

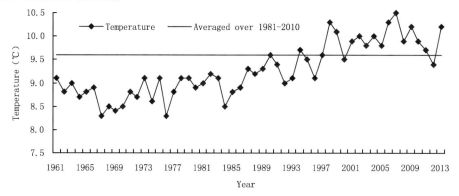

Fig. 1　Annual mean temperature over China during 1961－2013 (unit：℃)

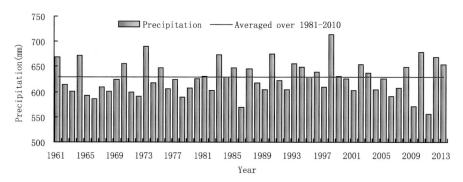

Fig. 2　Annual precipitation over China during 1961－2013 (unit：mm)

In 2013, meteorological disasters such as rainstorm, typhoon and high temperature and heat wave in China are frequent, and caused serious local losses. Regional rainstorm processes are concentrated, and Northwest, Northeast China and Sichuan suffered from heavy rainstorm and floods successively. With more and stronger typhoons, the economic loss induced by typhoons along the coast of Southeast is serious. The South China suffers the strongest high temperature and heat wave since 1951, which led to severe summer drought. Fog and haze weather frequently happen in the central－east China and result in a large social impact. In spring, the Northeast China suffers from low temperature and rainy weather, which affects following spring plowing and sowing. Yunnan and Northwest China are stricken by spring drought, Henan and Jiangxi etc. are stricken by autumn drought.

The statistics indicate that meteorological disasters and the related disasters in 2013 affected about 0. 38 billion person−times and caused 1963 death or missing. Disasters also strike 3.12×10^7 hectares crop lands, with 3.84×10^6 hectares farmlands without harvest. And the direct economic loss (DEL) reaches 476. 6 billion RMB (Fig. 3). In general, the DEL caused by meteorological disasters in 2013 exceeds the averaged value in 1990−2012. Meantime, both of the death toll and disaster stricken area in 2013 are obviously less than the average level of 1990−2012. The meteorological disaster in 2013 belongs to normal.

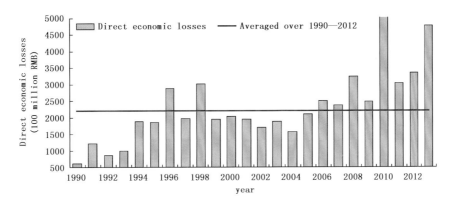

Fig. 3　Direct economic losses (DEL) caused by meteorological disasters over China during 1990−2013

Fig. 4 illustrates the relative proportions of loss indices for five major meteorological disasters over China in 2013. Flood disaster has the highest percentage in "death toll", "crop areas without harvest" "collapsed houses" and "direct economic losses", accounts for 71. 9%, 40. 1%, 76. 5% and 39. 5% of the total, respectively. Drought disaster has the highest percentage in terms of affected area and affected population, accounts for 45. 1% and 42. 1% of the total.

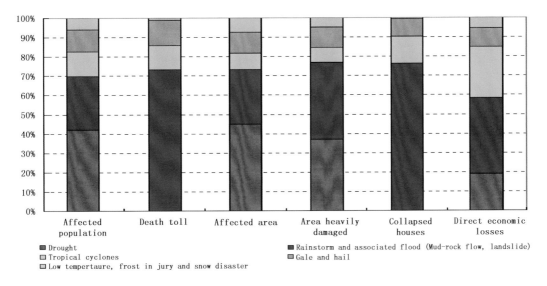

Fig. 4　Relative proportions of loss indices for five major meteorological disasters over China in 2013

Overall, affected population, affected area, affected crop areas without harvest, death toll and direct economic losses by meteorological disasters in 2013 are more than those in 2012. In 2013, the main meteorological hazards cause higher direct economic losses than those in 2012, especially for the droughts (Fig. 5 left). The death tolls are also more than that in 2012 by the main meteorological disasters, in which the rainstorm and associated flood (Mud—rock flow, landslide), tropical cyclone induced obviously more death tolls in 2013 than those in 2012 (Fig. 5 right).

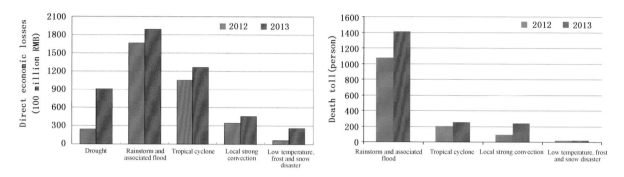

Fig. 5　Comparison of direct economic losses (left) and death toll (right) caused by main meteorological hazards over China in 2012 and 2013

General Review of Main Meteorological Disasters in 2013

Droughts　In 2013, Droughts affect areas of about 14.1 million hectares, which is less than the 1990—2012 averaged level, belongs to a relatively light year in terms of meteorological drought disaster (Fig. 6). However, regional and periodic drought disasters are frequent in 2013, including winter—spring consecutive droughts in Southwest China, spring droughts in the eastern part of Northwest China and northern part of North China, summer droughts in Jiangnan Region and Guizhou Province, etc.

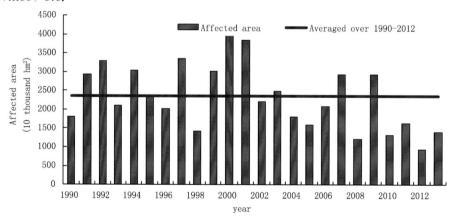

Fig. 6　Histogram of drought-affected areas over China during 1990—2013

Rainstorm and Associated Flood, Mud-rock Flow and Landslides　In 2013, the regional rainstorm processes are concentrated, Northeast China, Northwest China and Sichuan Basin are stricken by serious rainstorm and flood disasters. In flood season during May to September, there are 33 rainstorm processes in China and 27 of them happen in the summer. During pre—summer flood period, South China suffered rainstorm and floods. Sichuan and Gansu are affected by several heavy rainfalls, which resulted in serious flood disaster locally in July. From July to August, precipitation in Northeast is more than the normal and some places are hit by floods. Rainstorm and floods affect about 8.76 million hectares area and caused death or missing toll of about 1411 persons, direct economic losses of about 188.38 billion RMB. The affected areas (Fig. 7) in year 2013 are obviously less than those of averaged level in1990－2012. In general, 2013 belongs to a relatively light year in terms of rainstorm and related disaster.

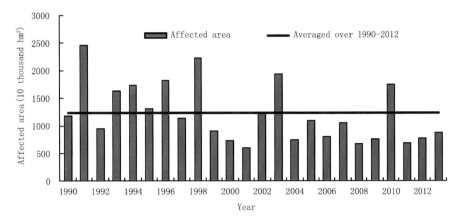

Fig. 7　Histogram of rainstorm and flood affected area over China during 1990－2013

Tropical Cyclones (Typhoon)　In 2013, there are 31 tropical cyclones formed in the northwest Pacific and the South China sea, which is 5.5 more than the climatic normal of 25.5. Nine of them landed in the mainland, which is 1.8 more than the climatic normal of 7.2. The landing time of the first and the last tropical cyclone are close to normal. There are 5 typhoons with the landing intensity exceeds 32.7 m/s. The landing places are all distributed along the coastal area of South China and these positions are comparatively south in general from the point of view of historical landing.

These tropical cyclones caused 242 deaths or missing and direct economic losses of 126.03 billion RMB. The death toll is obviously less than the average level of 1990－2012, but the direct economic loss ranks in a top position since 1990. As a whole, the year 2013 is the relatively severe year in terms of tropical cyclone disaster (Fig. 8).

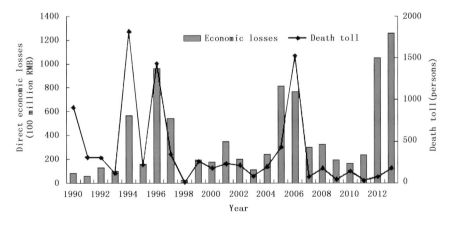

Fig. 8　Histogram of direct economic losses and death toll caused
by tropical cyclones over China during 1990－2013

Local Strong Convection (Gale, Hail, Tornado, Lightning Stroke, etc) In 2013, the area averaged strong convection day in China is 32 days, which is less than the average level and ranks as the second least year since 1961. Gale and hail disasters affect crop areas of 3.39 million hectares and caused 252 deaths, and also cause a direct economic loss of 45.62 billion RMB. In general, 2013 belongs to a relatively light year in terms of local strong convection disaster.

Low Temperature, Frost Injury and Snow Disaster In 2013, the low temperature, frost injury and snow disaster affect crop area of 2.32 million hectares and cause direct economic loss of about 26 billion RMB. The year 2013 is the relatively slight year in terms of low temperature, frost and snow disaster. The periodic low temperature and frost injury frequently happened and affect somehow agricultural production and transport in 2013. At the beginning of the year, part of South China suffered from frozen rain and snow disaster. In spring, Northeast China affected by periodic low temperatures and water logging. Meanwhile, the snow disasters occur frequently in 2013. For example, part of the North China suffered from snow hazard in January, the snow falls at the beginning of the year in Burang, Tibet break the historical record, the economic losses of snow disaster in Jiangsu and Anhui etc. exceeds 0.1 billion RMB in February, the spring snow in Hebei and Shanxi in April set the new record.

Sand Storm In the spring of 2013, there are 6 dust weather processes, 11 less than the normal (17). Only one of them belongs to the strong dust storm process and another one belongs to dust storm process.

The number of average sand storm day is 2.1 days in the northern part of China, being 3 days less than the climatic normal, belongs to the second least in the history since 1961. The first dust storm process happened on 24th of February in 2013, which is 15 days later than the average value in 2001—2012, but almost one month earlier than that in 2012. The dust weather processes during 8th — 11th in March is the one with the largest affected area and highest disaster loss in 2013. The year 2013 is the relatively slight year in terms of sand storm disaster.